中经“精品课程”系列

中经新工科 · 应急救援及安全技术系列规划教材

应急预案编制与演练

主　审：王庆银

主　编：胡　进　黄四鑫　孙　涛

副主编：岳新坡　程玉萍　师安东　刘　娜

周文洋　彭丹妮　崔姚池

中国经济出版社 CHINA ECONOMIC PUBLISHING HOUSE　中国石化出版社

· 北 京 ·

图书在版编目（CIP）数据

应急预案编制与演练 / 胡进，黄四鑫，孙涛主编 .
北京：中国经济出版社：中国石化出版社，2025. 6.
ISBN 978 - 7 - 5136 - 8102 - 5

Ⅰ. X928

中国国家版本馆 CIP 数据核字第 2025HV3532 号

选题策划　雷　生
责任编辑　彭　欣
责任印制　李　伟
封面设计　任燕飞

出版发行　中国经济出版社
印 刷 者　天津嘉恒印务有限公司
经 销 者　各地新华书店
开　　本　787mm × 1092mm　1/16
印　　张　17. 5
字　　数　332 千字
版　　次　2025 年 6 月第 1 版
印　　次　2025 年 6 月第 1 次
定　　价　49. 00 元
广告经营许可证　京西工商广字第 8179 号

中国经济出版社 **网址** http://epc. sinopec. com/epc/ **社址** 北京市东城区安定门外大街 58 号 **邮编** 100011
本版图书如存在印装质量问题，请与本社销售中心联系调换（联系电话：010 - 57512564）

版权所有　盗版必究（举报电话：010 - 57512600）
国家版权局反盗版举报中心（举报电话：12390）　　服务热线：010 - 57512564

编　委（按姓氏笔画排序）

王庆银　中原油田应急救援中心
王林山　南召县中等职业学校
王　蕾　河南人防搜救应急救援中心
师安东　三门峡社会管理职业学院
刘　娜　鹤壁能源化工职业学院
孙　涛　山东能源集团消防救援支队
江飞波　江西省消防救援局
李　昕　固始县辰星中等专业学校
杨翱翔　清华大学
徐发强　中原油田应急救援中心
周文洋　信阳艺术职业学院
岳新坡　首都体育学院
赵彦军　三门峡市中心医院
赵洪海　应急管理部消防救援局天津训练总队
胡　进　信阳艺术职业学院
袁延波　河南省南阳经济贸易学校
黄四鑫　武汉警官职业学院
崔姚池　首都体育学院（博士在读）
程玉萍　南阳农业职业学院
彭丹妮　信阳艺术职业学院
肖　波　河南油田消保中心
吴利敏　兰考三农职业学院
马晓涛　兰考三农职业学院
徐　洁　驻马店幼儿师范高等专科学校

PREFACE | 前言

当前，我国正处于推进国家治理体系和治理能力现代化的关键阶段，应急管理工作被赋予了更高使命。国务院印发的《“十四五”国家应急体系规划》中明确提出健全应急预案管理体系、强化实战化应急演练的战略要求，这对消防工作转型升级和应急人才培养提出了新课题。本教材立足新时代应急管理发展需求，紧密结合应急救援队伍职能拓展实际，旨在构建科学化、专业化、实战化的教学体系，为培养高素质应急管理人才提供理论支撑与实践指南。

2018年以来，应急救援工作已从单一灾种处置向“全灾种、大应急”综合救援转型，石化火灾、危化品泄漏、洪涝灾害等复杂场景对预案的科学性和演练的实效性提出了更高要求。本教材紧扣这一时代脉搏，以《生产安全事故应急条例》《突发事件应急预案管理办法》等法规为依据，系统阐释应急预案编制的新标准、新方法，深入剖析实战化演练的新技术、新模式，着力解决基层预案“不实用、不管用”和演练“走过场、轻实效”的突出问题。本教材内容设计充分贯彻“产教融合、工学结合”理念，共设置应急预案概述、应急预案编制与管理、应急预案演练及应急预案案例四个章节，结合“郑州7·20特大暴雨”等典型案例进行分析，构建模块化教学体系。

本教材由信阳艺术职业学院胡进、武汉警官职业学院黄四鑫、山东能源集团消防救援支队孙涛担任主编，由首都体育学院岳新坡、崔姚池，南阳农业职业学院程玉萍，三门峡社会管理职业学院师安东，鹤壁能源化工职业学院刘娜，信阳艺术职业学院周文洋、彭丹妮任副主编。具体编写分工如下：项目一由胡进、黄四鑫合作编写，项目二由孙涛、周文洋、彭丹妮合作编写，项目三由刘娜、师安东、程玉萍合作编写，项目四由岳新坡、崔姚池合作编写。

本教材在编写过程中得到了应急管理部、河南省消防救援总队、湖北省消防救援总队、山东省消防救援总队、全国应急安全职业教育联盟、山东能源集团有限公司、中原油田应急救援中心等单位的大力支持，在此表示衷心感谢！

防范化解重大风险，筑牢安全发展根基，需要一代代“应急人”接续奋斗。期待本教材能为提升应急预案管理专业化水平、锻造新时代应急管理人才队伍贡献绵薄之力。本教材在编写过程中参考了相关专著与文献资料，在此向有关作者表示感谢。由于编者水平所限，书中难免存在疏漏与不足之处，恳请读者和各位专家不吝指正。

编　者

2025 年 3 月

CONTENTS 目录

项目一 应急预案概述 001

任务一 应急预案及基础知识 …… 002

一、突发事件 …… 002

二、应急管理 …… 006

三、应急预案 …… 011

任务二 应急预案体系 …… 016

一、国内外应急预案体系发展历程 …… 016

二、我国应急预案体系架构 …… 022

三、我国应急预案体系建设经验启示 …… 066

项目二 应急预案编制与管理 070

任务一 应急预案基本结构 …… 071

一、应急预案基本内容 …… 071

二、应急预案基本格式 …… 075

任务二 应急预案编制 …… 077

一、应急预案编制准备 …… 077

二、应急预案编制过程 …… 080

任务三 应急预案管理 …… 087

一、评估与修订 …… 087

二、审批与发布 …… 088

三、培训与演练 …… 090
四、备案与存档 …… 092
五、监督与检查 …… 094

项目三 应急预案演练 099

任务一 应急演练基础知识 …… 100
一、应急演练概念与意义 …… 100
二、应急演练目的及原则 …… 102
三、应急演练类型与作用 …… 105
四、应急演练发展历程 …… 108
五、应急演练相关法律法规及标准 …… 110
任务二 应急演练过程 …… 114
一、应急演练策划准备 …… 114
二、应急演练组织实施 …… 123
三、应急演练评估总结 …… 134

项目四 应急预案案例 140

任务一 总体应急预案 …… 141
一、总述 …… 141
二、《河南省突发事件总体应急预案（试行）》 …… 144
三、《郑州市突发事件总体应急预案（试行）》 …… 161
任务二 专项应急预案 …… 181
一、自然灾害应急预案 …… 181
二、事故灾难应急预案 …… 214
三、公共卫生应急预案 …… 229
四、社会安全应急预案 …… 244
任务三 综合活动应急预案 …… 255
一、案例 1：大学生元旦晚会应急预案 …… 255
二、案例 2：哈尔滨冰雪大世界活动应急预案 …… 260

参考文献 …… 268

项目一

应急预案概述

项目概述

应急预案是应急管理体系的重要组成部分，是科学应对突发事件的基础性文件。本项目系统介绍应急预案的基本概念、核心要素及其在应急管理中的作用，同时梳理国内外应急预案体系的发展历程，重点分析我国应急预案体系的架构特点及建设经验。通过学习，学生将全面理解应急预案的基本原理和发展脉络，掌握我国应急预案体系的组成和运行机制，为后续的预案编制、演练与管理奠定理论基础。

学习目标

1. 知识目标

掌握突发事件的定义、分类及特征，理解应急管理的基本概念与原则；

明确应急预案的定义、功能及其在应急管理中的地位和作用；

了解国内外应急预案体系的发展历程及主要特点；

熟悉我国应急预案体系的架构（如国家总体预案、专项预案、部门预案、地方预案、企事业单位预案等）。

2. 技能目标

能够区分不同类型的突发事件及其对应的应急管理要求；

具备初步分析应急预案体系的能力，理解不同层级预案的定位与关联。

3. 素质目标

增强应急管理意识，树立“预防为主、防救结合”的风险防范理念；

培养全局观念，理解应急预案体系在国家公共安全治理中的重要性；

形成科学思维习惯，能够辩证看待国内外应急预案体系的异同。

项目导入

2015 年，某化工园区发生了一起严重的危险化学品泄漏事故。由于事发突然，周边企业和社区毫无防备，导致现场一度陷入混乱。幸运的是，园区内一家化工企业凭借完善的应急预案和日常演练，迅速做出反应。

抢险救援小组第一时间穿戴好专业防护装备，不顾危险奔赴泄漏点进行紧急堵漏作业。他们争分夺秒，心中只有一个信念：阻止泄漏扩大，保障大家安全。这背后是他们强烈的敬业精神和对生命负责的态度，他们深知自己的每一个举动，都可能决定着事故的走向和众人的安危。

安全疏散小组在混乱中保持冷静，有条不紊地组织企业员工和周边居民撤离。他们不仅熟悉疏散路线，还时刻关注着人群中的老人、儿童和行动不便者，耐心安抚大家的情绪，确保每个人都能安全转移。这种在危急时刻相互扶持、团结一心的行动，正是团队协作与关爱他人精神的生动体现。

该企业还迅速与周边社区取得联系，及时共享信息。社区工作人员接到通知后积极配合，协助疏散居民，设置临时安置点。这一系列联动操作，展现出企业强烈的社会责任意识。他们意识到自身安全与周边环境和居民息息相关，只有携手共进，才能构建起坚固的安全防线。

从这起事件中，人们深刻认识到应急预案的重要性。它不仅是一份书面计划，更是保障生命财产安全的关键防线，是责任担当、团队协作和社会责任感的具体承载。接下来，本章将深入探讨应急预案的概念、作用、基本内容等，探寻如何编制出更完善、更有效的应急预案，为守护生命、财产安全贡献一定的力量。

任务一 应急预案及基础知识

一、突发事件

应急预案是为应对突发事件而预先制订的行动方案，旨在减少损失和提升应对效率。

（一）突发事件定义

《中华人民共和国突发事件应对法》对突发事件的定义是：突发事件是指突然发生，造成或者可能造成严重社会危害，需要采取应急处置措施予以应对的自然灾害、事故灾难、公共卫生事件和社会安全事件。[①]

董幼鸿主编的《应急管理》一书中将突发事件定义为：突然发生，造成或者可能造成重大人员伤亡、财产损失、生态环境破坏和严重社会危害，危及公共安全的应急事件。[②]

因此，突发事件是指突然发生的，造成或可能造成严重的危害，包括自然灾害、事故灾难、公共卫生事件和社会安全事件等，需要采取一定应急措施的危及公共安全的应急事件。

（二）突发事件特点

1. 突发性

突发性是针对突发事件的发生形式而言的，是指突发事件的发生难以预料。一方面，事发的突然性会造成短时间内突发事件信息高度缺失，使得决策者不能及时充分掌握信息；[③] 另一方面，事发的突然性要求管理者迅速做出决策，调动和配置一切资源予以应对，尽快控制事态，消除不利后果。[④]

2. 不确定性

一方面，突发事件从始至终都处于不断变化的过程之中，其发展态势和后果很难确定，可能不断升级或延伸扩展，对人员伤亡、财产损失、社会系统的基本价值和行为准则产生严重威胁等。另一方面，突发事件一旦得不到有效遏制，由于风险的系统性和突发事件的“涟漪效应”，一种类型的突发事件可能引发多种类型的次生、衍生突发事件，或成为各类突发事件的耦合，造成复合性灾难，如果处置不及时或不当，就会产生严重后果。[⑤]

3. 危害性

危害性是针对突发事件造成的影响和后果而言的。不论什么性质和规模的突发事件，都会不同程度地给国家和人民造成政治、经济上的损失或精神上的伤害，都

---

① 中华人民共和国突发事件应对法[J]．中华人民共和国最高人民检察院公报，2024(5)：1－13.

② 国家突发公共事件总体应急预案[J]．安全与健康，2006(7)：57－60.

③ 黄相岩．基于PETRI网的中小城市应急管理系统的研究[D]．西安：西安科技大学，2009.

④ 杨青，刘星星，陈瑞青，等．基于免疫系统的非常规突发事件风险识别模型[J]．管理科学学报，2015，18(4)：49－61.

⑤ 刘星星．基于免疫复杂系统的非常规突发事件风险识别研究[D]．武汉：武汉理工大学，2015.

会影响政治局面的稳定、破坏经济建设、危及正常的工作和生活秩序，甚至威胁人类的生存。突发事件造成的损害有直接损害和间接损害，这些损害不仅体现为人员伤亡、组织消失、财产损失和环境破坏，而且体现为突发事件对社会和个人心理所造成的破坏性冲击，进而渗透到社会生活的各个层面。突发事件越严重，其危害范围和破坏力就越大，所造成的危害会在短时间内大范围蔓延，滋生出更严重、更广泛的危害①。

4. 复杂性

首先，引起突发事件的原因相当复杂。有自然因素造成的突发事件，有人为因素造成的突发事件，还有自然因素和人为因素耦合造成的突发事件。其次，突发事件造成的后果是复杂的。突发事件影响的地域往往比较广，涉及的人员比较多，还会引起多米诺骨牌效应，这种连锁反应使得突发事件变得更加复杂。②

5. 社会性

由于突发事件在时间、地点、危害程度、危害对象上具有不确定性，并受到人的社会性及其与经济、文化、宗教、科技等方面联系的影响，再加上新兴媒体的作用，突发事件所威胁和影响的不再单单是特定人群的生命、财产安全，还有地域的社会生活与秩序。③

（三）突发事件分类与分级

1. 突发事件的分类

根据《中华人民共和国突发事件应对法》对突发事件的定义可知，突发事件分为自然灾害、事故灾难、公共卫生事件和社会安全事件。④

根据国务院通过的《国家突发公共事件总体应急预案》中的规定，四类突发公共事件的发生过程、性质和机理各不相同。⑤

（1）自然灾害。主要包括水旱灾害、气象灾害、地震灾害、地质灾害、海洋灾害、生物灾害和森林草原火灾等。

（2）事故灾难。主要包括工矿商贸等企业的各类安全事故、交通运输事故、公共设施和设备事故、环境污染和生态破坏事件等。

---

① 刘星星．基于免疫复杂系统的非常规突发事件风险识别研究[D]．武汉：武汉理工大学，2015.

② 黄相岩．基于 PETRI 网的中小城市应急管理系统的研究[D]．西安：西安科技大学，2009.

③ 刘星星．基于免疫复杂系统的非常规突发事件风险识别研究[D]．武汉：武汉理工大学，2015.

④ 中华人民共和国突发事件应对法：2007 年 8 月 30 日第十届全国人民代表大会常务委员会第二十九次会议通过，2024 年 6 月 28 日第十四届全国人民代表大会常务委员会第十次会议修订[N]．人民日报，2024 - 07 - 02(14).

⑤ 国家突发公共事件总体应急预案[EB/OL]．(2006 - 01 - 08)[2025 - 03 - 13]．https://www.gov.cn/yjgl/2006 - 01/08/content_21048.htm.

（3）公共卫生事件。主要包括传染病疫情、群体性不明原因疾病、食品安全和职业危害、动物疫情，以及其他严重影响公众健康和生命安全的事件。

（4）社会安全事件。主要包括恐怖袭击事件、经济安全事件和涉外突发事件等。

《中华人民共和国国家标准自然灾害分类与代码》（GB/T 28921—2012）采用线分类法，把自然灾害划分为气象水文灾害、地质灾害、海洋灾害、生物灾害和生态环境灾害等5类，简称灾类。灾类下又划分为39种灾害，简称灾种。灾种中设“其他”作为收容类目。①

2. 突发事件的分级

2024年修订颁布的《中华人民共和国突发事件应对法》中明确指出，突发事件的分级标准由国务院或者国务院确定的部门制定。按照社会危害程度、影响范围等因素，突发自然灾害、事故灾难、公共卫生事件分为特别重大、重大、较大和一般四级。法律、行政法规或者国务院另有规定的，从其规定。②

可以预警的自然灾害、事故灾难和公共卫生事件的预警级别，按照突发事件发生的紧急程度、发展态势和可能造成的危害程度分为一级、二级、三级和四级，分别用红色、橙色、黄色和蓝色标示，一级为最高级别。预警级别的划分标准由国务院或者国务院确定的部门制定。

国务院通过的《国家突发公共事件总体应急预案》，对各类突发公共事件按照其性质、严重程度、可控性和影响范围等因素进行分级，一般包括四级：Ⅰ级（特别重大）、Ⅱ级（重大）、Ⅲ级（较大）和Ⅳ级（一般）。③

（四）突发事件分期

闪淳昌、薛澜主编的《应急管理概论：理论与实践》一书对突发事件进行了分期。该书认为突发事件包括酝酿期、爆发期、减缓期和善后期。本书同样采用此类分期方法。

1. 酝酿期

由于突发事件具有不确定性，因此突发事件的预防显得尤为重要，需要尽量全面地考虑到可能产生突发事件的因素，并且要做好预防工作。不仅要有防患意识，

---

① 全国减灾救灾标准化技术委员会（SACITC 307）. 自然灾害分类与代码：GB/T 28921—2012[S]. 北京：中国标准出版社，2012.

② 中华人民共和国突发事件应对法：2007年8月30日第十届全国人民代表大会常务委员会第二十九次会议通过，2024年6月28日第十四届全国人民代表大会常务委员会第十次会议修订[N]. 人民日报，2024-07-02(14).

③ 国家突发公共事件总体应急预案[EB/OL].（2006-01-08）[2025-03-13]. https://www.gov.cn/yjgl/2006-01/08/content_21048.htm.

还要做好相应的准备，防患未然。

2. 爆发期

突发事件的产生都有一定的原因，由一点慢慢积累，逐渐扩大，最终造成更大的突发事件。在这一阶段，突发事件产生的危害是复杂而多样的，需要投入大量的人力、物力去解决。因此，需要在突发事件产生前进行定期或不定期的检查，通过监测和预警机制，及时地发现问题，处理可能产生突发事件的因素，防止演变为重大的突发事件。

3. 减缓期

突发事件发生后，经过不断地处理，事件产生的影响程度会逐渐地减小。一方面，从源头上防止事态的扩大和再生；另一方面，从途径上利用多种方式方法解决问题，最大限度地降低突发事件的损害性后果，有效地保护人民群众的生命健康和财产安全。

4. 善后期

突发事件处置工作结束后，应争取尽快恢复生产、生活、工作秩序，制订恢复重建计划并修复公共设施。同时，还要进行整体、系统的评估，便于从灾难中学习，避免类似事件再次发生或降低同类事件带来的损失。

需要强调的是，应急管理的周期，即“预防与应急准备—监测与预警—应急处置与救援—恢复与重建”是一个循环的、无始无终的过程。[①] 科学地恢复重建，就是最好的预防和准备；实事求是地总结评估，则会提高今后的监测预警和应急处置水平。所以，加强应急管理可以从突发事件的任何一个阶段切入，而不是“重处置，轻预防；重救援，轻恢复”。

二、应急管理

（一）应急管理概念

董幼鸿主编的《应急管理》一书中将应急管理定义为：对突发事件进行的事前、事发、事中、事后的全过程管理，包括预防与准备、监测与预警、处置与救援、恢复与重建等多个环节。[②] 应急管理的目标是预防和减少突发事件所造成的损失，紧急动员各种资源，尽快恢复社会的正常秩序。

---

① 刘星星．基于免疫复杂系统的非常规突发事件风险识别研究[D]．武汉:武汉理工大学，2015.

② 刘玉娥，戴辉，罗敏，等．医院应急预案的编辑与持续改进[J]．医院院长论坛——首都医科大学学报（人文社会科学版），2015，12(1)：49－52.

樊运晓主编的《应急救援预案编制实务——理论·实践·实例》一书将应急管理定义为：对紧急事件的全过程管理，尽管紧急事件的发生往往具有突发性和偶然性，但紧急事件的应急管理应贯穿其发生前、中、后的各个过程，不仅仅限于其发生后的应急救援行动。①

闪淳昌、薛澜主编的《应急管理概论：理论与实践》一书将应急管理定义为：应急管理是针对各类突发事件（包括自然灾害、事故灾难、公共卫生事件与社会安全事件），从预防与应急准备、监测及预警、应急处置与救援，到善后恢复与重建等全方位、全过程的管理。②

张瑞新、樊建武主编的《新时代应急管理理论与实践》一书将应急管理定义为：政府及其他公共机构在突发事件的事前预防、事发应对、事中处置和善后恢复过程中，通过建立必要的应对机制，采取一系列必要措施，应用科学、技术、规划与管理等手段，保障公众生命、健康和财产安全，促进社会和谐健康发展的有关活动。③

2007 年，我国颁布的《中华人民共和国突发事件应对法》中表明，应急管理就是突发事件的预防与应急准备、监测与预警、应急处置与救援、事后恢复与重建等应对活动。其目的是预防和减少突发事件的发生，控制、减轻和消除突发事件引起的严重社会危害，规范突发事件的应对活动，保护人民生命财产安全，维护国家安全、公共安全、环境安全和社会秩序。④

王宏伟主编的《应急管理理论与实践》一书将应急管理定义为：为预防与应对自然灾害、事故灾难、公共卫生事件和社会安全事件，将政府、企业和第三方部门的力量有效结合起来而进行的减缓、准备、响应与恢复活动。⑤

唐彦东等主编的《应急管理学原理》一书将应急管理定义为：组织为了创造和保护价值而采取的减灾、准备、应对和恢复的连续过程。

本书将应急管理定义为：以政府为主导，全社会共同参与的，在突发事件的事前预防、事中处理和事后恢复过程中，采用的必要运行机制。其包括预防、监测、处理、恢复等多个环节，目的是预防和减少突发事件的发生，控制、减轻和消除突发事件引起的严重社会危害，规范突发事件的应对活动，保护人民生命财产安全，

---

① 李叔保，纵瑞盘，石超．基于层次分析法的煤矿事故应急能力评估研究[J]．科技风，2009(14)：238.

② 刘星星．基于免疫复杂系统的非常规突发事件风险识别研究[D]．武汉：武汉理工大学，2015.

③ 张智勇．田陈煤矿应急管理标准化研究[D]．三河：华北科技学院，2017.

④ 中华人民共和国突发事件应对法：2007 年 8 月 30 日第十届全国人民代表大会常务委员会第二十九次会议通过，2024 年 6 月 28 日第十四届全国人民代表大会常务委员会第十次会议修订[N]．人民日报，2024－07－02(14).

⑤ 林翰君．职业学校校园突发事件应急管理研究——以深圳市福田区为例[J]．科学中国人，2017(6)：77－78.

维护国家安全、公共安全、环境安全和社会秩序。①

（二）应急管理特点

习近平总书记指出："应急管理是国家治理体系和治理能力的重要组成部分，承担防范化解重大安全风险、及时应对处置各类灾害事故的重要职责，担负保护人民群众生命财产安全和维护社会稳定的重要使命。"在新时代的背景下，应急管理体现出新的特点。②

1. 根源性

健全风险防范化解机制，从源头上防范化解重大安全风险，把问题在源头上解决掉。通过加强风险评估和监测预警，对重点行业领域进行定时、定期的安全风险排查，早发现问题，早降低风险。

2. 整体性

健全应急预案体系，落实各环节责任和措施。实施精准治理，发布精准预警，做到抢险救援、恢复重建、监管执法工作精准到位。实现应急管理体系的规范化和制度化。

3. 群众性

坚持群众观点和群众路线，强调社会共治。通过对公民进行宣传教育，加强公益宣传、普及安全知识、培育安全意识，并在社区内对公民进行常态化演练，加强群众灾害防范意识，提高居民灾害处理能力。

4. 组织性

加强应急救援队伍建设，建设一支专常兼备、反应灵敏、作风过硬、本领高强的应急救援队伍。采取与地方专业队伍、志愿者队伍相结合和建立共训共练、救援合作机制等方式，发挥好各方面力量的作用。

5. 科技性

要强化应急管理装备的技术支撑，优化整合各类科技资源，推进应急管理科技自主创新，依靠科技提高应急管理的科学化、专业化、智能化、精细化水平。加强关键技术研发，提高突发事件响应和处置能力，以信息化推进应急管理现代化。

6. 清晰性

各级党委和政府要切实担负起"促一方发展、保一方平安"的政治责任，严格

---

① 本刊编辑部．劳动保护　安全生产 60 年大事记（七）（2007—2009）[J]．劳动保护，2010(3)：32－37.

② 岳茂兴，王立祥，张秀梅．积极推进我国应急管理体系和应急救援与处置能力现代化[J]．中华卫生应急电子杂志，2020，6(1)：1－9.

落实责任制。建立健全重大自然灾害和安全事故调查评估制度，对因玩忽职守造成损失或重大社会影响的，依纪依法追究当事方的责任。

（三）应急管理原则

1. 人民中心，降低危害

坚持以人民为中心，切实履行政府的社会管理和公共服务的职能，把保障人民群众的健康和生命财产安全作为首要任务，把突发事件造成的人员伤亡和财产损失降到最低。

2. 预防为先，加强检测

高度重视公共安全工作，抓好应急管理工作的源头，定期对存在风险的设施进行检查，建立检测机制，把危险扼杀在摇篮中。坚持预防与应急相结合、常态与随机相结合，既要减少危险发生的可能性，也要提高应对突发公共事件的能力。

3. 集中领导，分级落实

在党中央的集中统一领导和国务院的持续不断指导下，建立健全分类管理、分级落实的应急管理体制。在各级党委领导下，各层级不仅要履行职责、减少风险、做好检测，还要灵活反应，发挥制度优势，集中力量办大事，做到最快反应。

4. 依法行使，加强规范

依据有关法律、条例和行政法规加强应急管理，维护公众的合法权益，使应对突发公共事件的工作规范化、制度化、法治化。

5. 快速反应，协同应对

加强以属地管理为主的应急处置队伍建设，建立联动协调制度，充分动员和发挥乡镇、社区、企事业单位、社会团体和志愿者队伍的作用，依靠公众力量，形成统一指挥、反应灵敏、功能齐全、协调有序、运转高效的应急管理机制。

6. 科学防治，提高效率

在现有运行机制的基础上，加强公共安全科学研究和技术开发，采取先进的检测、预防和应急处理办法，充分发挥科学技术工作人员的作用，提高应急管理的效率。①

（四）应急管理发展历程

自新中国成立以来，我国的应急管理制度体系建设大致经历了 3 个阶段，分别为单灾种应急管理制度形成时期（1949—2003 年）、作为整体的应急管理体系建立

① 国家突发公共事件总体应急预案[J]. 安全与健康，2006(7)：57-60.

时期（2003—2018 年），以及中国特色应急管理制度体系构建时期（2018 年至今）。①

1. 单灾种应急管理制度形成时期（1949—2003 年）

新中国成立至 2003 年非典疫情前这一时期，我国主要面临地震与洪涝等自然灾害，公共卫生方面则主要是血吸虫病及鼠疫等疫情。1950 年，中央救灾委员会正式成立。1957 年，国务院颁布了《中央救灾委员会组织简则》，将救灾日常工作划分至内务部（现民政部）负责。这段时期的应急管理类型属于单灾种应急管理，单项应对、部门应对是突发事件的主要应对方式，应急管理全程主要依赖议事协调机制，体现为突发事件产生后成立相关应急管理部门或临时领导小组机构组织。例如，中华人民共和国成立初期成立的水利部，负责抗击洪涝灾害；2000 年成立的国务院抗震救灾指挥部；2003 年成立的国务院安全生产委员会；等等。

2. 作为整体的应急管理体系建立时期（2003—2018 年）

2003 年，国内暴发了严重的非典疫情。在应对疫情过程中，党和国家意识到了应急管理体系建设不足的问题，我国开始建立健全应对重大突发公共事件的“一案三制”应急管理体系。从具体政策层面来看，2003 年 5 月出台《突发公共卫生事件应急条例》，同年 11 月成立国务院办公厅应急预案工作小组。2005 年 2 月，中共中央、国务院又印发了《国家突发公共事件总体应急预案》。至此，全国“纵向到底，横向到边”应急预案框架体系基本形成。2006 年，国务院办公厅设置国务院应急管理办公室，承担国务院应急管理的日常工作和国务院总值工作，进行重大协调，联合相关的议事协调机构，同时辅以联席会议制度，一项重大协调型的应急管理体制在我国初步确立。2007 年 8 月出台的《中华人民共和国突发事件应对法》第四条明确规定：“国家建立统一领导、综合协调、分类管理、分级负责、属地管理为主的应急管理体制。”其中，突发事件主要分为自然灾害、事故灾难、公共卫生事件、社会安全事件四大类，分别对应设置了牵头部门，国务院办公厅进行总协调。至此，作为整体的应急管理体系框架逐步建立，制度内容不断完善，重大应急管理水平得到提升。

3. 中国特色应急管理制度体系构建时期（2018 年至今）

应急管理制度体系构建的关键节点，在于第八次国务院机构改革。2018 年，我国在大部制改革进程持续推进背景下，制定了《深化党和国家机构改革方案》，提

---

① 张铮，李政华．中国特色应急管理制度体系构建：现实基础、存在问题与发展策略[J]．管理世界，2022，38(1)：138－144.

出“推动形成统一指挥、专常兼备、反应灵敏、上下联动、平战结合的中国特色应急管理体制”。同时，该方案将国家安全生产监督管理总局等13个部门的应急管理类职责统一整合，组建应急管理部，体现出党和国家积极探索“大应急”应急体系建设的成果，对于探索建立中国特色应急管理制度体系具有里程碑的意义。

应急管理部成立一年后，“三定”方案明确规定了应急管理部的组织架构和职能范围，对自然灾害防救方面的职责分工同在中央救灾物资储备方面的职责分工做出了规定，稳固了应急管理制度体系的框架。朱正威和吴佳（2019）对于应急管理体系改革的趋势总结得较为详尽，即从重大协调体制向统一指挥、权责一致、权威高效体制转变；从多部门协同应对向更加专业化、职业化管理转变；从临时性指挥机构向常设制、常态化治理组织转变；从侧重应急处置（事中、事后）向危机管理全过程（事前、事中、事后）转变。

三、应急预案

（一）应急预案概念

《突发事件应急预案管理办法》中描述应急预案的概念，是指各级人民政府及其部门、基层组织、企事业单位和社会组织等为依法、迅速、科学、有序应对突发事件，最大限度减少突发事件及其造成的损害而预先制定的方案。①

《中华人民共和国国家标准生产经营单位生产安全事故应急预案编制导则》（GB/T 29639—2020）中描述，应急预案是针对可能发生的事故，为最大限度减少事故损害而预先制定的应急准备工作方案。

《国家突发公共事件总体应急预案》从管理部门的角度描述了应急预案的概念。全国突发公共事件应急预案体系包括：①突发公共事件总体应急预案。总体应急预案是全国应急预案体系的总纲，是国务院应对特别重大突发公共事件的规范性文件。②突发公共事件专项应急预案。专项应急预案主要是国务院及其有关部门为应对某一类型或某几种类型突发公共事件而制定的应急预案。③突发公共事件部门应急预案。部门应急预案是国务院有关部门根据总体应急预案、专项应急预案和部门职责为应对突发公共事件制定的预案。④突发公共事件地方应急预案。具体包括：省级人民政府的突发公共事件总体应急预案、专项应急预案和部门应急预案；各市（地）、县（市）人民政府及其基层政权组织的突发公共事件应急预案。上述预案在省级人民政府的领导下，按照分类管理、分级负责的原则，由地方人民政府及其有

① 突发事件应急预案管理办法[EB/OL].(2024-02-07)[2025-03-14].https://www.gov.cn/zhengce/zhengceku/202402/content_6930817.htm.

关部门分别制定。⑤企事业单位根据有关法律法规制定的应急预案。⑥举办大型会展和文化体育等重大活动，主办单位应当制定应急预案。①

《中华人民共和国突发事件应对法》从内容角度描述了应急预案的概念，即应急预案应当根据本法和其他有关法律、法规的规定，针对突发事件的性质、特点和可能造成的社会危害，具体规定突发事件应急管理工作的组织指挥体系与职责和突发事件的预防与预警机制、处置程序、应急保障措施以及事后恢复与重建措施等内容。②

申霞主编的《应急预案编制与演练》一书将应急预案的概念描述为：应急预案是预先编制的突发事件发生时的处置方案，就是在预先知道会发生某种突发事件的情况下，制订一套最佳的应对方案，尽可能减少突发事件造成的损失和减轻其恶劣后果。应急预案与政府工作和每个人的日常生活都紧密相关。③

本书将应急预案的概念描述为：应急预案是为了应对突发事件而制定的处理方案，包括突发事件应对管理工作的组织指挥体系与职责和突发事件的预防与预警机制、处置程序、应急保障措施，以及事后恢复与重建措施等内容。

（二）应急预案分类

各类潜在的突发事件，其风险类型和规模有很大差异，因而对应急预案进行分类对于形成预案体系、编制应急预案工作具有重要的指导意义。在编制应急预案时应当结合实际，做到重点突出，反映出本地区的主要突发事件风险，并合理划分各类预案的适用范围，保证各类预案之间无缝衔接。④

《国家突发事件总体应急预案》明确提出，“突发事件应急预案体系包括各级党委和政府以及县级以上党委和政府有关部门、基层组织、企事业单位、社会团体等制定的各类突发事件应急预案以及相关支撑性文件”。据此，按照制定主体划分，应急预案分为党委和政府及其部门应急预案、单位和基层组织应急预案两大类；其中，党委和政府及其部门应急预案包括总体应急预案、专项应急预案、部门应急预案等，单位和基层组织应急预案包括机关、企事业单位、村（社区）、社会团体等编制的应急预案。

党中央首次明确将各级党委及其部门的应急预案纳入国家应急预案体系，标志着一个更加系统完备的应急预案体系得以建立，更加凸显横向到边、纵向到底，全

---

① 国家突发公共事件总体应急预案[J]. 安全与健康，2006(7)：57－60.

② 中华人民共和国突发事件应对法:2007 年 8 月 30 日第十届全国人民代表大会常务委员会第二十九次会议通过，2024 年 6 月 28 日第十四届全国人民代表大会常务委员会第十次会议修订[N]. 人民日报，2024－07－02(14).

③ 申霞. 应急预案编制与演练[J]. 中国应急管理,2023(1):10.

④ 刘铁民. 突发公共事件应急预案编制与管理[J]. 中国应急管理，2007(1)：23－26.

面覆盖的复杂网络结构特征。

1. 总体应急预案

总体应急预案是应急预案体系的总纲，是政府组织应对突发事件的总体制度安排。总体应急预案应当围绕突发事件事前、事中、事后全过程，主要明确应对工作涉及的基本原则、事件分类分级、预案体系构成、组织指挥体系与职责，以及风险防控、监测预警、处置救援、恢复重建、重大保障、预案管理等内容。

2. 专项应急预案

专项应急预案是政府为应对某一类型或某几种类型突发事件，或者针对重要目标物保护、重大活动保障、应急资源保障等重要专项工作而预先制订的涉及多个部门职责的工作方案。

3. 部门应急预案

部门应急预案是政府有关部门根据总体应急预案、专项应急预案和部门职责，为应对本部门（行业、领域）突发事件，或者针对重要目标物保护、重大活动保障、应急资源保障等涉及部门工作而预先制订的工作方案。

4. 企事业单位应急预案

企事业单位应急预案是各企事业单位根据有关法律法规，结合单位特点制订的本单位应急救援的详细行动计划和技术方案，是单位应对突发事件的操作指南。应急预案确立了单位是其内部发生突发事件的责任主体，当突发事件发生时，责任单位应立即按照预案开展应对工作。

5. 重大活动应急预案

重大活动应急预案是指举办大型会展和文化体育等重大活动时，主办或承办机构结合实际情况组织编制的应急预案，如 2008 年北京奥运会、2010 年上海世博会、2010 年广州亚运会等重大活动应急预案。重大活动应急预案侧重明确重大活动组织指挥体系、外围保障体系、预案体系构成、主要任务、活动安全风险隐患及防范措施、应急联动、监测预警、信息报告、应急处置、人员疏散撤离组织和路线等内容。

（三）应急预案作用

1. 明确应急救援的范围和体系

应急预案反映了应急救援的组织体系、分工职责和救援流程等，合理的应急预案可以让应急管理有据可依、有章可循，为及时、有序、科学地开展应急行动提供了根本保障。通过应急预案的制定，对相关人员进行培训，可以指导应急救援更加迅速、高效、有序地开展，将事故的人员伤亡、财产损失和环境破坏等降到最低限度。

2. 确定突发事件应对的方案和办法

通过编制应急预案，可以对那些事先无法预料的突发事件起到基本的应急指导作用，成为开展应急救援的方案。在此基础上，可以针对不同的情况制定专项的预案，有针对性地开展专项应急准备活动。

3. 协调部门单位的职责与义务

应急预案可与上级单位、各级部门应急救援体系衔接，可以确保发生超过本级应对能力的突发事件时可与有关应急机构进行协调和联系。制定应急预案不仅能够将政府、企业应急指挥人员、应急救援人员的应急职责以法律的形式固定下来，还可以提高大众的应急责任意识，使应急工作得到充分重视，更良好地开展。

4. 提高风险防范的意识与观念

应急预案的编制、评审、发布、宣传、教育和培训，有利于各方了解可能面临的灾害事故及相应的应急措施，有利于促进各方提高防范意识。

5. 确保应急处理的科学与高效

通过对突发事件案例的大量研究和分析，制定的应急预案不仅吸取了同类突发事件处理的经验教训，而且能够从中总结出一般规律，较好地把握事件的发生、发展规律，可以制定较为合理的程序与措施。①

（四）应急预案的法律基础

1. 应急管理法律体系

中华人民共和国成立后，党和国家高度重视应急管理工作。1950 年 2 月，成立了中央救灾委员会。经过近 40 年的发展，自 20 世纪 90 年代以来，我国在应急管理领域立法方面取得了重大进展，应急管理法律体系逐渐形成并趋于完善，与之相配套的应急管理制度也初步建立。2003 年非典疫情之后，我国开始建立以“一案三制”为核心的应急管理体系，将应急管理上升为法定行为。

《中华人民共和国突发事件应对法》（以下简称《突发事件应对法》）是我国第一部应对各类突发事件的综合性法律。2007 年 8 月 30 日，第十届全国人民代表大会常务委员会第二十九次会议通过了《突发事件应对法》，对突发事件的管理体制、预防与应急准备、监测与预警、应急处置与救援、事后恢复与重建等方面作了全面规定。

《突发事件应对法》出台后，我国应急管理法律体系表现为以宪法为依据、以

① 易靖华. 证券业基层经营单元重大不可预知性危机应对策略[D]. 成都:电子科技大学, 2013.

《突发事件应对法》为核心、以相关单项法律法规为配套的特点。随后，国家陆续颁布了一系列与应对突发事件相关的法律法规，各地方根据这些法律法规又颁布了适用于本行政区域的地方立法，从而初步构建了从中央到地方的突发事件应急管理法律规范体系。

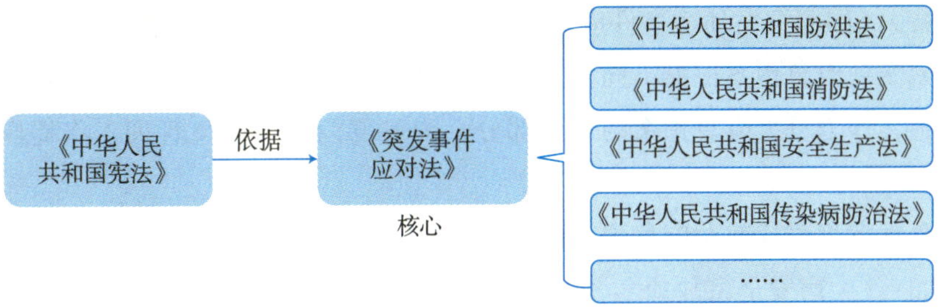

党的十六大以来，党中央、国务院以制定、修订应急预案为抓手，以建立健全应急体系为基础，以建立健全应急机制为关键，以建立健全应急法律为保障，把我国应急管理体系建设提升到了新的阶段。党的十八大报告提出，要加快形成源头治理、动态管理、应急处置相结合的社会管理机制。强化应急管理工作、提高应急处置能力，是预防和减少各类事故、灾害和事件造成的损失的重要防护工程，是推进国家治理体系和治理能力现代化的应有之义。

2. 应急预案相关法律法规分类

除了已发布的法律条文，应急管理部门还发布了各项条例办法，对法律条文的内容进行细化。根据应急预案的内容可以分为总体应急预案和专项应急预案两类。

《国家突发公共事件总体应急预案》作为总体应急预案，提高了政府保障公共安全和处置突发公共事件的能力，最大限度地预防和减少突发公共事件及其造成的损害，保障公众的生命财产安全，维护国家安全和社会稳定，促进经济社会全面、协调、可持续发展。在总体应急预案中，明确提出了应对各类突发公共事件的六条工作原则：以人为本，减少危害；居安思危，预防为主；统一领导，分级负责；依法规范，加强管理；快速反应，协同应对；依靠科技，提高素质。此外，根据突发事件的性质，大致可以将专项应急预案分为 4 类：自然灾害、事故灾难、公共卫生事件和社会安全事件。

（1）自然灾害的应急预案包括《国家自然灾害救助应急预案》《国家防汛抗旱应急预案》《国家地震应急预案》《国家突发地质灾害应急预案》等。

（2）事故灾难的应急预案包括《国家安全生产事故灾难应急预案》《国家处置铁路行车事故应急预案》《国家处置民用航空器飞行事故应急预案》《国家海上搜救应急预案》《国家城市轨道交通运营突发事件应急预案》等。

(3) 公共卫生事件的应急预案包括《国家突发公共卫生事件应急预案》《国家突发公共事件医疗卫生救援应急预案》《国家突发重大动物疫情应急预案》《国家食品安全事故应急预案》《国家粮食应急预案》等。

(4) 社会安全事件的应急预案包括《国家大面积停电事件应急预案》《国家核应急预案》《国家突发环境事件应急预案》《国家通信保障应急预案》等。

国家专项应急预案根据不同突发事件的特殊性，制定了救援程序和具体的应急救援措施，作为重大应急预案的组成部分，为各部门开展应急管理工作提供了政策支持。

应急预案相关标准对应急预案的编制、评估、演练等作出了更为细致严谨的规范。例如，《生产安全事故应急预案管理办法》、《企业事业单位突发环境事件应急预案备案管理办法（试行）》、《中华人民共和国国家标准生产经营单位生产安全事故应急预案编制导则》（GB/T 29639—2020）、《中华人民共和国安全生产行业标准危险化学品事故应急救援指挥导则》（AQ/T 3052—2015）、《中华人民共和国安全生产行业标准生产安全事故应急演练基本规范》（AQ/T 9007—2019）、《中华人民共和国国家标准消防应急救援训练设施要求》（GB/T 29177—2012）等。

中国应急管理立法脉络体现为“问题驱动—制度回应—体系完善”的路径，既植根于重大突发事件的经验教训，也顺应国家治理现代化要求，为构建全域覆盖、全流程管理的应急法治体系奠定了基础。

任务二 应急预案体系

一、国内外应急预案体系发展历程

（一）中国

1. 初始阶段（1949—1978 年）

我国应急管理的原型为灾害管理。新中国成立初期，党中央、国务院就对灾害管理高度重视，组建了中央防疫委员会等以预防灾害。

从新中国成立到改革开放，这一期间我国的灾害管理特点是由专门部门进行单灾种应对。实际上，这与当时的社会形态比较单纯、简单有关系。例如，对于大规模洪水等突发事件，涉及上下游、左右岸、干支流等，在这种情况下，我国虽然会成立中央防汛委员会等高层次议事协调机构，但主要还是靠专业部门单一应对。

在“安全为了生产，生产必须安全”原则的指导下，形成以1956年5月25日国务院全体会议第二十九次会议上通过的《工厂安全卫生规程》《建筑安装工程安全技术规程》和《工人职员伤亡事故报告规程》为核心、以预防事故为目的的应急预案。在公共卫生方面，新中国成立初期全国就开展了轰轰烈烈的爱国卫生运动。1951年4月，卫生部召开全国防疫专业会议，制定了19种传染病的防治方案。①

2. 构建阶段（1978—2003年）

20世纪80年代，我国有关部门开始制定出台部门性应急预案。水利、林业、地震、国防科工等部门借鉴国际同行经验，编制了防御洪水方案、森林火灾事故预案、破坏性地震应急预案、核应急计划等。在地方政府层面，各级政府结合区域特点与实际情况，编制出台多个不同专业领域的应急预案。

在此阶段，我国成立了多个议事协调机构，每当有重大突发事件发生时，还会临时组建一些指挥部。从总体来说，虽然这些议事协调机构和指挥部的建立增加了对灾害的协调应对能力，但基本上没有摆脱单灾种应对模式。②

3. 改进阶段（2003—2008年）

2003年，突如其来的非典（SARS）疫情成为我国应急预案体系建设的正式起点。非典疫情对中国政府应对突发事件的能力提出了严峻挑战，既开启了我国应急管理体系建设进程，也推动了我国应急预案体系建设进入快速发展阶段。

2006年1月8日，国务院颁布《国家突发公共事件总体应急预案》后，各级政府开始全面大规模编制应急预案。国务院陆续印发国家总体预案、25件专项预案和80件部门预案，并在国务院办公厅内设国务院应急管理办公室，专职承担应急值守、信息汇总和重大协调等职能。③

4. 完善阶段（2008年至今）

2008年，“5·12”汶川地震全面检验了我国应急管理体系，暴露出应急预案体系中存在的薄弱环节。随后，国务院着手修订应急预案，我国应急预案体系建设开始朝着完备化、可操作化和无缝衔接的方向发展。

在国家层面，《中华人民共和国突发事件应对法》颁布后，《中华人民共和国安全生产法》、《中华人民共和国消防法》、《中华人民共和国防震减灾法》、《生产安全事故应急条例》、《自然灾害救助条例》、《危险化学品安全管理条例》、《烟花爆竹安全管理条例》、《破坏性地震应急条例》、《国务院关于特大安全事故行政责任追究的规定》、《国务院关于预防煤矿生产安全事故的特别规定》（已废止）等法律、

①②③ 董泽宇，宋劲松．我国应急预案体系建设与完善的思考[J]．中国应急管理，2014(11)：17－21.

法规也相继对应急预案提出了明确要求。同时，为贯彻实施《中华人民共和国突发事件应对法》，深入推进应急预案体系建设，国务院办公厅于 2013 年 10 月 25 日印发了《突发事件应急预案管理办法》，明确了应急预案的理念和管理原则，规范了应急预案的分类、内容及编制程序，建立了应急预案的持续改进机制，强化了应急预案管理的组织保障。2018 年应急管理部组建后，立即启动了《生产安全事故应急预案管理办法》修订工作，并于 2019 年 7 月 11 日印发《应急管理部关于修改〈生产安全事故应急预案管理办法〉的决定》，强化了生产经营单位主要负责人的职责，强调了应急预案的真实性、实用性，突出了应急预案的基础保障作用。

在地方层面，各省、市（州）、区（县）依据相关法律法规先后出台了应急预案管理有关规定，各级政府在不断扩大应急预案覆盖范围的同时，积极开展相关应急预案修订工作。各地各部门普遍将应急预案修订工作纳入年度工作计划中，并结合应急演练实际情况，定期组织修订相关预案。基层单位也推出简化版的应急预案，向群众发放“明白卡”，提高应急预案的实用性与突发事件处置效率。

在这一时期，我国应急预案体系在规模和质量上都有了很大提高，“横向到边、纵向到底、具体到点”的应急预案体系基本形成，预案管理逐渐规范，标准体系日趋完善，顶层设计也更加优化。但在充分肯定成绩的同时，也要清醒地认识到我国应急预案体系仍存在着许多问题，主要表现在应急预案内容形式雷同、编制流程缺失风险评估环节、构建方法忽视情景构建主线、优化机制缺乏应急演练检验、预案数字化应用程度低等方面。①

（二）美国

1. 国家应急预案体系的内容

美国的国家应急预案体系以“整个社区”适应性、整合性为构建理念，是一个涵盖全主体、全流程、全灾种的横纵交融、多维联动、有机整合的“大应急”体系。从预案内涵的宏微观视角看，美国国家应急预案体系包括战略、运营和战术三个层次，从其机动性需求上看又分为深思熟虑和快速反应两种类型，按事件生命周期看又可分为预防、防护、减缓、响应和恢复五个阶段。②

2. 国家应急预案体系的演变

美国国家应急预案体系的发展演变可以分为两个阶段。第一阶段是以响应框架为中心，响应预案单独行使作用的阶段。应急响应预案的结构和名称也从“联邦”

① 董泽宇，宋劲松．我国应急预案体系建设与完善的思考[J]．中国应急管理，2014(11)：17－21.

② 杨青．美国国家应急预案体系结构、内容及演化[J]．行政科学论坛，2021(2)：57－61.

演变为“国家”，是这一阶段的主要特征。预案演化的时间节点分别是 1992 年、2004 年和 2008 年。第二阶段是其他 4 个任务阶段子框架与“响应”子框架一起整体发展的阶段，预案演化的时间节点分别是 2011—2014 年、2016 年和 2019 年。

“冷战”期间，1979 年美国发生了三里岛核事故，影响很大。卡特总统为此签发了第 12127 号总统令，宣布组建独立的联邦应急管理署（FEMA），将防灾减灾、民事保护等职能全部集中进来。美国应急管理由应对苏联核打击等传统安全事务，转向了以应对非传统型风险、危机事件为核心。1992 年美国制定并推出的《联邦响应预案》，规定了如何系统、协调、有效地提供联邦援助，以协助各州应对重大突发事件。

2001 年，“9 · 11”恐怖袭击事件发生。2002 年底，布什总统签署《国土安全法》之后，美国成立了国土安全部（DHS），融合了 22 个联邦部门的职能，以国内安全为主要任务，将联邦应急管理署并入其中。2004 年，美国将《联邦响应预案》拓展为《国家响应预案》，其主要变化在于：将各层级的政府纳入一个统一的突发事件管理框架之下。

2006 年的《卡特里娜灾后重建应急管理改革法案》调整了国土安全体制，强化了应急管理职能。美国于 2008 年出台的《国家响应框架》，将“预案”改为“（预案）框架”。框架代表着内容更宏观、更结构化，体系层次更厚重。

2011 年 3 月，日本发生大地震，使美国看到了系统性复合灾害对国家的破坏。奥巴马政府颁布《总统政策指令 PPD－8》，以应对美国国内面临的重大国家安全问题。美国进入将应急准备作为应急管理全过程工作的创新阶段，形成了包含 5 个子框架在内的美国国家预案框架。

2016 年，美国《国家响应框架》第三版出台，一些新的修改包括：增加 1 个新的核心能力——消防管理与灭火；增加 3 个修订的核心能力——物流与供应链管理、现场安全保护和执法、公共卫生和医疗服务；对死亡管理服务等 3 个已有核心能力的定义作了修改。

2019 年，美国对《国家响应框架》作了修订，颁布了第四版，其他 4 个第二版的子框架被一直沿用至今。[①]

3. 联邦与地方应急预案的衔接

联邦政府采用的总体应急预案编制系统，一方面指导了联邦的机构和部门支持州与地方的行动，另一方面解决了州政府如何与其他组织合作及如何获得资源的相关问题，为应急预案衔接提供了技术支撑。州、领地、部落等地方各级政府应急职

① 杨青. 美国当代国家应急预案体系：理念、结构及过程[J]. 行政科学论坛，2023，10(1)：71－76.

责定位主要有3项：负责协助能力不足的司法管辖区，对特定的紧急情况首先响应，根据需要协同联邦开展工作。联邦应急管理署各地区办公室作为联邦派驻机构，一方面了解、掌握州和地方的需求，并将其作为联邦应急预案建设的重点任务；另一方面为地方政府提供联邦相关任务和资源，从而保障州与地方的应急处置行动，成为州与地方预案编制结构的“最可能”风险视角和联邦预案编制结构的“最危险”风险视角的交叉点，从体制上保障了联邦与地方应急预案编制过程的有机衔接。①

（三）日本

日本政府的应急预案经受了2011年大地震的检验，虽然在监测预警、应急响应、恢复重建等方面发挥了巨大作用，但在应急预案的风险场景设定上，由于对地震、海啸和核事故的复合型巨灾风险考虑不足，导致当地仍蒙受惨重损失，灾害影响深远。2011年12月，日本政府在系统总结、评估大地震的经验和教训的基础上，进一步完善了政府应急预案体系，以进一步增强其科学性、针对性和实用性。②

1. 注重政府应急预案体系的整体制度设计

日本政府注重强化应急预案的制度性设计，构建了系统连贯、规范明晰、相互衔接的预案体系。日本政府把防灾计划（应急预案）分为三类：一是防灾基本计划，其作为政府应急管理工作的重要基础，是全国应急管理领域的最高层计划，依据《灾害对策基本法》由政府应急管理的最高机构——中央防灾会议制订；二是防灾业务计划，由行政机构及公共机构根据防灾基本计划制订；三是地区防灾计划，是根据防灾基本计划，由都、道、府、县及市、町、村的防灾会议结合本地区实际情况制订。

此外，日本政府在立法中明确了各预案之间、预案和规划之间相互衔接。日本的《灾害对策基本法》明确规定，指定行政机关的首长在制订防灾业务计划并实施时，要考虑与其他指定行政机关首长制订的防灾业务计划相互协调，同心协力、有机地制订防灾业务计划，并努力实施。同时，《灾害对策基本法》还规定，都、道、府、县地区的防灾计划不得与地区防灾业务规划（类似应急规划）有所冲突，并促进两者在实际工作中能够有效衔接。

2. 以风险分析与评估作为预案制定的前提

日本政府把开展风险分析与评估作为增强政府应急预案针对性和实用性的基本方法。1995年神户大地震后，日本政府把风险分析与评估作为应急准备工作的前

① 杨青．美国当代国家应急预案体系：理念、结构及过程[J]．行政科学论坛，2023，10(1)：71－76.

② 游志斌．日本政府巨灾应急准备的经验及借鉴[J]．行政管理改革，2011(5)：44－47.

提。在2012年修订的防灾基本计划中，日本政府经过重新评估将海啸灾害列为灾害风险第二位（仅次于地震灾害）。实际上，早在东日本大地震发生之前，日本政府就进行过系统性评估，明确了最有可能发生地震的海域。为此，2003年以来，每年会在首相官邸举行所有内阁大臣参加的巨灾应急预案测试演练，假定的场景是东海、东南海、南海3场地震同时发生，造成25000人死亡（其中海啸死亡9100人）、55万栋建筑毁坏，从而为2011年东日本大地震的应对工作打下了坚实基础。

3. 在防灾业务计划中融入“业务连续性管理”理念

把“业务连续性管理”（Business Continuity Management，BCM）理念引入防灾业务计划制订中，是日本政府应急管理工作的重要创新。日本政府认为，发生地震等巨灾时，如果政府的关键活动停滞，不仅会对政府自身造成影响，而且会影响经济发展和社会生活，甚至可能产生其他的外溢效应。为此，日本政府将业务连续性管理理念应用于政府防灾业务计划中，力争在发生灾害时，政府的关键业务活动能够持续进行，以确保日本政府本身、全社会的稳定，并使政府工作在最短时间内恢复。截至2010年6月，日本政府的各省及都、道、府、县所有的防灾业务计划都吸收了业务连续性管理的理念，加强了关键部门重要基础设施的抗灾抗毁能力，以确保该部门关键业务在地震、海啸等重特大突发事件下能够持续、有序地开展。

（四）英国

英国中央与地方政府对意外事故的责任划分由多个部门承担，其中国家级部门包括运输部、环保署、健康与安全署、内务部和商务部，地方卫生局、地方管理机构和公用设施部门，在制定事故应急预案及对化学事故做出反应的过程中也都发挥作用。英国健康与安全执行局（HSE）的地方代表负责监督和执行安全规定及静止装置的应急计划。科学家、企业、地方政府、工会及国家机构都有代表加入国家重大危险顾问委员会，该委员会负责对重大静止装置的事故预防与应急反应对策进行审查和提出建议。

英国的应急预案共有3类：总体预案，专项预案，单机构、多机构和多层级预案。其中，总体预案和专项预案是最基本的两种预案，它们共同发生作用，并以专项预案支撑总体预案。法律要求每个机关的总体预案应该与其他合作机关制定的预案相互协调。专项预案主要针对特定的突发事件，如航空事故、化学事故、海洋污染、石油污染、环境卫生事故、铁路交通事故、洪水、灾害天气、学校事故、口蹄疫疾病等，这些突发事件的处理往往不适合写入总体预案。专项预案分为两类：一类针对特定灾害或者事故；另一类针对特定的地区或者地点，如机场、医院、易发洪水地区的公共场所等。此外，还应当考虑是否制定多机构预案。在决定制定多机构预案的情况下，制定预案部门有权考虑决定由哪一个机构承担领导责任。多层级预案实际上是多机构方案的一种，由多个层级的政府共同制定。①

二、我国应急预案体系架构

（一）政府应急预案体系

政府应急预案体系包括各级人民政府及其部门制定的总体应急预案、专项应急预案和部门应急预案。不同层级的预案侧重点不同，具体架构如表1－1所示。

（1）国家层面预案侧重明确突发事件的应对原则、组织指挥机制、预警分级和事件分级标准、信息报告要求、分级响应及响应行动、应急保障措施等内容，重点规范国家层面应对行动，同时体现政策性和指导性。

（2）省级预案侧重明确突发事件的组织指挥机制、信息报告要求、分级响应及响应行动、队伍物资保障及调动程序、市县级政府职责等内容，重点规范省级层面应对行动，同时体现指导性。

（3）市县预案侧重明确突发事件的组织指挥机制、风险评估、监测预警、信息报告、应急处置措施、队伍物资保障及调动程序等内容，重点规范市（地）级和县（市）级层面应对行动，体现应急处置的主体职能。

（4）乡镇（街道）预案侧重明确突发事件的预警信息传播、组织先期处置和自救互救、信息收集报告、人员临时安置等内容，重点规范乡镇层面应对行动，体现先期处置特点。②

表1－1　不同层级的应急预案架构

总体应急预案	专项应急预案	部门应急预案
国家总体应急预案	国家级自然灾害类专项应急预案	国务院部门应急预案
	国家级事故灾难类专项应急预案	
	国家级公共卫生类专项应急预案	
	国家级社会安全类专项应急预案	
省总体应急预案	省级自然灾害类专项应急预案	省级部门应急预案
	省级事故灾难类专项应急预案	
	省级公共卫生类专项应急预案	
	省级社会安全类专项应急预案	

① 张廷竹．国内外事故应急救援预案管理概况[J]．浙江化工，2006(7)：9－10，32.

② 全国应急预案体系建设情况调研报告[J]．中国应急管理，2013(1)：8－11.

续表

总体应急预案	专项应急预案	部门应急预案
市总体应急预案	市级自然灾害类专项应急预案	市级部门应急预案
	市级事故灾难类专项应急预案	
	市级公共卫生类专项应急预案	
	市级社会安全类专项应急预案	
区总体应急预案	区级自然灾害类专项应急预案	区级部门应急预案
	区级事故灾难类专项应急预案	
	区级公共卫生类专项应急预案	
	区级社会安全类专项应急预案	
镇总体应急预案	镇级自然灾害类专项应急预案	政府联合应急预案（区县及以上政府根据实际情况制定）
	镇级事故灾难类专项应急预案	
	镇级公共卫生类专项应急预案	
	镇级社会安全类专项应急预案	

1. 政府总体应急预案

突发事件总体应急预案是应急预案体系的总纲，是政府组织应对突发事件的总体制度安排，规定了政府组织管理、指挥协调相关应急资源和应急行动的整体计划和程序规范，通常由县级以上各级人民政府制定，乡镇（街道）等基层政权组织可结合本行政区实际制定总体应急预案。

突发事件总体应急预案主要解决“谁来干”的问题，重点规定突发事件应对的基本原则、组织体系、运行机制，以及应急保障的总体安排等，明确相关各方的职责和任务。

突发事件总体应急预案名称由“地方名称 + 突发事件总体应急预案”构成，如《国家突发事件总体应急预案》《× ×省突发事件总体应急预案》《× ×市突发事件总体应急预案》等。此外，设区市或经济开发区、自贸区、特区，还应在地方名称前加辖区上级地方名称，如《× ×市× ×区突发事件总体应急预案》。

以《国家突发公共事件总体应急预案》为例，具体内容如下：①

1 总则

1.1 编制目的

提高政府保障公共安全和处置突发公共事件的能力，最大限度地预防和减少突发公共事件及其造成的损害，保障公众的生命财产安全，维护国家安全和社会稳定，

① 国家突发公共事件总体应急预案[EB/OL].（2006 - 01 - 08）[2025 - 03 - 13]. https://www.gov.cn/yjgl/2006 - 01/08/content_21048.htm.

促进经济社会全面、协调、可持续发展。

1.2 编制依据

依据宪法及有关法律、行政法规，制定本预案。

1.3 分类分级

本预案所称突发公共事件是指突然发生，造成或者可能造成重大人员伤亡、财产损失、生态环境破坏和严重社会危害，危及公共安全的紧急事件。

《中华人民共和国突发事件法》中把突发事件划分为自然灾害、事故灾难、公共卫生事件和社会安全事件四大类。

各类突发公共事件（除社会安全事件外）按照其性质、严重程度、可控性和影响范围等因素，一般分为四级：Ⅰ级（特别重大）、Ⅱ级（重大）、Ⅲ级（较大）和Ⅳ级（一般）。

1.4 适用范围

本预案适用于涉及跨省级行政区划的，或超出事发地省级人民政府处置能力的特别重大突发公共事件应对工作。

本预案指导全国的突发公共事件应对工作。

1.5 工作原则

（1）以人为本，减少危害。切实履行政府的社会管理和公共服务职能，把保障公众健康和生命财产安全作为首要任务，最大限度地减少突发公共事件及其造成的人员伤亡和危害。

（2）居安思危，预防为主。高度重视公共安全工作，常抓不懈，防患未然。增强忧患意识，坚持预防与应急相结合、常态与非常态相结合，做好应对突发公共事件的各项准备工作。

（3）统一领导，分级负责。在党中央、国务院的统一领导下，建立健全分类管理、分级负责，条块结合、属地管理为主的应急管理体制，在各级党委领导下，实行行政执法责任制，充分发挥专业应急指挥机构的作用。

（4）依法规范，加强管理。依据有关法律和行政法规，加强应急管理，维护公众的合法权益，使应对突发公共事件的工作规范化、制度化、法治化。

（5）快速反应，协同应对。加强以属地管理为主的应急处置队伍建设，建立联动协调制度，充分动员和发挥乡镇、社区、企事业单位、社会团体和志愿者队伍的作用，依靠公众力量，形成统一指挥、反应灵敏、功能齐全、协调有序、运转高效的应急管理机制。

（6）依靠科技，提高素质。加强公共安全科学研究和技术开发，采用先进的监测、预测、预警、预防和应急处置技术及设施，充分发挥专家队伍和专业人员的作用，提高应对突发公共事件的科技水平和指挥能力，避免发生次生、衍生事件；加强宣传和培训教育工作，提高公众自救、互救和应对各类突发公共事件的综合素质。

1.6 应急预案体系

全国突发公共事件应急预案体系包括：

（1）突发公共事件总体应急预案。总体应急预案是全国应急预案体系的总纲，是国务院应对特别重大突发公共事件的规范性文件。

（2）突发公共事件专项应急预案。专项应急预案主要是国务院及其有关部门为应对某一类型或某几种类型突发公共事件而制定的应急预案。

（3）突发公共事件部门应急预案。部门应急预案是国务院有关部门根据总体应急预案、专项应急预案和部门职责为应对突发公共事件制定的预案。

（4）突发公共事件地方应急预案。具体包括：省级人民政府的突发公共事件总体应急预案、专项应急预案和部门应急预案；各市（地）、县（市）人民政府及其基层政权组织的突发公共事件应急预案。上述预案在省级人民政府的领导下，按照分类管理、分级负责的原则，由地方人民政府及其有关部门分别制定。

（5）企事业单位根据有关法律法规制定的应急预案。

（6）举办重大会展和文化体育等重大活动，主办单位应当制定应急预案。

各类预案将根据实际情况变化不断补充、完善。

2 组织体系

2.1 领导机构

国务院是突发公共事件应急管理工作的最高行政领导机构。在国务院总理领导下，由国务院常务会议和国家相关突发公共事件应急指挥机构（以下简称相关应急指挥机构）负责突发公共事件的应急管理工作；必要时，派出国务院工作组指导有关工作。

2.2 办事机构

国务院办公厅设国务院应急管理办公室，履行值守应急、信息汇总和重大协调职责，发挥运转枢纽作用。

2.3 工作机构

国务院有关部门依据有关法律、行政法规和各自的职责，负责相关类别突发公共事件的应急管理工作。具体负责相关类别的突发公共事件专项和部门应急预案的起草与实施，贯彻落实国务院有关决定事项。

2.4 地方机构

地方各级人民政府是本行政区域突发公共事件应急管理工作的行政领导机构，负责本行政区域各类突发公共事件的应对工作。

2.5 专家组

国务院和各应急管理机构建立各类专业人才库，可以根据实际需要聘请有关专家组成专家组，为应急管理提供决策建议，必要时参加突发公共事件的应急处置工作。

3 运行机制

3.1 预测与预警

各地区、各部门要针对各种可能发生的突发公共事件，完善预测预警机制，建立预测预警系统，开展风险分析，做到早发现、早报告、早处置。

根据预测分析结果，对可能发生和可以预警的突发公共事件进行预警。预警级别依据突发公共事件可能造成的危害程度、紧急程度和发展势态，一般划分为四级：Ⅰ级（特别严重）、Ⅱ级（严重）、Ⅲ级（较重）和Ⅳ级（一般），依次用红色、橙色、黄色和蓝色标示。

预警信息包括突发公共事件的类别、预警级别、起始时间、可能影响范围、警示事项、应采取的措施和发布机关等。

预警信息的发布、调整和解除可通过广播、电视、报刊、通信、信息网络、警报器、宣传车或组织人员逐户通知等方式进行，对老、幼、病、残、孕等特殊人群以及学校等特殊场所和警报盲区应当采取有针对性的公告方式。

3.2 应急处置

3.2.1 信息报告

特别重大或者重大突发公共事件发生后，各地区、各部门要立即报告，最迟不得超过4小时，同时通报有关地区和部门。应急处置过程中，要及时续报有关情况。

3.2.2 先期处置

突发公共事件发生后，事发地的省级人民政府或者国务院有关部门在报告特别重大、重大突发公共事件信息的同时，要根据职责和规定的权限启动相关应急预案，及时、有效地进行处置，控制事态。

在境外发生涉及中国公民和机构的突发事件，我驻外使领馆、国务院有关部门和有关地方人民政府要采取措施控制事态发展，组织开展应急救援工作。

3.2.3 应急响应

对于先期处置未能有效控制事态的特别重大突发公共事件，要及时启动相关预案，由国务院相关应急指挥机构或国务院工作组统一指挥或指导有关地区、部门开展处置工作。

现场应急指挥机构负责现场的应急处置工作。

需要多个国务院相关部门共同参与处置的突发公共事件，由该类突发公共事件的业务主管部门牵头，其他部门予以协助。

3.2.4 应急结束

特别重大突发公共事件应急处置工作结束，或者相关危险因素消除后，现场应急指挥机构予以撤销。

3.3 恢复与重建

3.3.1 善后处置

要积极稳妥、深入细致地做好善后处置工作。对突发公共事件中的伤亡人员、应急处置工作人员，以及紧急调集、征用有关单位及个人的物资，要按照规定给予抚恤、补助或补偿，并提供心理及司法援助。有关部门要做好疫病防治和环境污染消除工作。保险监管机构督促有关保险机构及时做好有关单位和个人损失的理赔工作。

3.3.2 调查与评估

要对特别重大突发公共事件的起因、性质、影响、责任、经验教训和恢复重建等问题进行调查评估。

3.3.3 恢复重建

根据受灾地区恢复重建计划组织实施恢复重建工作。

3.4 信息发布

突发公共事件的信息发布应当及时、准确、客观、全面。事件发生的第一时间要向社会发布简要信息，随后发布初步核实情况、政府应对措施和公众防范措施等，并根据事件处置情况做好后续发布工作。

信息发布形式主要包括授权发布、散发新闻稿、组织报道、接受记者采访、举行新闻发布会等。

4 应急保障

各有关部门要按照职责分工和相关预案做好突发公共事件的应对工作，同时根据总体预案切实做好应对突发公共事件的人力、物力、财力、交通运输、医疗卫生及通信保障等工作，保证应急救援工作的需要和灾区群众的基本生活，以及恢复重建工作的顺利进行。

4.1 人力资源

公安（消防）、医疗卫生、地震救援、海上搜救、矿山救护、森林消防、防洪抢险、核与辐射、环境监控、危险化学品事故救援、铁路事故、民航事故、基础信息网络和重要信息系统事故处置，以及水、电、油、气等工程抢险救援队伍是应急救援的专业队伍和骨干力量。地方各级人民政府和有关部门、单位要加强应急救援队伍的业务培训和应急演练，建立联动协调机制，提高装备水平；动员社会团体、企事业单位以及志愿者等各种社会力量参与应急救援工作；增进国际交流与合作。要加强以乡镇和社区为单位的公众应急能力建设，发挥其在应对突发公共事件中的重要作用。

中国人民解放军和中国人民武装警察部队是处置突发公共事件的骨干和突击力量，按照有关规定参加应急处置工作。

4.2 财力保障

要保证所需突发公共事件应急准备和救援工作资金。对受突发公共事件影响较大的行业、企事业单位和个人要及时研究提出相应的补偿或救助政策。要对突发公共事件财政应急保障资金的使用和效果进行监管和评估。

鼓励自然人、法人或者其他组织（包括国际组织）按照《中华人民共和国公益事业捐赠法》等有关法律、法规的规定进行捐赠和援助。

4.3 物资保障

要建立健全应急物资监测网络、预警体系和应急物资生产、储备、调拨及紧急配送体系，完善应急工作程序，确保应急所需物资和生活用品的及时供应，并加强对物资储备的监督管理，及时予以补充和更新。

地方各级人民政府应根据有关法律、法规和应急预案的规定，做好物资储备工作。

4.4 基本生活保障

要做好受灾群众的基本生活保障工作，确保灾区群众有饭吃、有水喝、有衣穿、有住处、有病能得到及时医治。

4.5 医疗卫生保障

卫生部门负责组建医疗卫生应急专业技术队伍，根据需要及时赴现场开展医疗救治、疾病预防控制等卫生应急工作。及时为受灾地区提供药品、器械等卫生和医疗设备。必要时，组织动员红十字会等社会卫生力量参与医疗卫生救助工作。

4.6 交通运输保障

要保证紧急情况下应急交通工具的优先安排、优先调度、优先放行，确保运输安全畅通；要依法建立紧急情况社会交通运输工具的征用程序，确保抢险救灾物资和人员能够及时、安全送达。

根据应急处置需要，对现场及相关通道实行交通管制，开设应急救援“绿色通道”，保证应急救援工作的顺利开展。

4.7 治安维护

要加强对重点地区、重点场所、重点人群、重要物资和设备的安全保护，依法严厉打击违法犯罪活动。必要时，依法采取有效管制措施，控制事态，维护社会秩序。

4.8 人员防护

要指定或建立与人口密度、城市规模相适应的应急避险场所，完善紧急疏散管理办法和程序，明确各级责任人，确保在紧急情况下公众安全、有序地转移或疏散。

要采取必要的防护措施，严格按照程序开展应急救援工作，确保人员安全。

4.9 通信保障

建立健全应急通信、应急广播电视保障工作体系，完善公用通信网，建立有线和无线相结合、基础电信网络与机动通信系统相配套的应急通信系统，确保通信畅通。

4.10 公共设施

有关部门要按照职责分工，分别负责煤、电、油、气、水的供给，以及废水、废气、固体废弃物等有害物质的监测和处理。

4.11 科技支撑

要积极开展公共安全领域的科学研究；加大公共安全监测、预测、预警、预防和应急处置技术研发的投入，不断改进技术装备，建立健全公共安全应急技术平台，提高我国公共安全科技水平；注意发挥企业在公共安全领域的研发作用。

5 监督管理

5.1 预案演练

各地区、各部门要结合实际，有计划、有重点地组织有关部门对相关预案进行演练。

5.2 宣传和培训

宣传、教育、文化、广电、新闻出版等有关部门要通过图书、报刊、音像制品和电子出版物、广播、电视、网络等，广泛宣传应急法律法规和预防、避险、自救、互救、减灾等常识，增强公众的忧患意识、社会责任意识和自救、互救能力。各有关方面要有计划地对应急救援和管理人员进行培训，提高其专业技能。

5.3 责任与奖惩

突发公共事件应急处置工作实行责任追究制。

对突发公共事件应急管理工作中做出突出贡献的先进集体和个人要给予表彰和奖励。

对迟报、谎报、瞒报和漏报突发公共事件重要情况或者应急管理工作中有其他失职、渎职行为的，依法对有关责任人给予行政处分；构成犯罪的，依法追究刑事责任。

6 附则

根据实际情况的变化，及时修订本预案。

本预案自发布之日起实施。

2. 政府专项应急预案

突发事件专项应急预案是总体应急预案的组成部分，是政府为应对某种或某几种类型的突发事件，或针对重要目标物保护、重大活动保障、应急资源保障等重要专项工作而预先制定的涉及多个部门职责的工作预案。突发事件专项应急预案由各级人民政府有关部门牵头制定，报本级人民政府批准后印发实施，主要解决“干什么”的问题。

针对特定类型突发事件的专项应急预案按“地方名称＋事件类型＋功能＋应急预案”的形式命名，如《国家自然灾害救助应急预案》《××省危险化学品事故应急预案》《××市突发重大动物疫情应急预案》等。此外，设区市或经济开发区、自贸区、特区，还应在地方名称前加辖区上级地方名，如《××市××区道路交通事故应急预案》《××市××区涉外突发事件应急预案》等。

针对重要目标物保护、重大活动保障、应急资源保障等重要专项工作的各项应急预案，通常按“（地方名称＋）目标物/活动/资源名称＋功能＋应急预案”的形式命名，如《国家核电厂核事故应急预案》《港珠澳大桥突发事件应急预案》《××市重大群众性活动卫生保障应急预案》《××市×区突发事件供电保障应急预案》等。

以《国家突发公共卫生事件应急预案》为例，具体内容如下：①

1 总则

1.1 编制目的

有效预防、及时控制和消除突发公共卫生事件及其危害，指导和规范各类突发公共卫生事件的应急处理工作，最大限度地减少突发公共卫生事件对公众健康造成的危害，保障公众身心健康与生命安全。

1.2 编制依据

依据《中华人民共和国传染病防治法》《中华人民共和国食品卫生法》《中华人民共和国职业病防治法》《中华人民共和国国境卫生检疫法》《突发公共卫生事件应急条例》《国内交通卫生检疫条例》和《国家突发公共事件总体应急预案》，制定本预案。

---

① 国家突发公共卫生事件应急预案[EB/OL].（2006－02－26）[2025－03－13]. https://www.gov.cn/yjgl/2006－02/26/content_211654.htm.

1.3 突发公共卫生事件的分级

根据突发公共卫生事件性质、危害程度、涉及范围，将突发公共卫生事件划分为特别重大（Ⅰ级）、重大（Ⅱ级）、较大（Ⅲ级）和一般（Ⅳ级）四级。

其中，特别重大突发公共卫生事件主要包括：

(1) 肺鼠疫、肺炭疽在大中城市发生并有扩散趋势，或肺鼠疫、肺炭疽疫情波及2个以上的省份，并有进一步扩散趋势。

(2) 发生传染性非典型肺炎、人感染高致病性禽流感病例，并有扩散趋势。

(3) 涉及多个省份的群体性不明原因疾病，并有扩散趋势。

(4) 发生新传染病或我国尚未发现的传染病发生或传入，并有扩散趋势，或发现我国已消灭的传染病重新流行。

(5) 发生烈性病菌株、毒株、致病因子等丢失事件。

(6) 周边以及与我国通航的国家和地区发生特大传染病疫情，并出现输入性病例，严重危及我国公共卫生安全的事件。

(7) 国务院卫生行政部门认定的其他特别重大突发公共卫生事件。

1.4 适用范围

本预案适用于突然发生，造成或者可能造成社会公众身心健康严重损害的重大传染病、群体性不明原因疾病、重大食物和职业中毒，以及因自然灾害、事故灾难或社会安全等事件引起的严重影响公众身心健康的公共卫生事件的应急处理工作。

其他突发公共事件中涉及的应急医疗救援工作，另行制定有关预案。

1.5 工作原则

(1) 预防为主，常备不懈。提高全社会对突发公共卫生事件的防范意识，落实各项防范措施，做好人员、技术、物资和设备的应急储备工作。对各类可能引发突发公共卫生事件的情况要及时进行分析、预警，做到早发现、早报告、早处理。

(2) 统一领导，分级负责。根据突发公共卫生事件的范围、性质和危害程度，对突发公共卫生事件实行分级管理。各级人民政府负责突发公共卫生事件应急处理的统一领导和指挥，各有关部门按照预案规定，在各自的职责范围内做好突发公共卫生事件应急处理的有关工作。

(3) 依法规范，措施果断。地方各级人民政府和卫生行政部门要按照相关法律、法规和规章的规定，完善突发公共卫生事件应急体系，建立健全系统、规范的突发公共卫生事件应急处理工作制度，对突发公共卫生事件和可能发生的公共卫生事件做出快速反应，及时、有效地开展监测、报告和处理工作。

(4) 依靠科学，加强合作。突发公共卫生事件应急工作要充分尊重和依靠科学，要重视开展防范和处理突发公共卫生事件的科研和培训，为突发公共卫生事件应急处理提供科技保障。各有关部门和单位要通力合作、资源共享，有效应对突发公共卫生事件。要广泛组织、动员公众参与突发公共卫生事件的应急处理工作。

2 应急组织体系及职责

2.1 应急指挥机构

卫健委依照职责和本预案的规定，在国务院统一领导下，负责组织、协调全国突发公共卫生事件应急处理工作，并根据突发公共卫生事件应急处理工作的实际需要，提出成立全国突发公共卫生事件应急指挥部。

地方各级人民政府卫生行政部门依照职责和本预案的规定，在本级人民政府统一领导下，负责组织、协调本行政区域内突发公共卫生事件应急处理工作，并根据突发公共卫生事件应急处理工作的实际需要，向本级人民政府提出成立地方突发公共卫生事件应急指挥部的建议。

各级人民政府根据本级人民政府卫生行政部门的建议和实际工作需要，决定是否成立国家和地方应急指挥部。

地方各级人民政府及有关部门和单位要按照属地管理的原则，切实做好本行政区域内突发公共卫生事件应急处理工作。

2.1.1 全国突发公共卫生事件应急指挥部的组成和职责

全国突发公共卫生事件应急指挥部负责对特别重大突发公共卫生事件的统一领导、统一指挥，作出处理突发公共卫生事件的重大决策。指挥部成员单位根据突发公共卫生事件的性质和应急处理的需要确定。

2.1.2 省级突发公共卫生事件应急指挥部的组成和职责

省级突发公共卫生事件应急指挥部由省级人民政府有关部门组成，实行属地管理的原则，负责对本行政区域内突发公共卫生事件应急处理的协调和指挥，作出处理本行政区域内突发公共卫生事件的决策，决定要采取的措施。

2.2 日常管理机构

国务院卫生行政部门设立卫生应急办公室（突发公共卫生事件应急指挥中心），负责全国突发公共卫生事件应急处理的日常管理工作。

各省、自治区、直辖市人民政府卫生行政部门及军队、武警系统要参照国务院卫生行政部门突发公共卫生事件日常管理机构的设置及职责，结合各自实际情况，指定突发公共卫生事件的日常管理机构，负责本行政区域或本系统内突发公共卫生事件应急的协调、管理工作。

各市（地）级、县级卫生行政部门要指定机构负责本行政区域内突发公共卫生事件应急的日常管理工作。

2.3 专家咨询委员会

国务院卫生行政部门和省级卫生行政部门负责组建突发公共卫生事件专家咨询委员会。

市（地）级和县级卫生行政部门可根据本行政区域内突发公共卫生事件应急工作需要，组建突发公共卫生事件应急处理专家咨询委员会。

2.4 应急处理专业技术机构

医疗机构、疾病预防控制机构、卫生监督机构、出入境检验检疫机构是突发公共卫生事件应急处理的专业技术机构。应急处理专业技术机构要结合本单位职责开展专业技术人员处理突发公共卫生事件能力培训，提高快速应对能力和技术水平，在发生突发公共卫生事件时，要服从卫生行政部门的统一指挥和安排，开展应急处理工作。

3 突发公共卫生事件的监测、预警与报告

3.1 监测

国家建立统一的突发公共卫生事件监测、预警与报告网络体系。各级医疗、疾病预防控制、卫生监督和出入境检疫机构负责开展突发公共卫生事件的日常监测工作。

省级人民政府卫生行政部门要按照国家统一规定和要求，结合实际，组织开展重点传染病和突发公共卫生事件的主动监测。

国务院卫生行政部门和地方各级人民政府卫生行政部门要加强对监测工作的管理和监督，保证监测质量。

3.2 预警

各级人民政府卫生行政部门根据医疗机构、疾病预防控制机构、卫生监督机构提供的监测信息，按照公共卫生事件的发生、发展规律和特点，及时分析其对公众身心健康的危害程度、可能的发展趋势，并及时做出预警。

3.3 报告

任何单位和个人都有权向国务院卫生行政部门和地方各级人民政府及其有关部门报告突发公共卫生事件及其隐患，也有权向上级政府部门举报不履行或者不按照规定履行突发公共卫生事件应急处理职责的部门、单位及个人。

县级以上各级人民政府卫生行政部门指定的突发公共卫生事件监测机构、各级各类医疗卫生机构、卫生行政部门、县级以上地方人民政府和检验检疫机构、食品药品监督管理机构、环境保护监测机构、教育机构等有关单位为突发公共卫生事件的责任报告单位。执行职务的各级各类医疗卫生机构的医疗卫生人员、个体开业医生为突发公共卫生事件的责任报告人。

突发公共卫生事件责任报告单位要按照有关规定及时、准确地报告突发公共卫生事件及其处置情况。

4 突发公共卫生事件的应急反应和终止

4.1 应急反应原则

发生突发公共卫生事件时，事发地的县级、市（地）级、省级人民政府及其有关部门按照分级响应的原则，做出相应级别应急反应。同时，要遵循突发公共卫生事件发生发展的客观规律，结合实际情况和预防控制工作的需要，及时调整预警和反应级别，以有效控制事件，减少危害和影响。要根据不同类别突发公共卫生事件的性质和特点，注重分析事件的发展趋势，对事态和影响不断扩大的事件，应及时升级预警和反应级别；对范围局限不会进一步扩散的事件，应相应降低反应级别，及时撤销预警。

国务院有关部门和地方各级人民政府及有关部门对在学校、区域性或全国性重要活动期间等发生的突发公共卫生事件，要高度重视，可相应提高报告和反应级别，确保迅速、有效控制突发公共卫生事件，维护社会稳定。

突发公共卫生事件应急处理要采取边调查、边处理、边抢救、边核实的方式，以有效措施控制事态发展。

事发地之外的地方各级人民政府卫生行政部门接到突发公共卫生事件情况通报后，要及时通知相应的医疗卫生机构，组织做好应急处理所需的人员与物资准备，采取必要的预防控制措施，防止突发公共卫生事件在本行政区域内发生，并服从上一级人民政府卫生行政部门的统一指挥和调度，支援突发公共卫生事件发生地区的应急处理工作。

4.2 应急反应措施

4.2.1 各级人民政府

（1）组织协调有关部门参与突发公共卫生事件的处理。

（2）根据突发公共卫生事件处理需要，调集本行政区域内各类人员、物资、交通工具和相关设施、设备参加应急处理工作。涉及危险化学品管理和运输安全的，有关部门要严格执行相关规定，防止事故发生。

（3）划定控制区域：甲类、乙类传染病暴发、流行时，县级以上地方人民政府报经上一级地方人民政府决定，可以宣布疫区范围；经省、自治区、直辖市人民政府决定，可以对本行政区域内甲类传染病疫区实施封锁；封锁大中城市的疫区或者封锁跨省（区、市）的疫区，以及封锁疫区导致中断干线交通或者封锁国境的，由国务院决定。对重大食物中毒和职业中毒事故，根据污染食品扩散和职业危害因素波及的范围，划定控制区域。

（4）疫情控制措施：当地人民政府可以在本行政区域内采取限制或者停止集市、集会、影剧院等演出以及其他人群聚集的活动，停工、停业、停课，封闭或者封存被传染病病原体污染的公共饮用水源、食品以及相关物品等紧急措施；临时征用房屋、交通工具以及相关设施和设备。

（5）流动人口管理：对流动人口采取预防工作，落实控制措施，对传染病病人、疑似病人采取就地隔离、就地观察、就地治疗的措施，对密切接触者根据情况采取集中或居家医学观察。

（6）实施交通卫生检疫：组织铁路、交通、民航、质检等部门在交通站点和出入境口岸设置临时交通卫生检疫站，对出入境、进出疫区和运行中的交通工具及其乘运人员和物资、宿主动物进行检疫查验，对病人、疑似病人及其密切接触者实施临时隔离、留验和向地方卫生行政部门指定的机构移交。

（7）信息发布：突发公共卫生事件发生后，有关部门要按照有关规定做好信息发布工作，信息发布要及时主动、准确把握，实事求是，正确引导舆论，注重社会效果。

（8）开展群防群治：街道、乡（镇）以及居委会、村委会协助卫生行政部门和其他部门、医疗机构，做好疫情信息的收集、报告、人员分散隔离及公共卫生措施的实施工作。

（9）维护社会稳定：组织有关部门保障商品供应，平抑物价，防止哄抢；严厉打击造谣传谣、哄抬物价、囤积居奇、制假售假等违法犯罪和扰乱社会治安的行为。

4.2.2 卫生行政部门

（1）组织医疗机构、疾病预防控制机构和卫生监督机构开展突发公共卫生事件的调查与处理。

（2）组织突发公共卫生事件专家咨询委员会对突发公共卫生事件进行评估，提出启动突发公共卫生事件应急处理的级别。

（3）应急控制措施：根据需要组织开展应急疫苗接种、预防服药。

（4）督导检查：国务院卫生行政部门组织对全国或重点地区的突发公共卫生事件应急处理工作进行督导和检查。省、市（地）级以及县级卫生行政部门负责对本行政区域内的应急处理工作进行督查和指导。

（5）发布信息与通报：国务院卫生行政部门或经授权的省、自治区、直辖市人民政府卫生行政部门及时向社会发布突发公共卫生事件的信息或公告。国务院卫生行政部门及时向国务院各有关部门和各省、自治区、直辖市卫生行政部门以及军队有关部门通报突发公共卫生事件情况。对涉及跨境的疫情线索，由国务院卫生行政部门向有关国家和地区通报情况。

（6）制定技术标准和规范：国务院卫生行政部门对新发现的突发传染病、不明原因的群体性疾病、重大中毒事件，组织力量制定技术标准和规范，及时组织全国培训。地方各级卫生行政部门开展相应的培训工作。

（7）普及卫生知识：针对事件性质，有针对性地开展卫生知识宣教，提高公众健康意识和自我防护能力，消除公众心理障碍，开展心理危机干预工作。

（8）进行事件评估：组织专家对突发公共卫生事件的处理情况进行重大评估，包括事件概况、现场调查处理概况、患者救治情况、所采取的措施、效果评价等。

4.2.3 医疗机构

（1）开展患者接诊、收治和转运工作，实行重症和普通患者分开管理，对疑似患者及时排除或确诊。

（2）协助疾控机构人员开展标本的采集、流行病学调查工作。

（3）做好医院内现场控制、消毒隔离、个人防护、医疗垃圾和污水处理工作，防止院内交叉感染和污染。

（4）做好传染病和中毒患者的报告。对因突发公共卫生事件而引起身体伤害的患者，任何医疗机构不得拒绝接诊。

（5）对群体性不明原因疾病和新发传染病做好病例分析与总结工作，积累诊断治疗的经验。重大中毒事件，按照现场救援、患者转运、后续治疗相结合的原则进行处置。

（6）开展科研与国际交流：开展与突发事件相关的诊断试剂、药品、防护用品等方面的研究。开展国际合作，加快病源查寻和病因诊断。

4.2.4 疾病预防控制机构

（1）突发公共卫生事件信息报告：国家、省、市（地）、县级疾控机构做好突发公共卫生事件的信息收集、报告与分析工作。

（2）开展流行病学调查：疾控机构人员到达现场后，尽快制订流行病学调查计划和方案，地方专业技术人员按照计划和方案，对突发事件累及人群的发病情况、分布特点进行调查分析，提出并实施有针对性的预防控制措施；对传染病患者、疑似患者、病原携带者及其密切接触者进行追踪调查，查明传播链，并向相关地方疾病预防控制机构通报情况。

（3）实验室检测：中国疾病预防控制中心和省级疾病预防控制机构指定的专业技术机构在地方专业机构的配合下，按有关技术规范采集足量、足够的标本，分送省级和国家应急处理功能网络实验室检测，查找致病原因。

（4）开展科研与国际交流：开展与突发事件相关的诊断试剂、疫苗、消毒方法、医疗卫生防护用品等方面的研究。开展国际合作，加快病源查寻和病因诊断。

（5）制定技术标准和规范：中国疾病预防控制中心协助卫生行政部门制定全国新发现的突发传染病、不明原因的群体性疾病、重大中毒事件的技术标准和规范。

(6) 开展技术培训：中国疾病预防控制中心具体负责全国省级疾病预防控制中心突发公共卫生事件应急处理专业技术人员的应急培训。各省级疾病预防控制中心负责县级以上疾病预防控制机构专业技术人员的培训工作。

4.2.5 卫生监督机构

(1) 在卫生行政部门的领导下，开展对医疗机构、疾病预防控制机构突发公共卫生事件应急处理各项措施落实情况的督导、检查。

(2) 围绕突发公共卫生事件应急处理工作，开展食品卫生、环境卫生、职业卫生等的卫生监督和执法稽查。

(3) 协助卫生行政部门依据《突发公共卫生事件应急条例》和有关法律法规，调查处理突发公共卫生事件应急工作中的违法行为。

4.2.6 出入境检验检疫机构

(1) 突发公共卫生事件发生时，调动出入境检验检疫机构技术力量，配合当地卫生行政部门做好口岸的应急处理工作。

(2) 及时上报口岸突发公共卫生事件信息和情况变化。

4.2.7 非事件发生地区的应急反应措施

未发生突发公共卫生事件的地区应根据其他地区发生事件的性质、特点、发生区域和发展趋势，分析本地区受波及的可能性和程度，重点做好以下工作：

(1) 密切保持与事件发生地区的联系，及时获取相关信息。

(2) 组织做好本行政区域应急处理所需的人员与物资准备。

(3) 加强相关疾病与健康监测和报告工作，必要时，建立专门报告制度。

(4) 开展重点人群、重点场所和重点环节的监测和预防控制工作，防患未然。

(5) 开展防治知识宣传和健康教育，提高公众自我保护意识和能力。

(6) 根据上级人民政府及其有关部门的决定，开展交通卫生检疫等。

4.3 突发公共卫生事件的分级反应

特别重大突发公共卫生事件（具体标准见 1.3）应急处理工作由国务院或国务院卫生行政部门和有关部门组织实施，开展突发公共卫生事件的医疗卫生应急、信息发布、宣传教育、科研攻关、国际交流与合作、应急物资与设备的调集、后勤保障以及督导检查等工作。国务院可根据突发公共卫生事件性质和应急处置工作，成立全国突发公共卫生事件应急处理指挥部，协调指挥应急处置工作。事发地省级人民政府应按照国务院或国务院有关部门的统一部署，结合本地区实际情况，组织协调市（地）、县（市）人民政府开展突发公共事件的应急处理工作。

特别重大级别以下的突发公共卫生事件应急处理工作由地方各级人民政府负责组织实施。超出本级应急处置能力时，地方各级人民政府要及时报请上级人民政府和有关部门提供指导和支持。

4.4 突发公共卫生事件应急反应的终止

突发公共卫生事件应急反应的终止需符合以下条件：突发公共卫生事件隐患或相关危险因素消除，或末例传染病病例发生后经过最长潜伏期无新的病例出现。

特别重大突发公共卫生事件由国务院卫生行政部门组织有关专家进行分析论证，提出终止应急反应的建议，报国务院或全国突发公共卫生事件应急指挥部批准后实施。

特别重大以下突发公共卫生事件由地方各级人民政府卫生行政部门组织专家进行分析论证，提出终止应急反应的建议，报本级人民政府批准后实施，并向上一级人民政府卫生行政部门报告。

上级人民政府卫生行政部门要根据下级人民政府卫生行政部门的请求，及时组织专家对突发公共卫生事件应急反应的终止的分析论证提供技术指导和支持。

5 善后处理

5.1 后期评估

突发公共卫生事件结束后，各级卫生行政部门应在本级人民政府的领导下，组织有关人员对突发公共卫生事件的处理情况进行评估。评估内容主要包括事件概况、现场调查处理概况、病人救治情况、所采取措施的效果评价、应急处理过程中存在的问题和取得的经验及改进建议。评估报告上报本级人民政府和上一级人民政府卫生行政部门。

5.2 奖励

县级以上人民政府人事部门和卫生行政部门对参加突发公共卫生事件应急处理作出贡献的先进集体和个人进行联合表彰；民政部门对在突发公共卫生事件应急处理工作中英勇献身的人员，按照有关规定追认为烈士。

5.3 责任

对在突发公共卫生事件的预防、报告、调查、控制和处理过程中，有玩忽职守、失职、渎职等行为的，依据《突发公共卫生事件应急条例》及有关法律法规追究当事人的责任。

5.4 抚恤和补助

地方各级人民政府要组织有关部门对因参与应急处理工作致病、致残、死亡的人员，按照国家有关规定，给予相应的补助和抚恤；对参加应急处理一线工作的专业技术人员应根据工作需要制定合理的补助标准，给予补助。

5.5 征用物资、劳务的补偿

突发公共卫生事件应急工作结束后，地方各级人民政府应组织有关部门对应急处理期间紧急调集、征用有关单位、企业、个人的物资和劳务进行合理评估，给予补偿。

6 突发公共卫生事件应急处置的保障

突发公共卫生事件应急处理应坚持预防为主、平战结合，国务院有关部门、地方各级人民政府和卫生行政部门应加强突发公共卫生事件的组织建设，组织开展突发公共卫生事件的监测和预警工作，加强突发公共卫生事件应急处理队伍建设和技术研究，建立健全国家统一的突发公共卫生事件预防控制体系，保证突发公共卫生事件应急处理工作的顺利开展。

6.1 技术保障

6.1.1 信息系统

国家建立突发公共卫生事件应急决策指挥系统的信息、技术平台，承担突发公共卫生事件及其相关信息收集、处理、分析、发布和传递等工作，采取分级负责的方式实施。

要在充分利用现有资源的基础上建设医疗救治信息网络，实现卫生行政部门、医疗救治机构与疾病预防控制机构之间的信息共享。

6.1.2 疾病预防控制体系

国家建立统一的疾病预防控制体系。各省（区、市）、市（地）、县（市）要加快疾病预防控制机构和基层预防保健组织建设，强化医疗卫生机构疾病预防控制的责任；建立功能完善、反应迅速、运转协调的突发公共卫生事件应急机制；健全覆盖城乡、灵敏高效、快速畅通的疫情信息网络；改善疾病预防控制机构基础设施和实验室设备条件；加强疾病控制专业队伍建设，提高流行病学调查、现场处置和实验室检测检验能力。

6.1.3 应急医疗救治体系

按照“中央指导、地方负责、统筹兼顾、平战结合、因地制宜、合理布局”的原则，逐步在全国范围内建成包括急救机构、传染病救治机构和化学中毒与核辐射救治基地在内的，符合国情、覆盖城乡、功能完善、反应灵敏、运转协调、持续发展的医疗救治体系。

6.1.4 卫生执法监督体系

国家建立统一的卫生执法监督体系。各级卫生行政部门要明确职能，落实责任，规范执法监督行为，加强卫生执法监督队伍建设。对卫生监督人员实行资格准入制度和在岗培训制度，全面提高卫生执法监督的能力和水平。

6.1.5 应急卫生救治队伍

各级人民政府卫生行政部门按照“平战结合、因地制宜，分类管理、分级负责，统一管理、协调运转”的原则建立突发公共卫生事件应急救治队伍，并加强管理和培训。

6.1.6 演练

各级人民政府卫生行政部门要按照“统一规划、分类实施、分级负责、突出重点、适应需求”的原则，采取定期和不定期相结合的形式，组织开展突发公共卫生事件的应急演练。

6.1.7 科研和国际交流

国家有计划地开展应对突发公共卫生事件相关的防治科学研究，包括现场流行病学调查方法、实验室病因检测技术、药物治疗、疫苗和应急反应装备、中医药及中西医结合防治等，尤其是开展新发、罕见传染病快速诊断方法、诊断试剂以及相关的疫苗研究，做到技术上有所储备。同时，开展应对突发公共卫生事件应急处理技术的国际交流与合作，引进国外的先进技术、装备和方法，提高我国应对突发公共卫生事件的整体水平。

6.2 物资、经费保障

6.2.1 物资储备

各级人民政府要建立处理突发公共卫生事件的物资和生产能力储备。发生突发公共卫生事件时，应根据应急处理工作需要调用储备物资。卫生应急储备物资使用后要及时补充。

6.2.2 经费保障

应保障突发公共卫生事件应急基础设施项目建设经费，按规定落实对突发公共卫生事件应急处理专业技术机构的财政补助政策和突发公共卫生事件应急处理经费。应根据需要对边远贫困地区突发公共卫生事件应急工作给予经费支持。国务院有关部门和地方各级人民政府应积极通过国际、国内等多渠道筹集资金，用于突发公共卫生事件应急处理工作。

6.3 通信与交通保障

各级应急医疗卫生救治队伍要根据实际工作需要配备通信设备和交通工具。

6.4 法律保障

国务院有关部门应根据突发公共卫生事件应急处理过程中出现的新问题、新情况，加强调查研究，起草和制定并不断完善应对突发公共卫生事件的法律法规和规章制度，形成科学、完整的突发公共卫生事件应急法律和规章体系。

国务院有关部门和地方各级人民政府及有关部门要严格执行《突发公共卫生事件应急条例》等规定，根据本预案要求，严格履行职责，实行责任制。对履行职责不力，造成工作损失的，要追究有关当事人的责任。

6.5 社会公众的宣传教育

县级以上人民政府要组织有关部门利用广播、影视、报刊、互联网、手册等多种形式对社会公众广泛开展突发公共卫生事件应急知识的普及教育，宣传卫生科普知识，指导群众以科学的行为和方式对待突发公共卫生事件。要充分发挥有关社会团体在普及卫生应急知识和卫生科普知识方面的作用。

7 预案管理与更新

根据突发公共卫生事件的形势变化和实施中发现的问题，及时进行更新、修订和补充预案。

国务院有关部门根据需要和本预案的规定，制定本部门职责范围内的具体工作预案。

县级以上地方人民政府根据《突发公共卫生事件应急条例》的规定，参照本预案并结合本地区实际情况，组织制定本地区突发公共卫生事件应急预案。

8 附则

8.1 名词术语

重大传染病疫情是指某种传染病在短时间内发生、波及范围广泛，出现大量的病人或死亡病例，其发病率远远超过常年的发病率水平的情况。

群体性不明原因疾病是指在短时间内，某个相对集中的区域内同时或者相继出现具有共同临床表现的病人，且病例不断增加，范围不断扩大，又暂时不能明确诊断的疾病。

重大食物和职业中毒是指由于食品污染和职业危害的原因而造成的人数众多或者伤亡较重的中毒事件。

新传染病是指全球首次发现的传染病。

我国尚未发现传染病是指埃博拉、人变异型克雅氏病等在其他国家和地区已经发现，在我国尚未发现过的传染病。

我国已消灭传染病是指天花、脊髓灰质炎等已被消灭的传染病。

8.2 预案实施时间

本预案自印发之日起实施。

3. 政府部门应急预案

部门应急预案是政府有关部门（单位）为应对突发事件，根据总体应急预案、专项应急预案和部门职责制定的预案，为应对本部门（行业、领域）突发事件，或者针对重要目标物保护、重大活动保障、应急资源保障等涉及部门工作而预先制定的工作方案。部门应急预案由各级政府有关部门制定，主要解决“怎么干”的问题。部门应急预案仅以“部门名称 + 突发事件应急预案”的方式命名，即《× ×部门突发事件应急预案》。

部门应急预案是一个相对独立完整的体系，在部门应急预案的具体章节中，应根据突发事件总体应急预案和专项应急预案所赋予的任务，明确相关工作方案。因此，部门应急预案的具体章节中可能有很多应对工作方案，其名称由“地方名称＋部门名称＋应对＋突发事件＋功能＋工作方案”构成，如《××省卫健局应对火灾事故救治工作方案》《××市交通运输局应对核事故场外疏散保障工作方案》等。

以《天津市交通运输委员会突发事件综合应急预案》为例，具体内容如下：①

1 总则

1.1 指导思想

以习近平新时代中国特色社会主义思想为指导，全面贯彻党的十九大和十九届二中、三中、四中、五中全会精神，深入学习贯彻习近平总书记关于应急管理的重要论述，认真贯彻落实习近平总书记对天津工作“三个着力”重要要求和一系列重要指示批示精神，牢固树立安全发展理念，最大限度地预防和减少交通运输行业突发事件及其损失。

1.2 编制目的

为全面提高天津市交通运输委员会（以下简称市交通运输委）应对交通运输突发事件的快速反应能力、应急处置能力以及保障能力，有效发挥交通运输部门在应对突发事件中的作用，制定本预案。

1.3 编制依据

依据《中华人民共和国突发事件应对法》《中华人民共和国安全生产法》《天津市实施〈中华人民共和国突发事件应对法〉办法》《天津市突发事件总体应急预案》《交通运输突发事件应急管理规定》《交通运输重大应急预案》等相关规定。

1.4 工作原则

坚持党对应急工作的全面领导，坚持以人为本、预防为主，统一领导、分级负责，快速反应、协同应对，科学应对、舆情引导的工作原则。

1.5 适用范围

本预案适用于市交通运输委职责范围内负责处置的自然灾害、事故灾难、公共卫生和社会安全突发事件以及需由市交通运输委提供公路、水路等综合运输应急保障的事件，或依据上级政府部门指令，需市交通运输委参与配合的突发事件应急处置工作。

① 天津市交通运输委员会．关于印发天津市交通运输委员会突发事件综合应急预案的通知[EB/OL].(2021－11－17)[2025－02－21]．https://jtys.tj.gov.cn/ZWGK6002/ZCWJ_1/WZFWJ/202111/t20211119_5714046.html.

1.6 事件分级

按照突发事件的特点、严重程度和影响范围等，从高到低分为特别重大、重大、较大、一般四个等级，具体分级标准根据国家有关规定执行。

1.7 预案体系

本预案与市交通运输委各专项预案共同构成市交通运输委突发事件应急预案体系。

本预案是市交通运输委突发事件应急预案体系的总纲领，是市交通运输委处置交通运输突发事件的基本程序和组织原则。

市交通运输委专项预案是市交通运输委为应对某一类型或某几种类型交通运输突发事件而制定的预案，由市交通运输委相关处室，市道路运输局、市港航局依据本预案编制。

市道路运输局、市港航局及委属各单位结合本单位实际情况负责编制本单位应急预案，并与本综合预案进行衔接。

2 组织机构

2.1 应急领导小组

市交通运输委突发事件应对工作领导小组（以下简称应急领导小组）是市交通运输委突发事件应急处置工作的指挥机构，组长由委主要领导担任，常务副组长由分管应急工作的委领导担任，副组长由各分管委领导担任。成员由委办公室、组织处、干部人事处、研究室（宣传处）、法规处、政务服务处、规划处、运输处、建管处、设施处、轨道处、铁建处、安监处、财务处、网信办、工会等处室主要负责同志，以及市道路运输局、市港航局、市交通运输综合行政执法总队分管负责同志和各直属单位主要负责同志组成。

应急领导小组职责：

(1) 贯彻落实市委、市政府和交通运输部关于应急管理的决策部署，统筹制定交通运输行业应急管理政策措施，研究解决应急体系规划、风险防范、应急准备等重大问题。

(2) 研究提出委应急管理工作的政策措施，部署委应急管理重点工作任务，总结委应急管理年度工作。

(3) 在市委、市政府和交通运输部领导下，市交通运输委负责全面组织突发事件的应对工作，组织开展较大、一般突发事件的应对工作，配合市委、市政府和交通运输部做好特别重大、重大突发事件的应对工作。

(4) 研究决定突发事件应对工作中涉及交通运输工作的重大事项。

(5) 其他相关重大事项。

2.2 应急领导小组办事机构

委突发事件应对工作领导小组下设办公室，设在委安监处（应急办），承担应急领导小组的日常工作，承办应急领导小组会议、文件，督促落实应急领导小组领导的批示指示精神。办公室主任由委安监处（应急办）主要负责同志担任。

应急领导小组办公室职责：

（1）负责组织开展委综合应急预案的编制、修订和演练工作。

（2）负责开展交通运输应急宣传教育与培训工作。

（3）完成应急领导小组交办的其他工作。

2.3 现场指挥部

现场指挥部是市交通运输委处置交通运输突发事件的临时应急指挥机构，在启动突发事件应急响应时，应急领导小组同步完成现场指挥部职能转换。现场指挥部为临时应急指挥机构，应急响应结束时，同步取消。由组长或常务副组长任总指挥，各副组长任副总指挥，相关处室和单位负责人任成员。如有特殊情况，经委领导同意后，确定各岗位替补责任人。

现场指挥部的主要职责：

（1）负责统一领导市交通运输委突发事件的应急处置工作，发布指挥调度命令，并督促检查执行情况。

（2）当突发事件由市委、市政府或交通运输部等上级部门统一指挥时，按照上级部门的指令，执行相应的应急行动。

（3）根据需要，协调政府有关部门，制定应对突发事件的联合行动方案。

（4）负责评估、报告和通报交通运输突发事件，做好交通运输突发事件的信息发布工作。

（5）其他相关重大事项。

2.4 应急工作组

现场指挥部下设综合协调组、运输保障组、设施保障组、建设工程组、通信保障组、新闻舆情组、后勤保障组等应急工作组，视情形成立专家组，在现场指挥部统一领导下开展应急工作，并在应急响应结束时宣布取消。

（1）综合协调组

由办公室主任担任组长，由安监处（应急处）、规划处等有关处室负责同志组成。

负责与各应急协作部门的沟通联系，保持与各应急工作组的信息沟通及工作协调；负责收集、分析和汇总突发事件信息及应急工作情况，跟踪应急处置工作进展情况，编写应急工作相关报表；负责向市委、市政府、交通运输部和相关部门报送信息；负责向各应急工作组和基层队伍传达市委、市政府领导同志以及部领导的有关要求；负责与市级其他相关部门及救援力量的沟通联络；承担承办现场指挥部交办的其他工作。

（2）运输保障组

由运输处、市道路运输局、市港航局的主要负责同志按职责分工牵头担任组长，由运输处、市道路运输局、市港航局、轨道处、轨道中心等有关处室和相关单位负责同志组成。

负责组织协调人员、设备、物资的应急运输保障工作；负责协调与其他运输方式的联运工作；负责拟订应急运输征用补偿资金补助方案；承担承办现场指挥部交办的其他工作。

（3）设施保障组

由设施处、轨道处、市港航局的主要负责同志按职责分工牵头担任组长，由设施处、轨道处、市港航局、公路中心、养护中心、轨道中心、交科院等有关处室和相关单位负责同志组成。

负责组织协调公路、水路应急通行保障工作；组织公路、水运设施应急抢险和灾后重建工作；配合政府有关部门及救援力量组织开展抢险救援行动；承担承办现场指挥部交办的其他工作。

（4）建设工程组

由建管处、铁建处、市港航局的主要负责同志按职责分工牵头担任组长，由建管处、铁建处、市港航局、执法总队、公路中心、养护中心、轨道中心、交科院等有关处室和相关单位负责同志组成。

负责监督指导公路、水运工程及地方铁路建设项目各参建单位开展工程事故的应急处置工作；负责组织拟订并落实工程抢险行动方案；承担承办现场指挥部交办的其他工作。

（5）通信保障组

由网信办主任担任组长，由办公室、监测中心等有关处室和相关单位负责同志组成。

负责应急响应过程中的网络、视频、通信等保障工作；承担承办现场指挥部交办的其他工作。

（6）新闻舆情组

由研究室（宣传处）主任担任组长，由办公室、政务服务处、网信办等有关处室负责同志组成。

负责舆情监测、舆论引导工作；根据有关要求做好突发事件的新闻宣传、对外信息发布工作；承担承办现场指挥部交办的其他工作。

（7）后勤保障组

由办公室主任担任组长，由财务处、工会、综合服务中心等有关处室和相关单位负责同志组成。

负责应急响应期间后勤服务保障工作；负责统筹物资保障工作，及时了解物资需求动态和流通情况；承担承办现场指挥部交办的其他工作。

（8）专家组

根据突发事件分类处置的原则，由现场指挥部在市交通运输委专家信息库中选择与事件处置相关的专家组成专家组，负责对应急准备、应急行动、应急响应终止和后期分析评估提供专业咨询和建议。根据需要参加突发事件的应急处置工作。

3 运行机制

3.1 预防

坚持“预防为主、预防与应急相结合”的原则，将突发事件预防工作贯穿交通运输行业领域内的各个环节，统筹考虑和综合运用各方面的资源和力量，预防和减少突发事件的发生，做到早发现、早预防、早报告、早处置，控制、减轻和消除突发事件引起的社会危害。

3.2 监测

市交通运输委相关处室，市道路运输局、市港航局及委属各单位，按职责分工对交通运输运行状况进行监测，完善专业监测网络，加强重大隐患监测，负责收集相关信息并汇总分析，按要求做好相关信息报告工作。

3.3 预警

3.3.1 预警分级

可以预警的自然灾害、事故灾难和公共卫生事件的预警级别，按照突发事件紧急程度、发展态势和可能造成的危害程度，由高到低分为一级、二级、三级和四级，分别用红色、橙色、黄色和蓝色标示。

3.3.2 预警信息收集

市交通运输委相关处室，市道路运输局、市港航局及委属各单位通过多种渠道收集自然灾害、公共卫生事件、社会安全事件和事故灾难等信息的发展态势，及时上报相关情况，并通报市委、市政府相关部门。

3.3.3 预警信息转发

在接到预警信息后，市交通运输委办公室采取电话、传真、视频会议等一种或多种形式向市交通运输委相关处室，市道路运输局、市港航局及委属各单位转发预警信息。相关处室、单位按照职责分工提前做好应对工作。

3.3.4 预警防御响应

当接到预警信息后，市交通运输委根据即将发生突发事件的特点和可能造成的危害，采取下列一项或多项措施：

（1）通知各相关单位负责同志带班，安排专人值班值守，随时保持通信联络畅通。

（2）通知各相关单位按照职责分工，密切关注事态发展变化，加强对突发事件发生、发展情况的监测，积极部署、快速响应、有效预防，做好各项准备工作。

（3）视情况，组织召开突发事件应对工作部署会，全面部署各项应急准备工作。

（4）组织有关部门和单位对灾害、事故或事件信息进行分析评估，科学研判发展趋势。

（5）加强安全检查和隐患排查，确保各项设备设施的正常运行。

（6）法律、法规、规章规定的其他必要的防范性、保护性措施。

4 应急响应

4.1 信息报告

市交通运输委相关处室，市道路运输局、市港航局及委属各单位要根据市委、市政府和市交通运输委对突发事件信息报告的工作要求，在突发事件发生或有重要预警信息的情况下，在规定时限内做好突发事件的信息报告工作。

（1）报告要素

报告要素包括报告单位、值班人员姓名、信息来源、接报时间、突发事件发生的时间、事件的起因及性质、伤亡人数、财产损失、造成后果、危害程度、发展趋势、已采取的初步措施、需要帮助解决的问题，以及事发地现场处置负责人及联系方式等。

（2）报告程序及时限

①初次报告（首报）。事发单位是重要紧急情况（含突发事件信息）报告的责任主体。在突发事件发生后，要采取一切措施尽快掌握情况，竭尽全力在最短时间内报上级主管部门并同时向委值班室报告。初步判断可能属于特别重大、重大、较大、一般事件的，委办公室力争在事件发生后30分钟内向市政府总值班室电话报告，1小时内书面报告。一级、二级响应同时向交通运输部报送相关情况。

②续报报告。续报信息包括核实数据、危害程度、影响范围、处置措施、保障情况、事件处置进展情况等基本内容。

（3）突发事件信息报告流程

①工作时间：事发单位（或场所）及有关部门在获知突发事件发生信息后，单

位或部门负责人立即按规定时限上报上级主管部门并同时向委办公室报告。委办公室接到突发事件信息报告后，立即向分管委领导报告，并向委应急办通报，视情况按程序报市政府总值班室、交通运输部。由委应急办视情况报相关部门。

②非工作时间：事发单位（或场所）及有关部门在获知突发事件相关信息后，单位值班员立即按规定时限上报上级主管部门并同时向委值班室报告。委值班室值班员接到突发事件信息报告后，拟制值班信息或值班记录，并立即向带班领导报告，由带班领导向委办公室报告。委办公室接到突发事件信息报告后，立即向分管委领导报告，并向委应急办通报，由分管委领导向委主要领导报告，视情况按程序报市政府总值班室、交通运输部。由委应急办视情况报相关部门。

4.2 分级响应

应急响应由高到低分为四级：一级、二级、三级和四级响应。当发生突发事件时，市交通运输委启动相应等级的应急响应。

(1) 发生特别重大、重大交通运输突发事件时，市交通运输委接到报告后，立即向市委、市政府和交通运输部报告情况。

在市委、市政府、交通运输部启动应急响应前，市交通运输委启动并实施本部门交通运输突发事件一级、二级响应，积极开展事件处置工作。市委、市政府、交通运输部应急响应启动后，市交通运输委配合开展应急处置工作。

(2) 发生较大交通运输突发事件时，由市交通运输委启动交通运输突发事件三级响应，并组织开展应急救援工作，同时将有关情况报告市委、市政府和交通运输部突发事件应急指挥机构，并抄送市级应急协作部门。市交通运输委视情况派出应急工作组赴现场指导、协调突发事件应对工作。根据需要，市交通运输委会同市委、市政府有关部门，制定应对突发事件的联合行动方案。当由市委、市政府统一指挥或响应升级时，市交通运输委按照要求执行相应应急行动。

(3) 发生一般交通运输突发事件时，市道路运输局、市港航局及委属相关单位分别启动本单位的应急响应程序。根据交通运输突发事件影响范围、处置难易，市交通运输委视情况启动相应级别的应急响应，协助提供支持援助。

4.3 应急处置

4.3.1 总体要求

(1) 先控制，后处理。迅速采取措施，实施先期处置，尽可能控制和缩小影响范围，防止事态扩大。

(2) 先抢通，后保通。全力保障现有交通基础设施通行功能，为突发事件应急处置创造条件。

(3) 快速、高效、科学、安全。应急处置要立足快速反应、运转高效，依靠专家力量，采取科学有效的措施，尽量避免和减少人员伤亡。

4.3.2 先期处置

（1）事发单位（或场所）及有关部门应立即组织本单位、本部门相关人员和应急队伍全力营救、疏散、安置受到威胁的人员；控制危险源，标明危险区域，封锁危险场所，采取必要措施防止危害扩散；视情况向属地区人民政府及有关部门（单位）报告并请求支援。

（2）市交通运输委接报后，迅速核实突发事件基本情况，对事态发展进行科学研判后，立即开展应急救援行动，组织专业应急队伍和社会应急力量参与抢险救援，并在规定时间内向市人民政府报告。

4.3.3 指挥协调

现场指挥部负责指导、协调突发事件现场的应急处置工作，并及时收集、掌握相关信息，根据应急物资的特性及其分布、事件发生地点、运力需求地点、区域路网结构及其损坏程度、天气条件等，优化措施，研究备选方案，及时上报最新事态和运输保障情况。

4.3.4 应急联动及资源互助

市交通运输委应急领导小组接受市政府应急管理机构的业务指导，落实统一部署，及时报送信息，同时加强与市公安局、市应急局、市消防救援总队、市城市管理委、市市场监管委、市卫生健康委、市气象局、市地震局等市政府相关部门建立联动机制。

在市交通运输委协调下，合理充分利用市道路运输局、市港航局及委属各单位应急物资和应急处置力量，以就近原则，统筹协调应急力量支援行动。当应急工作急需社会力量支援时，应及时报告市委、市政府，统筹协调地方应急力量支援行动。

4.3.5 新闻发布及舆情应对

市交通运输委突发事件的信息发布和新闻报道工作，应按照市委、市政府相关规定，当发生重大、特别重大突发事件时，由市委宣传部统筹协调，负责信息发布、舆情分析、舆情引导和媒体服务等工作。当发生较大、一般突发事件时，由事发区宣传部门负责，市委宣传部做好指导工作，应急工作组新闻舆情组协助配合做好新闻宣传、信息发布、舆情监测和舆情引导工作。

4.4 响应终止

突发事件处置工作已基本完成，次生、衍生和事件危害被基本消除，应急处置工作即告结束。

特别重大、重大突发事件应急结束的宣布依照相关法律、法规和规章要求执行。同时，视情况继续实施必要措施，防止灾情反弹或引发次生、衍生事件。较大、一般突发事件由区人民政府或区级专项指挥部宣布应急结束，由市交通运输委启动的应急响应，由委现场指挥部宣布应急响应结束。应急响应结束后，市交通运输委相关处室、委属相关单位以及相关救援队伍有序撤离事故现场，转入常态工作。

5 后期处置

5.1 善后处置

应急处置工作结束后，市交通运输委相关处室，市道路运输局、市港航局及委属各单位及时开展善后处置工作。按照国家、天津市有关规定对应急处理期间紧急调集、征用有关单位、企业、个人的物资和劳务进行合理评估，给予补偿。

5.2 总结评估

一般突发事件的总结评估工作，由市交通运输委相关处室，市道路运输局、市港航局组织开展。较大突发事件的总结评估工作，由市交通运输委组织开展。重大、特别重大突发事件的总结评估工作，由市交通运输委配合上级政府主管部门做好相关工作。法律、法规对突发事件调查另有规定的，从其规定。

5.3 恢复重建

事件处置工作结束后，结合总结评估情况，市交通运输委相关处室，市道路运输局、市港航局及委属各单位组织制定损毁交通设施的恢复与重建计划，修复被破坏的设施。

6 应急保障

6.1 应急队伍保障

建立健全应急处置专业队伍，完善应急救援专业队伍的管理机制，落实应急处置专业人员，并加强对应急处置专业人员的专业技能教育培训。完善专家咨询服务机制，充分发挥专家在突发公共事件的信息研判、决策咨询、专业救援、事件评估等方面的作用。

6.2 物资设备保障

委属相关单位应根据突发事件应急保障需求，配备一定数量的应急抢险物资、设备。委应急办组织委相关处室，市道路运输局、市港航局及委属各单位建立应急物资装备信息库，明确物资装备的类型、数量、性能和存放位置，建立相应的维护、保养制度和调用机制，确保事发时能够应急使用。

6.3 交通运输保障

市交通运输委、市道路运输局、市港航局建立健全公路、港口、轨道交通等运输能力应急调度机制，保证处置突发事件所需物资设备、应急救援人员和受到突发事件危害人员的优先运送。

市交通运输委、市港航局组织修复毁坏的公路、港口设施，保证交通干线和重要路线的畅通和运输安全。必要时，可依法紧急动员或征用其他部门及社会的交通设施装备。

7 监督管理

7.1 应急演练

为检验本预案的科学性、合理性和可操作性，市交通运输委至少每年组织 1 次应急演练，切实提高应急处置能力。通过应急演练，锻炼应急队伍，落实岗位责任，掌握相关技能，了解应急机制和管理体制，熟悉应急处置程序，检验应急处置能力，并总结经验教训。

7.2 应急宣传与教育

及时向社会公布交通运输部门应对突发事件应急预案信息、接报电话和责任部门。做好相应法律、法规以及预防、避险、避灾、自救、互救等常识的宣传。加强应急宣传人员培训工作，提高应急宣传管理能力。

加强应急管理知识培训，提高应急处置能力。建立健全交通运输突发事件应急法律、法规和应急管理知识培训制度，每年对应急工作人员进行培训。加强本系统应急救援队伍的应急演练及培训，建立一支业务精湛、行动迅速、能打硬仗的应急救援队伍。

7.3 奖励和惩罚

对参加交通运输突发事件应急处置作出贡献的有功集体和个人，按照有关规定进行表彰和奖励。

在交通运输突发事件的防范和处置过程中，有玩忽职守、失职、渎职等行为的，依据有关规定追究当事人的责任。

8 预案管理

8.1 预案修订

根据交通运输突发事件的形势变化和实施中发现的问题，重大预案由委安监处（应急办）组织更新、修订和补充，报委应急领导小组审定后发布。当出现下列情形之一时，应及时修订应急预案：

（1）有关法律、法规、规章、标准、上位预案中的有关规定发生变化的；

（2）应急指挥机构及其职责发生重大调整的；

（3）面临的风险发生重大变化的；

（4）重要应急资源发生重大变化的；

（5）应急预案中的其他重要信息发生变化的；

（6）在应急处置和应急演练中发现问题需要做出重大调整的；

（7）应急预案编制部门（单位）认为应当修订的其他情况。

8.2 预案衔接

各级各类应急预案衔接遵循“下级服从上级，专项服从重大，预案之间不得相互矛盾”的原则。市交通运输委推动指导本级应急预案体系建设，重点协调本级应急预案衔接工作，研究提出相关应急预案衔接审核意见。

8.3 预案制定与实施

本预案由委安监处（应急办）负责制定与解释，本预案自发布之日起实施。

（二）生产经营单位应急预案体系

单位和基层组织的应急预案由机关、企业、事业单位、社会团体和居委会、村委会等法人和基层组织制定，侧重明确应急响应责任人、风险隐患监测、信息报告、预警响应、应急处置、人员疏散撤离组织和路线、可调用或可请求援助的应急资源情况及如何实施等，体现自救互救、信息报告和先期处置特点。其中，生产经营单位是安全生产事故的主要责任主体，应当根据有关法律、法规、规章和相关标准，结合本单位的组织管理体系、生产规模和可能发生的事故特点，与相关预案保持衔接，确立本单位的应急预案体系，编制相应的应急预案，并体现自救互救和先期处置的特点。

生产经营单位应急预案是各生产经营单位根据有关法律、法规，结合各单位特点制定的，主要是本单位应急救援的详细行动计划和技术方案，是各单位应对各类突发事件的操作指南。根据《中华人民共和国国家标准生产经营单位生产安全事故应急预案编制导则》（GB/T29639—2020），生产经营单位应急预案体系由综合应急预案、专项应急预案和现场处置方案组成，明确企业在事前、事发、事中、事后的各个过程中相关部门和有关人员的职责。生产经营单位可结合本单位的组织结构、管理模式、风险种类、生产规模等特点，对应急预案主体结构等要素进行调整。① 因各单位所处地理位置、业务内容等方面的差异，不同单位的应急预案体系呈现明显的单位特色。以某石油化工企业的应急预案为例，其架构如图1-1所示。

1. 生产经营单位综合应急预案

生产经营单位综合应急预案是指生产经营单位为应对各种生产安全事故而制定的综合性工作方案，是本单位应对生产安全事故的总体工作程序、措施和应急预案体系的总纲。综合应急预案主要规定了应急组织机构及其职责、应急预案体系、事故风险描述、预警及信息报告、应急响应、保障措施、应急预案管理等内容。②

---

① 生产经营单位生产安全事故应急预案编制导则[J]. 劳动保护，2006(12)：99-102.

② 国家市场监督管理总局. 生产经营单位生产安全事故应急预案编制导则[EB/OL]. (2020-09-29). https://openstd.samr.gov.cn/bzgk/gb/newGblnfo? hcno=789A83A556017B6BB688AC5C718EA388.

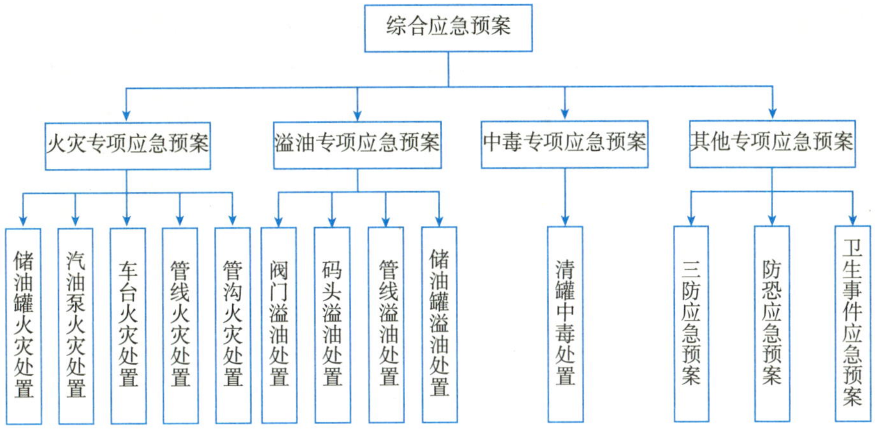

图 1－1　某石油化工企业的应急预案架构

1. 总则

(1) 适用范围

适用于生产经营单位所辖范围内发生或可能发生的各类生产安全事故的应对工作。

(2) 响应分级

针对事故的危害程度、影响范围和生产经营单位控制事态的能力，对事故应急响应进行分级，明确分级响应的基本原则。

2. 应急组织机构及职责

应急组织机构及职责应明确生产经营单位的应急组织形式及构成单位（部门）的应急职责。生产经营单位应急组织机构由应急指挥部、现场指挥部和专家组三部分组成。应急指挥部是生产经营单位成立的应对生产安全事故的指挥协调机构，现场指挥部是应急指挥部视情况设立的应对生产安全事故的现场应急指挥机构，专家组是应急指挥部及现场指挥部视情况设立的应对生产安全事故的现场应急指挥机构，是为应急指挥部及现场指挥部提供技术支持的组织。

应急指挥部一般由总指挥、副总指挥、指挥部成员等组成，总指挥由生产经营单位主要负责人担任，副总指挥由生产经营单位的分管副职担任，指挥部成员由与安全生产和为应急指挥部提供技术支持的组织、应急管理工作相关的（单位）部门负责人担任。应急指挥部主要负责：①应急指挥；②协调资源；③建立相互一致的事故处置目标及批准应急策略；④将事故处置目标落实到相应部门或机构；⑤审查批准事故行动计划；⑥确保救援人员和公众的健康与安全。现场指挥部指挥长由相关副职担任，主要负责事故现场应急处置与救援的调度指挥工作。

应急组织机构根据事故类型和应急工作需要，可设置相应的应急处置工作小组，并明确各小组具体构成、职责分工。通常情况下，设置的应急处置工作小组有综合协调组、抢险救援组、医疗救护组、信息舆情组、治安保卫组、后勤保障组等。其主要职责包括：①接警与通知；②处置与救援；③医疗救护；④人员疏散；⑤收集、评价及发布事故相关信息；⑥供应应急设备、物资；⑦警戒与治安；⑧交通运输保障；⑨疏散人员的安置；⑩提供应急需要的经费；⑪善后处置。

3. 应急响应

（1）信息报告

1）信息接报。明确应急值守电话、事故信息接收及内部通报的程序、方式和责任人，向上级主管部门、上级单位报告事故信息的流程、内容、时限和责任人，以及向本单位以外的有关部门和单位通报事故信息的方法、程序和责任人。

2）信息处置与研判。明确响应启动的程序和方式。根据事故性质、严重程度、影响范围和可控性，结合响应分级明确的条件，可由应急领导小组作出响应启动的决策并宣布，或者依据事故信息是否达到响应启动的条件自动启动。若未达到响应启动条件，应急领导小组可作出预警启动的决策，做好响应准备，实时跟踪事态发展。响应启动后，注意跟踪事态发展，科学分析处置需求，及时调整响应级别，避免响应不足或过度响应。

（2）预警

1）预警启动。明确预警信息发布渠道、方式和内容。预警信息发布渠道和方式包括广播、微博、微信、手机短信平台等。预警内容包括可能发生的突发事件的类别、预警级别、起始时间、可能影响范围、警示事项、应采取的措施和发布机关等。

2）响应准备。明确预警启动后应开展的响应准备工作，包括队伍、物资、装备后勤及通信。具体工作主要包括：①通知相关部门采取相应的预警措施；②命令各应急处置工作组做好资源调配等准备工作；③出现直接危及人身安全的紧急情况时，要求立即停止作业，撤离现场。

3）预警解除。明确预警解除的基本条件、要求及责任人。应急指挥部应根据事态发展，按照有关规定适时调整预警级别并重新发布。当生产安全事故的相关危险因素和隐患得到有效控制或消除，经评估符合相应条件时，应及时解除预警。

（3）响应启动

确定响应级别，明确响应启动后的程序性工作，包括应急会议召开、信息上报、资源协调、信息公开等。

1）应急会议召开。应急指挥部接到事故报告后，立即召集指挥部成员、专家会商研判，根据事故信息快速作出判断，确定应急响应级别，启动应急响应。

2）信息上报。信息上报的内容包括：①生产经营单位的名称、地址、性质、产能等基本情况；②事故发生的时间、地点及事故现场情况；③事故的简要经过（包括应急救援情况）；④事故已经造成或者可能造成的伤亡人数（包括下落不明、涉险的人数）和初步估计的直接经济损失；⑤已经采取的措施；⑥其他应当报告的情况。

3）资源协调。应急指挥部指挥协调应急队伍、调动应急装备和物资，以最快的速度到达现场，开展应急处置与救援工作。

4）信息公开。在应急指挥部的领导下，按照相关要求，对外发布事故有关信息。信息公开相关要求包括：①指定专人及时收集和整理与事故相关的真实信息；②信息发布前，将需要发布的信息内容和时间报请上级单位和政府有关部门审定和批准，事故信息未得到批准，任何人不准擅自发布。

（4）应急处置

应急处置部分应明确事故现场的警戒疏散、人员搜救、医疗救治、现场监测、技术支持、工程抢险及环境保护方面的应急处置措施，并明确人员防护要求。

1）警戒疏散。事故发生后，应急指挥部应组织事故现场周围人员进行紧急疏散或转移。周边有村庄的，应当请求地方政府组织周边群众紧急疏散或转移。应急指挥部应建立出入事故现场管制机制，指定专人负责，严格控制进入事故现场人员的数量。当受伤受困人员一时无法撤离事故现场时，要根据现场具体情况和应急常识，采取应急避险措施，等待救援。

2）人员搜救。事故发生后，应急指挥部应积极组织营救受伤受困人员。救援队伍在开展救援工作前，要了解有关危险因素，明确防范措施，制订行动计划及安全措施。在确保安全的前提下，积极搜救遇险遇难人员，迅速找到并控制事故灾难的危险源，消除隐患，标明或划定危险区域，防止事故扩大；搜救到遇险遇难人员时，救援人员应根据事故现场情况，积极进行抢救，并在现场做好标记和相关记录。遇到突发情况危及救援人员生命安全时，救援队伍现场指挥员有权作出处置决定，迅速带领救援人员撤出危险区域，并及时向现场指挥部报告。

3）医疗救治。现场指挥部根据人员受伤情况立即通知本单位医疗机构，由医疗机构派出医护人员赶赴现场进行抢救，必要时请求政府医疗机构加强对医疗救护的指导和救治。

4）现场监测。开展应急处置与救援工作时，要加强事故现场的环境监测，保证救援人员的安全，重点监测事故现场危险源，防止出现次生、衍生事故。

5）技术支持。研究分析事故信息、事故情况的演变及救援技术措施，根据事故现场情况，制定救援方案及安全措施，对救援过程中遇到的技术难题及时提供技术支持。

6）工程抢险。根据事故类型和工程险情，按照现场处置方案，制定抢险和处置措施并组织实施。

7）环境保护。事故可能对环境造成危害时，应迅速采取隔离、封闭、消毒、监测等措施，防止对环境的进一步污染，及时将现场恢复到相对稳定的状态。

（5）应急支援

应急支援部分明确了当事态无法控制时，向外部（救援）力量请求支援的程序及要求、联动程序及要求，以及外部（救援）力量到达后的指挥关系。

（6）响应终止

明确响应终止的基本条件、要求和责任人，事态得到控制后，经应急指挥部批准宣布终止响应。

4. 后期处置

应急响应终止后，需要进行后期处置，以使紧急情况恢复到正常状态。通常情况下后期处置主要包括污染物处理、生产秩序恢复、人员安置。

（1）污染物处理

应急救援中使用的水、沙等灭火剂及泄漏出的化学物质或建筑物坍塌等会对环境造成污染，应对这些污染物进行处理。

（2）生产秩序恢复

事故发生后，生产经营单位应立即组织维修人员对受事故影响的设备、设施进行修理或更换，以恢复正常的生产秩序。在进行设备处理前，要确保事故调查组已完成对设备的查验及记录存档。

（3）人员安置

制定相关方案，妥善做好遇难、受伤人员亲属的接待、安抚和赔偿工作。

5. 应急保障

应急保障结合实际的应急工作需求，主要包括通信与信息保障、应急队伍保障、应急物资装备保障和其他保障（经费保障、交通运输保障、治安保障、医疗保障、后勤保障及技术保障）。

（1）通信与信息保障

通信是应急指挥、协调和与外界联系的重要保障，做好通信保障应明确：①建立应急指挥部、各应急职能机构之间的通信方法，说明主要使用的通信系统、通信联络电话等，确保应急组织之间的通信畅通；②明确定期维护通信设备的人员，以确保应急时所使用的通信设备完好；③明确必要时启动备用通信系统，如正常通信系统出现故障，必须启动备用系统，应明确备用系统的位置和启动方式。

（2）应急队伍保障

明确能够实施应急救援的应急队伍的组成、数量及接受应急救援的培训情况，包括：①专职抢险救援队伍，如企业内部专职消防队伍；②义务抢险救援队伍，如企业内部兼职消防人员及各生产线的员工等；③技术专家，企业内部对危险化学品特性、火灾建筑结构等熟悉的人员及其他具备相关经验的人员可以充当技术专家。

（3）应急物资装备保障

应急物资装备是应急救援工作的重要保障，应根据潜在事故的性质和后果进行分析，合理组建专业救援力量，配备应急救援所需的设备、器材，定期检查、维护和补充，以免由于资源缺乏延误应急救援行动。在应急预案中应明确应急物资装备的类型、数量、存放位置、管理责任人及其联系方式等。现场必须配置的应急设备通常包括：①灭火设备，如便携式灭火器、自动喷淋、消防栓、消防车等；②危险物质泄漏控制设备，如泄漏控制工具、泄漏深测设备、封堵设备、解除封堵设备等；③个人防护设备，如防护服、手套、靴子、呼吸保护装置等；④通信联络设备，如对讲机、电话、传真机、电报等；⑤医疗支持设备，如救护车、担架、夹板、氧气、急救箱等；⑥相关资料，如计算机及有关数据库和软件包、参考书、行动计划、材料清单、事故分析和报告及检查表、地图、图纸等；⑦重型设备，如翻卸车、推土机、起重机、叉车、破拆设备等。

（4）其他保障

1）经费保障。企业应设立专项应急经费，以保证紧急情况所需。在预案中应明确专项经费的数目、使用范围和相应的监督管理措施。重大事故发生后，需要使用经费的情况包括协调外部应急救援队伍救援费用；专业机构的服务费用，如监测机构等；受伤人员救治费用；救援物资补充费用；疏散人员的安置费用；其他费用。

2）交通运输保障。良好的交通工具是实施快速救援的可靠保证，在应急救援过程中，可能需要转运救援物资、运送人员、转移重要设备设施等，企业应对这些车辆及时进行维修维护，使其处于完好状态。

3）治安保障。在事故现场周围建立警戒区域，实施交通管制，防止与救援无关人员进入事故现场，保障救援队伍、物资运输和人群疏散等的交通畅通，避免发生不必要的伤亡。

4）医疗保障。明确急救医院、救护车和急救人员的联系方式，明确抢救药品、医疗器械、消毒和解毒药品等的企业内、外来源和供给。建立与上级或当地医疗机构的联系与协调，包括危险化学品应急抢救中心、毒物控制中心等。针对企业主要的危险，为急救人员和医疗人员提供培训安排和要求，保证其掌握正确的消毒和治疗方法，保障现场急救和医疗救护人员的安全。

5）后勤保障。后勤保障包括救援人员和疏散人员的食宿，以及用水、用电的供应等。

6）技术保障。事故发生后，有关应急专家和技术人员要相互配合，协助现场指挥人员分析评估事故灾难情况，制定救援与处置方案和恢复生产秩序方案。

2. 生产经营单位专项应急预案

生产经营单位专项应急预案是针对具体的事故类别（如台风、洪水、火灾、爆炸、溢油等）、危险源（如储油罐、输油管线等）和应急保障（如供水）制订的计划或方案，是综合应急预案的组成部分，应按照综合应急预案的程序和要求组织制定，并作为综合应急预案的附件。

专项应急预案重点强调专业性，应按照综合应急预案的程序和要求，根据可能的突发事件类别和特点，明确相应的专业指挥协调机构、响应程序及具有针对性的处置措施。专项应急预案与综合应急预案中的应急组织机构、应急响应程序相近时，可以不编写专项应急预案，相应的应急处置措施并入综合应急预案。①

（1）适用范围。应当说明专项应急预案适用的范围，以及与重大应急预案的关系。

（2）应急组织机构及职责。应明确应急组织形式及构成单位（部门）的应急处置职责。根据事故类型，明确应急组织机构的组成及职责。应急组织机构还可以设置相应的应急救援工作小组，并明确各小组的组成及职责。

（3）响应启动。根据事故的大小和发展态势，明确响应启动后的程序性工作，包括应急会议召开、信息上报、资源协调、信息公开、后勤及财力保障等工作。

企业各部门接到命令后，应立即开展响应行动，并确定派往现场的人员。例如，生产经营单位安全环保部的响应行动主要包括以下三点：①跟踪并详细了解事故现场应急处置情况，及时向应急指挥部汇报、请示并落实指令；②派出人员协助组建现场指挥部，参与现场应急处置工作；③按照应急指挥部指令，向政府主管部门求援。生产经营单位生产经营管理部门的响应行动主要包括以下三点：第一，跟踪并详细了解事故现场处置情况，及时向应急指挥部办公室汇报、请示并落实指令；第二，制订并落实生产经营计划调整方案；第三，派出人员协助组建现场指挥部，参与现场应急处置工作。

（4）处置措施。针对可能发生的事故风险、危害程度和影响范围，生产经营单位应明确应急处置指导原则，制定相应的应急处置措施。不同类别事故的应急处置指导原则和处置措施各异，应针对具体事故编制。下面以扑救油罐火灾和处置储罐

---

① 生产经营单位生产安全事故应急预案编制导则[J]. 劳动保护，2006(12)：99－102.

泄漏事故为例进行说明。

1）应急处置指导原则（扑救油罐火灾）

①扑救油罐火灾时，从空间方面来考虑，应遵循如下原则：第一，先外围，后中间。当油罐火灾引燃周围的建筑物或其他物质时，应首先消灭油罐外围火灾，再从外围向中间逐步推进，包围油罐，最后消灭油罐火灾。因为只有外围火灾消灭后，才能创造消灭油罐火灾的有利条件，同时减少外围火灾重新引燃油罐的可能性。如果灭火力量比较雄厚，能够满足两方面灭火需要时，就可以同时灭火。第二，先上风，后下风。当火场上有几个相邻的开口油池同时燃烧，或出现大面积地面油火时，灭火行动应从上风方向开始扑救，并逐渐向下风方向推进，最后将火扑灭。上风方向可以避开浓烟，视线清楚，火焰对人的烘烤也小些，有利于接近火源，提高灭火效率，缩短灭火时间，减少复燃的可能性。第三，先地面，后油罐。由于油罐爆炸、沸溢、喷溅或罐壁变形塌陷造成大面积流淌火时，只有先扑灭地面上的流淌火，才有条件接近着火油罐。另外，地面火会对相邻储罐和建筑构成严重威胁，因此应先扑灭地面火，再扑灭油罐火。

②从扑救油罐火灾的时间顺序来考虑，可采用先冷却，后灭火，边冷却、边灭火，只灭火、不冷却三种形式。第一，先冷却，后灭火。若油罐燃烧时间长，油品和罐壁温度比较高时，应按照先冷却，后灭火的原则灭火。先冷却的目的是防止油罐爆炸、沸溢或罐壁变形倒塌，同时油品温度超过 147℃，对泡沫的破坏性较大，只有将油品表面温度降低到98℃以下时，才能使泡沫（或干粉）达到良好的灭火效果。第二，边冷却、边灭火。若油罐发生火灾以后，时间不长，油品温度不高，则应按照边冷却、边灭火的原则灭火。因为油品温度不高，可以释放泡沫灭火，同时为了提高泡沫灭火效果，应对罐壁进行适当冷却，且油罐火扑灭以后，还必须适当延长冷却时间，防止出现复燃。第三，只灭火、不冷却。小型油罐、油池或油罐局部发生火灾，且燃烧时间不长，油品温度不高时，通过施放泡沫、水等灭火剂，既可把火灭掉，又不会出现复燃。

2）应急处置措施（处置储罐泄漏事故）

储罐泄漏事故的处置措施：发生泄漏后，开启备用储罐，尽可能将发生泄漏的储罐内的物料向备用储罐转移，以降低液位和压力；划定防火、防爆警戒线；对泄漏储罐周围的其他储罐开启消防用水喷淋，做好防火保护；命令有关人员准备好堵漏器具，做好堵漏准备；通知消防队进行顶水作业；由储罐的操作人员控制进水阀门，注意液位和压力，严禁超压，配合消防队的顶水作业；当顶水达到预期效果时，做好个人防护的堵漏人员携带相应夹具、注胶器和密封胶进入现场开始堵漏；堵漏人员将与泄漏部位相匹配的夹具固定在泄漏部位，并用螺栓固定，用事先填好密封胶的液压式注胶器向夹具的预留孔内注入密封胶；当泄漏量逐渐减少时，检查夹具固定情况，停止向泄漏点倾水和向其他储罐喷淋，并撤回器材，向上级报告。

3）应急保障

生产经营单位专项应急预案中的应急保障一般可参考综合应急预案设置，主要包括通信与信息保障、应急队伍保障、物资装备保障、其他保障等。

3. 生产经营单位现场处置方案

生产经营单位现场处置方案是指生产经营单位根据不同生产安全事故类型，针对具体场所、装置或者设施所制定的应急处置措施。现场处置方案一般包括事故风险描述、应急工作职责、应急处置措施和注意事项，尽量体现自救互救、信息报告和先期处置的特点。对于事故风险单一、危险性小的生产经营单位，可只编制现场处置方案。

（1）事故风险描述。通过风险分析应明确可能发生的事故类型，事故发生的区域、地点、装置的名称，事故可能发生的季节和造成的危害程度。

（2）应急工作职责。根据工作岗位，明确岗位人员的应急工作分工和职责。

（3）应急处置措施。应急处置措施主要包括以下内容：

①事故应急处置程序。一般需明确事故报警、各项应急措施启动、应急救护人员的引导、事故扩大及同生产经营单位应急预案衔接程序。

②现场应急处置措施。从人员救护、工艺操作、事故控制、消防、现场恢复等方面制定明确的应急处置措施。

③明确报警负责人、报警电话及上级管理部门、相关应急救援单位的联络方式和联络人员、事故报告基本要求和内容。

（4）注意事项。为确保事故现场作业人员安全组织应急救援行动，应对事故现场应急救援有关工作进行提示，包括人员防护和自救互救、装备使用、现场安全等方面的内容。

现场处置方案通常配套应急处置卡。应急处置卡是现场处置方案的表格化和流程化，是具体应急场景的应急处置程序和措施，具有简明、实用、有效和一目了然的特征。应急处置卡避免了应急预案冗长繁杂的特点，易于在员工培训、学习及演练中落实，是应急预案体系中必不可少的环节。生产经营单位需要结合本单位的管理模式、生产运行特点进行有针对性、全覆盖的应急处置卡编制工作，要保证下至基层场站，上至总部各科室都设置了应急处置卡。应急处置卡应说明岗位名称、组织机构、应急处置程序、联系电话、危险因素等内容。同时，其内容也必须与应急预案、现场处置方案、岗位操作规程紧密衔接，清晰、简明地展现应急处置的步骤。①

（三）重大活动应急预案

1. 重大活动概述

（1）重大活动的特点。

①关注度高。重大活动是面向社会的群体性活动，一般会受到广大人民群众的密切关注，同时也会吸引各级各类媒体的目光。重大活动的准备时间很长，这给了筹办方足够的时间进行宣传，扩大活动的影响，吸引媒体的注意。同样，媒体也会在筹办阶段不时地向社会宣传报道，让更多的人关注这一重大活动。虽然重大活动的准备时间很长，但在实际的举办过程中所用时间并不长，因此对成功举办活动的一系列工作就有很高的要求。如何处理重大活动举办过程中的各种突发事件，也就成了我国现阶段应急管理工作中的重要一环。②

②社会性。重大活动往往会引起社会各界的广泛关注，参与人员较多，体现了强烈的社会性。例如，奥林匹克运动会、世界博览会等，吸引了社会各界人士的目光，来自世界各国的人员都参与其中，这不仅能起到对举办方的宣传作用，也检验了举办方的应急管理能力。重大活动举办地的政府及其部门和社会民众，都与重大活动有着紧密的联系，所以重大活动具有较强的社会性。如何在保障重大活动顺利进行的同时，维护社会的安全与稳定，也是当今应急管理的重要内容。③

③安全性。重大活动的举办往往涉及很多人，无论其举办成功与否，安全问题始终都是第一位的。对于重大活动的安全保障，我国有过极其惨痛的教训，曾经在举办重大活动的过程中造成了重大事故。例如，2014 年“12・31”外滩陈毅广场拥挤踩踏事件，就是一起对群众性活动预防准备不足、现场管理不力、应对处置不当而引发的事故，最终导致 36 人死亡、49 人受伤，其中受伤的大多数是学生。因此，重大活动的安全性不容忽视，如何杜绝和降低各类重大活动突发事件的发生及损失是应急管理领域的重要工作。④

④多样性。重大活动不仅多人参与，而且涉及很多领域，包括经济、文化、旅游、教育、体育等各行业。例如，2008 年我国举办的北京奥运会（第 29 届夏季奥林匹克运动会）共有参赛国家及地区 204 个，参赛运动员 11438 人，设 302 项（28 种）运动，共有 60000 多名运动员、教练员和官员参加。又如，我国 2010 年上海世

---

① 国家市场监督管理总局．生产经营单位生产安全事故应急预案编制导则：GB/T 29639—2020[EB/OL].（2020－09－29）. https://openstd. samr. gov. cn/bzgk/gb/newGblnfo? hcno＝789A83A556017B6BB688AC5C718EA388.

②③ 陈莉，贾群林．英美应急预案编制的启示与借鉴[J]．中国应急救援，2019(6)：22－25.

④ 上海外滩踩踏事件调查报告全文[EB/OL].（2015－01－21）[2025－02－21]. http://www. politics. people. com. cn/n/2015/0121/c1001－26424342. html.

界博览会共有190个国家、56个国际组织参展。重大活动多种多样，内容十分丰富，我国成功举办的各类重大活动，不仅提供了一场场视觉盛宴，同时也提高了我国的应急管理能力。

综上所述，重大活动不仅涉及领域多、形式多种多样，同时也受到社会各界人士的广泛关注，因此必须保障各类重大活动安全举办。然而在实际生活中，无论是重大活动的准备阶段还是举办阶段，都会有各种意料之外的事情出现，从而造成活动停办或者延期，还可能造成人员伤亡、财产损失、社会动荡等。

（2）重大活动突发事件影响因素。根据突发事件的分类（自然灾害、事故灾难、公共卫生事件和社会安全事件），对于重大活动的各种突发事件可以从以下4个角度理解：

①从自然灾害的角度。从自然灾害角度分析可能影响重大活动的因素，是指由于发生自然灾害导致重大活动不能正常举办。比如，台风、地震、暴雨、海啸等自然灾害将导致各种重大活动延期。

②从事故灾难的角度。针对各种重大活动中可能出现的事故灾难，包括人群踩踏、交通事故、看台坍塌、烟花伤人、特种设备事故等，可以理解为筹办方准备工作不足、管理不善、处置不当而造成的重大活动事故。

③从公共卫生事件的角度。公共卫生事件较为特殊，其影响范围往往极大，对重大活动的影响一般是取消或延期。例如，2019年末暴发的新型冠状病毒感染席卷全球，由于其具有传染特性，很多重大活动不得不取消或延期。

④从社会安全事件的角度。此类重大活动的突发事件可以理解为某些集团、组织为了达到其目标而对某些重大活动进行蓄意破坏，一般是筹办方的敌对势力或恐怖分子的破坏。这种突发事件往往是暴力的，直接对人的生命安全造成威胁，一旦发生便会导致严重后果，影响筹办方的地位与声誉，是一种特殊的重大活动突发事件。

2. 重大活动应急预案的内容

重大活动的举办是筹办方提升自身知名度的重要方法，很多时候也是人们学习、休闲、娱乐的重要方式。随着我国经济的不断发展，各式各样的重大活动也越来越多。为使各类重大活动顺利开展，避免各种意外事件出现及其造成的损失，有必要对重大活动提前做一些准备工作，这就需要制定重大活动应急预案。

重大活动应急预案应该包含活动前、活动中和活动后三个阶段的内容。

（1）活动前应进行充分的准备和对可能发生的各类突发事件作出预测，然后针对可能出现的各类突发事件做好充足的准备工作。此外，应注重各类突发事件的事前预测工作，收集各类信息，进行科学研判，对可能发生的突发事件进行风险评估，及时发出预测和预警信息，并采取各类措施降低各种突发事件发生的风险。事前的准备和预测预警工作是重大活动应急预案的重要基础。

（2）活动中应对发生的各类突发事件及时开展应急处置与救援工作，做到快速、有序、高效。重大活动突发事件往往发生在极短的时间内，需要迅速地对各种突发状况做出合理的处置，控制事态发展及扩散，组织应急救援力量进行紧急救援，降低突发事件带来的各种影响。建立快速响应机制，组织救援队伍和调配应急物资，是应急预案中必不可少的环节。

（3）活动后需要完善处置重大活动中由于突发事件带来的不良影响，包括对死亡与受伤人员的补偿、各种设施的维修与更新、社会秩序的恢复等。重大活动往往具有较为深远的影响，如果对各种不良影响不能合理处置，不良影响就可能进一步扩大，从而酿成不可控的严重后果。后期处置也是应急预案的重要一环，高效的后期处置可以有效消除负面影响，尽可能挽回形象，减少损失，维护社会稳定。

另外，重大活动的举办一般可以分为两类：一类是在一定周期内重复举办某项活动，具有周期性；另一类是在某个特定的时间举办一次，一般不会再次举办这项活动，具有偶然性。针对不同类型的重大活动，在编制应急预案时应该有不同的侧重点。具有周期性的重大活动，可以充分总结以往举办的经验和教训，进行科学分析和优化，逐步完善和提高。具有偶然性的重大活动则侧重活动前的准备与预测预警工作，尽可能避免或降低风险，保证活动顺利进行。

3. 重大活动应急预案编制原则及策略

（1）重大活动应急预案编制原则。

①居安思危。居安思危、防患未然，也就是说，从源头上避免各种突发事件的发生，这是最直接，也是代价最小的应对突发事件的方法。重大活动的举办会存在各种各样的事故风险隐患，我们要直面风险隐患，分析其产生的根源，从而避免其演化为突发事件，这是制定应急预案的重要原则。在风险隐患演化为突发事件之前将其消除，不仅保障了人们的生命与财产安全，也节约了大量的应急资源。针对重大活动，首先，在筹办期间，将可能影响活动正常开展的因素尽可能多地列举出来，并科学分析这些因素可能产生的后果，有针对性地制定应急预案。其次，及时更新各种信息，并对应急预案进行修订，使得应急预案日趋完善。我国正处于经济高速发展阶段，各类重大活动日趋增多，规模越来越大，关注度也越来越高，一旦出现重大活动突发事件，就会给我们带来不可估量的损失。因此，从源头上避免重大活动突发事件的发生很有必要。另外，很多人往往把目光集中在突发事件的应急处置与救援方面，忽略了突发事件发生前的各种风险隐患，对于各种小的风险因素置之不理，同时存在侥幸心理，认为不可能发生事故，思想上放松警惕，没有做到居安

思危、防患未然。正因如此，很多原本可以轻松解决的风险隐患，最终演化为严重的突发事件。所以，作为重大活动的筹办方，必须对安全有一个清晰的认识，始终将安全放在第一位，认真做好活动准备阶段的各项工作。

②相机决断。突发事件往往会在极短的时间内造成严重后果，即使事前的准备较为充分，因其突发性还是难以面面俱到。所以，要求在应对突发事件时，做到快速、有序、高效，根据现场的实际情况相机决断、控制事态、减少损失。另外，重大活动的突发事件往往发生在现场，而将突发事件的信息上报高层决策者需要一定时间，且需要层层上报，这样不仅浪费时间，而且可能存在信息失真的问题。高层决策者因不在现场或者其本身的原因，作出的决策也不一定是最佳的。所以，突发事件发生后，就要求活动现场人员相机决断，进行合理的先期处置，及时采取行动，快速控制事态发展，迅速上报，减少损失。

③影响最小。由于有些突发事件爆发之前是可以预料的，且突发事件造成的后果往往是由小变大的，因此如何在突发事件事态升级之前，果断地作出合理的决策，及时控制事态发展，降低突发事件带来的损失，这也是在编写重大活动应急预案时需要重点考虑的部分。在重大活动筹备期间，应尽可能多地收集各方面信息，分析判断应对突发事件所需的各类资源，包括应急指挥人员、现场救援人员和应急物资等，为开展重大活动突发事件的应急处置与救援工作奠定良好基础。

④以人为本。在应对重大活动的突发事件时，要把人员生命安全放在首位，做到以人为本。重大活动往往涉及的人员较多，一旦发生突发事件，就会对人的生命产生巨大威胁，而且如果有人员伤亡，就会使突发事件的影响进一步扩大。因此，在编制重大活动应急预案时，必须把人的生命安全放在首位，树立“人民至上、生命至上”的理念，做到以人为本。

⑤事后评估。重大活动的突发事件结束之后，并不意味着整个应急处置过程的结束，在重大活动的应急预案中，还应该有事后的评估，包括总结经验、吸取教训、完善提高。在事后的总结评估阶段，活动的组织方应该直面现实，正视工作中的不足之处，对一些可能导致发生类似突发事件的问题及时处理。另外，也可以通过事后评估，分析突发事件发生的原因和应急处置与救援的过程，总结经验教训，提出改进意见，适时修订重大活动应急预案，使之不断完善，增加其科学性和可操作性，为下次应对同类突发事件奠定坚实的基础。

（2）重大活动应急预案编制策略。

①信息分析。各种突发事件往往是由小的风险隐患一步步演化而来的。在重大活动突发事件发生之前，在组织活动过程中往往会有一些不和谐的事情发生，也就是产生突发事件的因素。当这些因素逐渐积累到一定的程度时，就会导致突发事件

爆发，所以在这些不和谐的小事件出现时，正是将突发事件扼杀在萌芽状态的最好时机。重大活动的组织者必须注意到这些小问题，并在其演化为突发事件之前控制住事态的发展与演化，这就需要给予组织者全面且准确的信息决策支持。

在收集重大活动应急预案相关信息的过程中，必须明确信息的来源及其传递途径，确保信息的真实性至关重要，在此基础上才能通过信息分析得到准确结果。信息收集的途径和内容主要包括：一是通过网络媒体，包括电视、报纸、杂志及互联网等。在网络信息泛滥时代，网上的信息多且杂，真假不一，需要仔细辨别信息的真实性。二是事故调查报告和隐患排查记录表。事故调查报告有以往发生的类似突发事件，可以从中总结经验，采取措施，避免同类事故发生。隐患排查记录表是针对可能发生的突发事件隐患进行研判，采取适当措施避免其演化为突发事件。三是实地调研。活动组织者可以到活动组织现场观摩学习，与现场人员开展交流座谈会，广泛听取各方意见，集思广益，充分收集信息。

在充分收集信息之后，需要对信息进行系统的分类整理，发现信息中暴露出的问题，分析产生这些问题的根源。在进行信息分析时可采用两个标准，即事件发生的可能性和可能产生的后果。事件发生的可能性就是突发事件发生的概率是多少，可能产生的后果包括可控不可控、影响好坏、损失大小等。应将信息分析结果提供给活动组织的高层决策者，以便其能更好地采取措施来保证重大活动顺利进行。

②快速反应。为了控制重大活动突发事件的发展与演化，降低突发事件带来的损失，需要在有限的时间内进行有效的应急处置与救援，快速反应，及时控制突发事件的事态发展。因此，在应对突发事件时，应急机构设置应该简单直接，应急指挥应方便快捷。重大活动涉及企业、城市、国家的形象，且参与人员较多，一旦发生事故，影响就比较大。因此，在最短的时间内控制事态发展，针对各类重大活动的突发事件快速反应，是编制重大活动应急预案的重要策略之一。

③舆论引导。舆论引导是通过对一些信息的披露、解释、加工等引导社会公众，促使事态向期望的方向发展，以达到既定目的的过程。舆论引导一般包含三个方面：舆论的引导方，在我国一般是各地的各级政府；舆论引导的媒介，包括报纸、杂志、电视、网络等，现在舆论引导的主要方式是通过互联网；舆论引导的受体，一般来讲就是社会大众。舆论引导的方向在应对突发事件过程中具有极其重要的作用，是化“危机”为“转机”的关键。实践证明，正确的舆论引导不仅能降低突发事件带来的负面影响，还能化险为夷，使坏事变好事。比如，我国的新闻媒体在新冠疫情期间，坚持正确的舆论导向，不仅避免了出现社会恐慌，维护了社会稳定，而且极大地增加了我国各族人民战胜疫情的信心，推动形成了全国抗疫的局面，同时大力

倡导的“一方有难，八方支援”精神在我国抗击新冠疫情过程中发挥了积极的作用。

重大活动的关注度比较高，如何在发生突发事件时发挥新闻媒体的作用，正确地进行舆论引导，需要在实践中不断地探索。信息化时代信息传播极快，新闻媒体要充分运用其对社会公众的影响力，充分发挥其在应急管理中的重要作用，努力使“危机”向“转机”的方向发展。

重大活动应急预案是我国应急预案体系的重要组成部分，随着我国经济的快速发展，各式各样重大活动的举办次数会越来越多，规模也越来越大，影响越来越深远，其安全问题日益成为人们关注的焦点。重大活动应急预案就是针对发生或者可能出现的各类突发事件而事先编制的详细的计划或方案，好的预案能快速、有效地降低各类突发事件的发生及其带来的损失，最大限度地保障重大活动顺利进行。但是，我国目前的重大活动应急预案还有一些不足之处，如预案没有达到预期效果，实际操作性较差，还需要不断发展与完善。

三、我国应急预案体系建设经验启示

（一）重视应急预案的修订

《中华人民共和国突发事件应对法》第二十八条规定：“应急预案应当根据本法和其他有关法律、法规的规定，针对突发事件的性质、特点和可能造成的社会危害，具体规定突发事件应对管理工作的组织指挥体系与职责和突发事件的预防与预警机制、处置程序、应急保障措施以及事后恢复与重建措施等内容。应急预案制定机关应当广泛听取有关部门、单位、专家和社会各方面意见，增强应急预案的针对性和可操作性，并根据实际需要、情势变化、应急演练中发现的问题等及时对应急预案作出修订。应急预案的制定、修订、备案等工作程序和管理办法由国务院规定。”

一般在出现以下情况时，需要对应急预案做出修订：其一，发现了新的风险或者有情况显示一项预案已经过时。其二，从突发事件中获得的经验教训。突发事件的发生往往会暴露出一些之前没有注意到的风险，或者表明需要更好的应急程序，或者应当将某些组织纳入预案中。其三，从应急演练中获得经验教训。从应急演练中获取的经验教训与突发事件雷同，不同之处在于应急演练是人为控制的、特别设计的，以检验应急预案的程序，并且可以不断重复直到合理的安排产生为止。其四，组织机构及其程序、技术系统发生变动。其五，关键工作人员发生变动。应急预案或者其附则，必须不断地反映关键工作人员的变动，包括姓名、工作职务及联系方式。其六，有关的法律规定被修改，或者制定了新的法律规定，需要修订应急预案。①

（二）抓好风险分析和应急能力评估

风险分析是应急预案编制的基础。风险分析的结果不仅有助于确定应急工作重点，提供划分预案编制优先级别的依据，也为应急准备和应急响应提供必要的信息和资料。风险分析包括危险识别、脆弱性分析和风险评估。危险识别的目的是识别可能存在的重大危险因素，分析本地区的地理、气象等自然条件，以及工业和运输、商贸、公共设施等的具体情况，总结本地区历史上曾经发生的重大事故，识别出可能发生的自然灾害和重大事故等突发事件。

应急能力评估是依据风险分析的结果，对已有的应急资源和应急能力进行评估，包括城市和企业应急资源的评估，明确应急救援的需求和不足。应急资源包括应急人员、应急设施（备）、应急装备和应急物资等；应急能力包括体制和机制运行状况与人员的技术、经验和接受的培训等。应急能力评估还应注意发现应急体系中的缺陷和不足。编制预案时，应当在评价与潜在危险相适应的应急资源和能力的基础上，选择最现实、有效的应急策略。②

（三）预案对应急工作的针对性

以铁路为例，国家已经颁布的预案包括《国家处置铁路交通事故应急预案》《铁路防洪应急预案》《铁路地质灾害应急预案》《铁路破坏性地震应急预案》《铁路危险货物运输事故应急预案》《铁路火灾事故应急预案》《铁路网络与信息安全事故应急预案》《铁路突发公共卫生事件应急预案》《铁路处置群体性突发事件应急预案》。另外，在各铁路局和站段也编制了应急预案或现场处置方案。但是，这些预案和处置方案之间的联系尚须加强，同时对各级预案的响应、行动准则和救援参与者的职责等有待作出更加细致的规定和表述，以加强预案在应急中的针对性。

（四）管理好应急预案的批准与发布

应急预案经评审通过后，应当报有关部门批准，批准后才能进行正式发布和备案。一般情况下，各级政府部门的专项预案应当经同级人民政府批准同意，由同级人民政府应急管理委员会发布。部门预案和专项预案应当报行政主管部门备案。企事业单位的应急预案由单位领导批准，自行印发，并报行政主管部门备案。

2018 年应急管理部组建后，对部门职责和救援力量进行了有机的整合。但从目

---

① 北京市实施《中华人民共和国突发事件应对法》办法[EB/OL].(2008-07-01).[2025-02-21]. https://www.gov.cn/yaowen/liebiao/202406/content_6960130.htm.

② 张红．我国突发事件应急预案的缺陷及其完善[J]．行政法学研究，2008(3)：9-15.

前运行情况看，与之相适应的法律、法规和规章相对滞后。在新的应急管理体制下，要做到协调、统一、高效，使“扁平化”组织指挥体系、防范救援救灾“一体化”的运作体系发挥其应有的作用，首先要保证法律、法规的条文之间不相互矛盾与冲突，特别是当前面对重大自然灾害和生产事故的严峻形势，我们的预案确实还存在一些差距和不足。因此，加速与新体制相适应的预案管理体系的调整、修订和完善工作迫在眉睫。只有各级各类应急预案修订到位，才能确保新的管理体制和运行机制有机结合，才能做到指挥关系清楚、部门职责到位、响应流程明晰，才有可能达到应急指挥科学、有序、高效的目标要求。①

（五）完善信息化平台和系统建设

信息是决策的基础，信息化平台和系统是确保信息被准确、快速传送到决策与协调机构的保障，是政府部门对环境突发事件做出快速反应的前提。我国应当具备以现代通信技术为基础的全覆盖式的信息系统，确保受灾区域的准确定位、信息快速收集获取，并准确地将信息传送到决策与协调机关，支撑决策机构做出正确的判断和及时的反应。一是要依托信息技术和大数据在环境保护中的应用，加大各地各级生态环境信息平台建设，健全应急管理数据库，实现各级政府、各部门平台的互联互通，加强信息在部门、区域之间的交流与共享，充分发挥信息平台的监控预警作用，提高突发事件预防预警和应急处置效率。二是要完善信息报送机制，明确突发环境事件的信息报送要求和程序，明确环境信息各环节报送责任人，并建立相应的考核指标，不断提高相关人员的专业技术水平，确保信息报送的真实性和有效性。②

（六）建立完善的应急管理体系

应急管理需建立由政府主导、社会参与的多元管控格局。政府发挥主导作用，社会各界积极参与，政府与企业及其他机构之间通过法律、法规或协议等方式明确特定灾害情况下的职责分工，充分调动社会各方资源，提高应急管理的有效性。此外，应当高度重视社会与公众危机意识的培养与教育，为应急管理提供社会和公众基础。

一是要建立信息共享和交互机制。政府应尊重公民的知情权，开放信息系统，主动公布相关应急信息，建立突发事件信息收集渠道，高度关注公众反映的可能存在的隐患，将信访数据与应急管理信息化平台互联互通，形成信息的上下交互，防患未然。二是要健全舆论监督机制。信息公开应及时主动、公开透明，确保群众及

---

① 张红．我国突发事件应急预案的缺陷及其完善[J]．行政法学研究，2008(3)：9－15.

② 罗楠，陈刚，李玲玲，等．日本环境应急管理经验及启示[J]．环境保护，2020，48(22)：71－74.

时获取真实有效的信息，从而避免因信息壁垒或失真而引发的社会事件。三是要建立社会第三方参与应急管理的机制，明确相应的准入门槛，充分发挥第三方服务在应急管理中的作用。①

课后练习题

一、选择题

1.（单选）突发事件分为四类，即自然灾害、事故灾难、（　　）和社会安全事件。

A. 地质灾害　　B. 森林火灾

C. 公共卫生事件　　D. 群体性事件

2.（单选）按照社会危害程度、影响范围等因素，自然灾害、事故灾难、公共卫生事件分为（　　）四级。法律、行政法规或者国务院另有规定的，从其规定。

A. 巨大、重大、较大、一般　　B. 特大、重大、较大、一般

C. 特别重大、重大、较大和一般　　D. 特大、重大、一般重大、较大

二、简答题

1. 什么是突发事件？

2. 我国的应急管理具备哪些特点？

3. 什么是应急预案？

① 罗楠，陈刚，李玲玲，等．日本环境应急管理经验及启示[J]．环境保护，2020，48(22)：71－74.

项目二

应急预案编制与管理

项目概述

应急预案编制与管理是应急管理体系的核心内容，旨在通过科学、规范的流程制定切实可行的应急预案，并确保其持续有效。本项目围绕应急预案的基本结构、编制方法和管理要求展开，涵盖应急预案的法律法规依据、编制步骤、核心要素、评审与发布、动态更新等内容。通过学习，学生将掌握应急预案的标准化编制流程，理解预案管理的生命周期，并能够结合实际需求制定、优化和管理应急预案，为提升组织应急能力奠定基础。

学习目标

1. 知识目标

掌握应急预案的基本结构，包括总则、组织体系、预防预警、应急响应、后期处置等内容；

熟悉应急预案编制的过程；

了解应急预案的修订、审批、备案及动态管理要求。

2. 技能目标

能够按照标准流程编制符合实际需求的应急预案，包括风险分析、应急资源调查等；

具备预案评审能力，能发现并修正预案中的漏洞或不足；

掌握应急预案的发布、备案及宣传培训方法。

3. 素质目标

培养严谨细致的工作态度，确保预案内容的科学性和可操作性；

增强责任意识，理解预案编制与管理在突发事件应对中的重要性；

提升风险分析与系统思维能力，在预案编制中全面考虑各种可能情景。

项目导入

从“深圳某化工厂爆炸事故”看预案编制与管理

2018 年，深圳某化工厂因危化品储存罐阀门老化泄漏引发爆炸，事故造成 15 人受伤。事后调查发现，该企业虽制定了应急预案，但存在以下三个问题：

一是预案脱离实际，未针对危化品特性设计专项处置流程，而是照搬通用模板。

二是管理流于形式，预案修订滞后，储存罐阀门老化风险在历年隐患排查中虽均被记录，却未更新预案。

三是责任机制缺失，应急小组名单中 3 名关键岗位员工已离职半年，职责未重新分配。

事故发生后，当地应急管理局责令企业限期整改，要求重构预案体系，细化泄漏、火灾、爆炸等专项预案；强化应急预案管理，建立“每季度预案合规性审查 + 每年实战演练验证”机制；落实主体责任，将预案管理纳入企业高管绩效考核，实行“一岗双责”。

整改后，该企业 2021 年成功处置一次轻微泄漏事件，实现“10 分钟隔离风险源、0 人员伤亡”。通过事故与整改的对比，可以体会到，应急预案是守护生命的“最后一道防线”，企业必须摒弃侥幸心理，以“时时放心不下”的责任感落实预案管理。

“针尖大的窟窿能漏过斗大的风。”深圳某化工厂的案例警示人们：应急预案的漏洞，本质是管理责任的缺失。本章将深入剖析预案编制“从纸面到地面”的 5 个关键环节——评估与修订、审批与发布、培训与演练、备案与存档、监督与检查，让我们共同筑牢应急管理的“第一道关口”。

任务一 应急预案基本结构

一、应急预案基本内容

我国现行的应急预案管理框架指南是由国务院于 2004 年制定的《国务院有关部

门和单位制定和修订突发公共事件应急预案框架指南》。该指南详细规定了应急预案的基本内容，涵盖以下 8 个部分：总则、组织指挥体系及职责、预警和预防机制、应急响应、后期处置、保障措施、附则和附录。具体内容见表 2 – 1。

表 2 – 1　应急预案基本内容

章节	子章节	内容描述
1. 总则	1.1 目的	依法科学编制、有力有序有效地实施应急预案，最大限度减少损失，维护社会正常秩序
	1.2 工作原则	统一领导、分级管理，条块结合、以块为主，职责明确、规范有序，结构完整、功能全面，反应灵敏、运转高效，整合资源、信息共享，平战结合、军民结合和公众参与等原则
	1.3 编制依据	有法可依、有章可循
	1.4 适用范围	级别限定明确、针对性强，可以预见的突发公共事件均应制定预案
2. 组织指挥体系及职责	2.1 应急组织机构与职责	明确各组织机构的职责、权利和义务
	2.2 组织体系框架描述	以突发公共事件应急响应全过程为主线，明确突发公共事件发生、报警、响应、结束、善后处置等环节的主管部门与协作部门；以应急准备及保障机构为支线，明确各参与部门的职责。体现应急联动机制要求，最好附图表说明
3. 预警和预防机制	3.1 信息监测与报告	确定信息监测方法与程序，建立信息来源与分析、常规数据监测、风险分析与分级等制度。按照早发现、早报告、早处置的原则，明确影响范围、信息渠道、时限要求、审批程序、监督管理、责任制等。应包括发生在境外、有可能对我国造成重大影响事件的信息收集与传报
	3.2 预警预防行动	明确预警预防的方式方法、渠道及监督检查措施，信息交流与通报，新闻和公众信息发布程序
	3.3 预警支持系统	预警服务系统要建立相关技术支持平台，做到信息传递及反馈高效、快捷，应急指挥信息系统要保证资源共享、运转正常、指挥有力
	3.4 预警级别及发布	明确预警级别的确定原则、信息的确认与发布程序等。按照突发公共事件严重性和紧急程度，建议分为一般（Ⅳ级）、较重（Ⅲ级）、严重（Ⅱ级）和特别严重（Ⅰ级）四级预警，颜色依次为蓝色、黄色、橙色和红色
4. 应急响应	4.1 分级响应程序	制定科学的事件等级标准，明确预案启动级别和条件，以及相应级别指挥机构的工作职责和权限。按突发公共事件可控性、严重程度和影响范围，原则上按一般（Ⅳ级）、较大（Ⅲ级）、重大（Ⅱ级）、特别重大（Ⅰ级）四级启动相应预案。突发公共事件的实际级别与预警级别密切相关，但可能有所不同，应根据实际情况确定。阐明突发公共事件发生后通报的组织、顺序、时间要求、主要联络人及备用联络人、应急响应及处置过程等。对于跨国（境）、跨区域、跨部门的重大或特别重大突发公共事件，可针对实际情况列举不同措施。要避免突发公共事件可能造成的次生、衍生和耦合事件

续表

章节	子章节	内容描述
4. 应急响应	4.2 信息共享和处理	建立健全突发公共事件快速应急信息系统。明确常规信息、现场信息采集的范围、内容、方式、传输渠道和要求，以及信息分析和共享的方式、方法，报送及反馈程序等，要求符合有关政府信息公开的规定。如果突发公共事件中的伤亡、失踪、被困人员有港澳台人员或外籍人员，或者突发公共事件可能影响到境外，需要向香港、澳门、台湾地区有关机构或有关国家进行通报时，明确通报的程序和要求。突发公共事件如果需要国际社会的援助，需要说明援助形式、内容、时机等，明确向国际社会发出呼吁的程序和部门
	4.3 通信	明确参与应急活动所有部门的通信方式、分级联系方式，以及备用方案。提供确保应急期间党政军领导机关及事件现场指挥的通信畅通的方案
	4.4 指挥和协调	现场指挥遵循属地化为主的原则，建立政府统一领导下的以突发事件主管部门为主、各部门参与的应急救援协调机制。要明确指挥机构的职能和任务，建立决策机制，报告、请示制度，信息分析、专家咨询、损失评估等程序
	4.5 紧急处置	制订详细、科学的应对突发公共事件处置技术方案。明确各级指挥机构调派处置队伍的权限和数量，处置措施，队伍集中、部署的方式，专用设备、器械、物资、药品的调用程序，不同处置队伍间的分工协作程序。如果是国际行动，必须符合国际机构行动要求
	4.6 应急人员的安全防护	提供不同类型突发公共事件救援人员的装备及发放与使用要求。说明进入和离开事件现场的程序，包括人员安全、预防措施及医学监测、人员和设备去污程序等
	4.7 群众的安全防护	根据突发公共事件特点，明确保护群众安全的必要防护措施和基本生活保障措施，应急情况下的群众医疗救助、疾病控制、生活救助，以及疏散撤离方式、程序、组织、指挥，疏散撤离的范围、路线、紧急避难场所
	4.8 社会力量动员与参与	明确动员的范围、组织程序、决策程序等
	4.9 突发公共事件的调查分析、检测与后果评估	明确机构、职责与程序等
	4.10 新闻报道	明确新闻发布原则、内容、规范性格式和机构，以及审查、发布等程序
	4.11 应急结束	明确应急状态解除的程序、机构或人员，并注意区别于现场抢救活动的结束。明确应急救助信息发布机构
5. 后期处置	5.1 善后处置	明确人员安置、补偿，物资和劳务的征用补偿，灾后重建，污染物收集，现场清理与处理等程序和要求
	5.2 社会救助	明确社会、个人或境外机构的组织协调、捐赠资金和物资的管理与监督等事项

续表

章节	子章节	内容描述
5. 后期处置	5.3 保险	明确保险机构的工作程序和内容，包括应急救援人员保险和受灾人员保险
	5.4 突发公共事件调查报告和经验教训总结及改进建议	明确主办机构、审议机构和程序
6. 保障措施	6.1 通信与信息保障	建立通信系统维护及信息采集等制度，确保应急期间信息通畅。明确参与应急活动的所有部门通信方式、分级联系方式，并提供备用方案和通信录。要求有确保应急期间党、政、军领导机关及现场指挥的通信畅通方案
	6.2 应急支援与装备保障	(1) 现场救援和工程抢险保障。包括突发公共事件现场可供应急响应单位使用的应急设备类型、数量、性能和存放位置，备用措施，相应的制度等内容。 (2) 应急队伍保障。要求列出各类应急响应的人力资源，包括政府、军队、武警、机关团体、企事业单位、公益团体和志愿者队伍等。先期处置队伍、后续处置队伍、增援队伍的组织与保障方案，以及应急能力保持方案等。 (3) 交通运输保障。包括各类交通运输工具数量、分布、功能、使用状态等信息，驾驶员的应急准备措施，征用单位的启用方案，交通管制方案和线路规划。 (4) 医疗卫生保障。包括医疗救治资源分布，救治能力与专长，卫生疾控机构能力与分布，及各单位的应急准备保障措施，被调用方案等。 (5) 治安保障。包括应急状态下维持治安秩序的各项准备方案，包括警力培训、布局、调度和工作方案等。 (6) 物资保障。包括物资调拨和组织生产方案。根据具体情况和需要，明确具体的物资储备、生产及加工能力储备、生产工艺流程的技术方案储备。 (7) 经费保障。明确应急经费来源、使用范围、数量和监督管理措施，提供应急状态时政府经费的保障措施。 (8) 社会动员保障。明确社会动员条件、范围、程序和必要的保障制度。 (9) 紧急避难场所保障。规划和建立基本满足特别重大突发公共事件的人员避难场所。可以与公园、广场等空旷场所的公共设施建设或改造相结合
	6.3 技术储备与保障	成立相应的专家组，提供多种联系方式，并依托相应的科研机构，建立相应的技术信息系统。组织有关机构和单位开展突发公共事件预警、预测、预防和应急处置技术研究，加强技术储备
	6.4 宣传、培训和演习	(1) 公众信息交流。最大限度公布突发公共事件应急预案信息、接警电话和部门，宣传应急法律法规和预防、避险、避灾、自救、互救的常识等。 (2) 培训。包括各级领导、应急管理和救援人员的上岗前培训、常规性培训。可以将有关突发事件应急管理的课程列为行政干部培训内容。 (3) 演习。包括演习的场所、频次、范围、内容要求、组织等
	6.5 监督检查	明确监督主体和罚则，对预案实施的全过程进行监督检查，保障应急措施到位

续表

章节	子章节	内容描述
7. 附则	7.1 名词术语、缩写语和编码的定义与说明	突发公共事件类别、等级及对应的指标定义，统一信息技术、行动方案和相关术语等编码标准
	7.2 预案管理与更新	明确定期评审与更新制度、备案制度、评审与更新方式方法和主办机构等
	7.3 国际沟通与协作	国际机构的联系方式、协作内容与协议，参加国际活动的程序等
	7.4 奖励与责任	应参照相关规定提出明确规定，如追认烈士、表彰奖励及依法追究有关责任人责任等
	7.5 制定与解释部门	注明联系人和电话
	7.6 预案实施或生效时间	视情况而定
8. 附录	8.1 与本部门突发公共事件相关的应急预案	包括可能导致本类突发公共事件发生的次生、衍生和耦合突发公共事件预案
	8.2 预案总体目录、分预案目录	视内容而定
	8.3 各种规范化格式文本	新闻发布、预案启动、应急结束及各种通报的格式等
	8.4 相关机构和人员通信录	要求及时更新并通报相关机构、人员

资料来源：国务院办公厅关于印发《国务院有关部门和单位制定和修订突发公共事件应急预案框架指南》的函［EB/OL］．（2008－03－28）［2025－03－14］．https：//www. gov. cn/gongbao/content/2004/content_ 62821. htm.

二、应急预案基本格式

应急预案的编制除了注重其内容上的准确性之外，还应特别强调其格式上的标准化、规范化。在我国的应急管理体系中，完整的应急预案应当符合相应的国家标准要求，一般格式由封面、批准页、目录、正文、附件等部分构成（见表2－2）。

表 2-2 应急预案基本格式

格式	要求
封面	应急预案的封面主要包括应急预案编号、应急预案版本号、生产经营单位名称、应急预案名称及颁布日期。应急预案封面反映的内容应准确无误
批准页	应急预案应经生产经营单位主要负责人批准方可发布。批准页相关要求如下： (1) 有批准页（仅适用于备案评审）。 (2) 批准页对应急预案的发布及实施提出具体要求。 (3) 批准页经过预案发布单位主要负责人签批或经发布单位签章。 (4) 应急预案签发日期（年、月、日）与预案封面的颁布日期一致
目录	应急预案应设置目录，目录中所列的内容及次序如下： (1) 批准页。 (2) 应急预案执行部门签署页。 (3) 章的编号、标题。 (4) 带有标题的条的编号、标题（需要时列出）。 (5) 附件，用序号表明其顺序。 应急预案目录的一般要求如下： (1) 有目录（预案简单时可省略）。 (2) 目录结构完整，包含批准页、章的编号和标题、条的编号和标题、附件等内容。 (3) 目录层次清晰、合理。 (4) 目录的页码与实际内容页码对应
正文	应急预案应当符合相应国家标准的要求，预案文本的层次结构、内容格式、语言文字要求应简洁明了，规范性强，可读性高，便于阅读和理解。具体要求如下： (1) 文字通顺、语言精练、通俗易懂。 (2) 正文段落结构清晰，层次明显，可快速、方便地查找有关内容。 (3) 正文中的图表、文字清楚，编排合理（名称、顺序、大小等）。 (4) 正文无错别字，同类文字的字体、字号相互统一。 (5) 文字通常从左至右横排，特殊情况除外。 (6) 正文文字通常采用宋体或仿宋，不采用特殊的艺术字体
附件	附件是正文的说明、补充或者参考资料。主要包括以下内容： (1) 单位概况。 (2) 风险评估结果。 (3) 预案体系与衔接。 (4) 应急物资装备的名录或清单。 (5) 有关应急部门、机构或人员的联系方式。 (6) 格式化文本。 (7) 关键的路线、标识和图纸。 (8) 有关协议或备忘录
印刷与装订	应急预案推荐采用 A4 版面印刷，活页装订

资料来源：广东省安全生产科学技术研究院．应急预案编制与实战演练［M］．广州：暨南大学出版社，2021.

任务二 应急预案编制

应急预案编制应当遵循以人为本、依法依规、符合实际、注重实效的原则，以应急处置为核心，体现自救互救和先期处置的特点，做到职责明确、程序规范、措施科学，尽可能简明化、图表化、流程化。

一、应急预案编制准备

应急预案的编制准备工作主要包括以下三个方面：首先是编制人员的准备工作，这涉及组建一支具备专业知识和实践经验的团队，确保编制工作的科学性和可操作性；其次是应急预案编制资料的准备，需要全面收集与应急管理相关的法律法规、技术标准、历史数据及风险评估报告等，为预案的制定提供充分依据；最后是应急预案编制的技术准备，包括明确编制方法、采用适当的技术工具及软件支持，确保编制过程的高效性和规范性。

（一）应急预案编制人员准备

应急预案的编制需要多方人员的共同参与和协作。① 为确保预案的科学性、实用性和可操作性，在编制工作启动前，必须组建一支结构合理、专业齐全的编制团队。一般包括领导小组、工作小组、外部专家顾问和其他相关人员。

1. 领导小组

领导小组一般由单位主要负责人、分管领导及相关部门负责人组成。

领导小组的职责有：确定预案编制的总体目标和方向；审批预案编制工作计划和预算；协调解决编制过程中遇到的重大问题；最终审定和发布应急预案。

2. 工作小组

工作小组由具备相关专业知识和实践经验的人员组成，包括但不限于以下人员：

（1）应急管理专家。负责提供理论指导和技术支持，确保预案的科学性和规范性。

（2）专业技术人员。根据预案涉及的领域，如消防、医疗、环保等，配备相应的专业技术人员，负责提供专业建议和技术方案。

（3）一线操作人员。熟悉现场情况和操作流程的人员，如安全员、设备操作员

---

① 张秋，陈慧．构建食品药品安全事件应急演练路径研究[J]．中国药师，2016，19(11)：2117－2119.

等，负责提供实际操作经验和建议，确保预案的实用性和可操作性。

（4）文案编写人员。负责预案的起草、修改和完善，确保预案内容清晰、逻辑严谨、语言规范。

工作小组的职责有：开展风险评估和应急资源调查；制订应急预案编制工作计划；编写应急预案文本；组织预案的评审、演练和修订。

3. 外部专家顾问

外部专家顾问由相关领域的专家学者或行业资深人士组成。

外部专家顾问的职责有：提供专业咨询和技术支持；参与预案的评审和论证；对预案的完善提出建议。

（二）应急预案编制资料准备

应急预案的编制需要以全面、准确的资料为基础。应急预案编制工作组应系统收集、整理和分析相关资料，为预案编制提供科学依据和参考。

1. 法律法规及相关标准规范

法律法规及相关标准规范的准备是为了确保预案编制符合国家法律法规和标准规范的要求，并为预案内容提供法律依据和技术支持。准备的资料包括但不限于：

（1）国家相关法律法规，如《中华人民共和国突发事件应对法》《中华人民共和国安全生产法》等。

（2）部门规章、地方性法规和政府规章。

（3）相关技术标准和规范性文件，如《中华人民共和国国家标准生产经营单位生产安全事故应急预案编制导则》（GB/T 29639—2020）等。

2. 环境及周边情况资料

掌握环境及周边情况是为了识别和分析企业面临的外部风险，从而有针对性地制定应急措施，并在事故发生时能够与周边企业和单位建立应急联动机制。准备的资料包括但不限于：

（1）企业周边地质、地形、环境情况。

（2）气象、水文、交通资料。

（3）周边企业、单位、居民区分布情况。

（4）周边应急救援资源分布情况。

3. 企业平面布置及安全距离资料

准备企业平面布置及安全距离资料能够确定危险源位置和影响范围，进而制订人员疏散、应急救援路线和方案，也方便进行应急演练和培训。准备的资料包括但不限于：

（1）企业现场功能区域划分。

（2）建（构）筑物平面布置图。

（3）安全距离资料。

（4）消防设施、应急通道、疏散路线图等。

4. 工艺流程及风险评估资料

掌握工艺流程及风险评估资料能够预先识别和分析企业内部的潜在风险，确定重点防范部位和关键控制点，进而有针对性地制定预防和控制措施。准备的资料包括但不限于：

（1）企业工艺流程、工艺参数、作业条件。

（2）设备装置清单及其技术参数。

（3）风险评估报告，包括危险源辨识、风险分析和评价结果等。

5. 事故案例资料

准备事故案例资料是为了总结经验教训，借鉴其他单位的应急成功经验和做法，可以进一步完善应急预案内容，提高预案的针对性和实用性。准备的资料包括但不限于：

（1）单位类似历史事故与隐患资料。

（2）国内外类似事故案例资料。

6. 相关应急预案资料

准备相关应急预案资料可以了解政府和相关部门对突发事件应急响应的要求，并与周边企业和单位建立应急联动机制、实现资源共享和信息互通。准备的资料包括但不限于：

（1）属地政府及相关部门应急预案。

（2）周边企业、单位应急预案。

7. 资料准备过程中应注意的事项

（1）全面性。尽可能收集全面的资料，避免遗漏重要信息。

（2）准确性。确保资料的真实、准确和可靠，避免使用过时或错误的信息。

（3）针对性。根据企业自身特点和实际情况，有针对性地收集相关资料。

（4）及时性。及时更新资料，确保预案内容与实际情况相符。

（三）应急预案编制技术准备

应急预案的编制不仅需要全面、准确的资料，还需要借助各种技术手段和方法，以提高预案的科学性、实用性和可操作性。

1. 风险源评估技术

风险源评估有助于及时识别和分析企业面临的潜在风险，确定风险等级和重点防范部位，为制定具有针对性的预防和控制措施提供依据。① 常用的技术如下：

（1）危险源辨识技术。例如，安全检查表法、预先危险性分析法、故障类型和影响分析法等。

（2）风险分析方法。例如，定性分析法、半定量分析法、定量分析法等。

（3）风险评价方法。例如，风险矩阵法、作业条件危险性评价法（LEC 法）等。

2. 情景构建技术

情景构建技术能够提高预案的针对性和实用性，为应急演练和培训提供场景支持，评估应急预案的有效性和可操作性。例如，基于历史事故案例、专家经验和模拟仿真等手段，构建可能发生的突发事件情景。

3. 模拟仿真技术

模拟仿真技术可以优化应急预案内容，提高预案的科学性和可操作性，为应急决策提供技术支持，进行应急演练和培训，提高应急处置能力。例如，利用计算机模拟技术模拟突发事件发生、发展和演化的过程，评估不同应急措施的效果和影响。

4. 地理信息系统（GIS）技术

地理信息系统可以展示企业周边环境、危险源分布、应急资源分布等信息，进行风险评估和应急资源优化配置，辅助应急决策和指挥调度。② 例如，利用 GIS 技术将地理空间数据与属性数据相结合，进行空间分析和可视化表达。

5. 信息管理技术

信息管理技术能够实现应急预案的数字化、信息化管理，提高应急资源的管理效率和利用效率，提升应急指挥调度的效率和水平。例如，利用信息化技术建立应急预案管理系统、应急资源管理系统、应急指挥调度系统等。

二、应急预案编制过程

应急预案的编制过程涉及多个关键步骤，一是成立专门的编制小组，以确保各

---

① 李春民，王立根，王云海，等．矿山企业构建应急管理体系有关问题研究[J]．中国矿业，2007(11)：7－9，19.

② 董云周，鲁工圆，董健．城市轨道交通应急预案编制与优化[J]．都市快轨交通，2019，32(3)：138－144.

方面的专业知识和技能得到充分利用。二是进行全面的资料收集，以获取相关背景信息和数据支持。三是对潜在的危险源进行识别，并进行详细的风险评估，以确定可能的应急情境和应对措施。四是在此基础上开展应急预案的编制工作，确保预案的科学性和可操作性。五是完成编制后，预案须经过严格的评审程序，以验证其有效性和可靠性，并最终正式发布。六是进入应急预案的实施阶段，确保在实际情况中能够及时响应和处理突发事件。①

（一）成立编制小组

应急预案的编制是一项复杂而系统的工程，涉及多个部门和单位，需要多学科、多专业的知识和技术支持。为了确保预案的科学性、合理性和可操作性，成立一个结构合理、人员配备齐全的编制小组是至关重要的。

编制小组是指在应急预案编制过程中，由相关单位和人员组成的、负责具体编制工作的组织。编制小组的成立是应急预案编制工作正式启动的标志，是确保预案编制工作顺利进行的重要组织保障。

（1）编制小组的主要作用如下：

①统筹协调。编制小组负责统筹协调各相关部门和单位之间的关系，确保预案编制工作的顺利进行。

②专业技术支持。编制小组成员来自不同领域，能够为预案编制提供专业技术支持。

③意见汇总与统一。编制小组负责汇总各方面的意见和建议，确保预案的科学性和合理性。

④沟通桥梁。编制小组是与上级部门、相关单位和专家沟通的桥梁，负责向上级部门汇报预案编制进展，向相关单位和专家征求意见和建议。

（2）编制小组的成员应根据预案的类型、规模和复杂程度确定，一般应包括以下几类人员：

①行政首长或其代表，作为编制小组的组长或副组长，负责全面领导预案编制工作。

②应急管理部门，负责预案编制的组织协调工作。

③相关部门，包括消防、公安、环保、卫生、市政、医院、医疗急救、卫生防疫、邮电、交通管理等部门，负责提供本部门的专业意见和建议。

④新闻媒体，包括广播、电视等媒体单位，负责提供媒体应对方面的建议。

⑤法律顾问，负责提供法律方面的咨询和建议。

---

① 刘功智，刘铁民．重大事故应急预案编制指南[J]．劳动保护，2004(4)：11－18.

⑥有关企业，特别是可能受到突发事件影响的企业，或者在应急处置中需要参与的企业，如电力、燃气、供水等企业。

⑦上级政府或应急机构代表，负责提供上级部门的指导意见。

⑧技术专家，包括应急管理、安全生产、防灾减灾、医疗卫生、环境保护、交通运输等领域的专家，负责提供技术咨询和指导。

（3）编制小组成员的确定应遵循以下原则：

①专业性。成员应具备与预案编制相关的专业知识和经验。

②代表性。成员应代表各相关部门和单位，确保预案编制过程中各方意见的充分表达。

③权威性。成员应具有一定的权威性和影响力，能够在预案编制过程中发挥重要作用。

④可操作性。成员数量应适中，以便沟通和协调。

（4）编制小组的组织架构可根据实际情况设置，一般包括以下几部分：

①组长。由行政首长或其代表担任，负责全面领导预案编制工作。

②副组长。由应急管理部门负责人或其他相关部门负责人担任，协助组长开展工作。

③成员。来自各相关部门和单位的代表。

④技术专家组。由各领域专家组成，负责提供技术咨询和指导。

（5）为了保证预案编制工作的顺利进行，编制小组应建立以下工作机制：

①例会制度。定期召开工作会议，通报工作进展，研究解决存在的问题。

②沟通协调机制。建立畅通的沟通渠道，及时协调解决各部门之间的分歧。

③专家咨询机制。定期组织专家进行咨询和评审，确保预案的科学性和合理性。

④资料共享机制。建立资料共享平台，实现信息和资料的共享。

（6）编制小组成立后，应尽快制订编制计划，明确任务分工，确保预案编制工作的科学有序进行。编制计划应包括以下内容：

①编制目标。明确预案编制的目的和预期成果。

②编制内容。明确预案的主要内容和结构。

③时间安排。制定详细的时间表，明确各阶段的工作内容和完成时间。

④任务分工。明确各成员的具体任务和职责。

⑤经费预算。制定经费预算，确保编制工作的顺利进行。

成立编制小组是应急预案编制工作的重要环节，对实现应急管理的基本原则具有重要的作用。编制小组的成员应具有专业性、代表性和权威性，能够为预案编制提供全面的技术支持和意见。编制小组应建立科学的工作机制，制订详细的编制计划，明确任务分工，确保预案编制工作顺利进行。

（二）资料收集

资料收集是应急预案编制的基础性工作，它为预案的科学性、实用性和可操作性提供重要支撑。如果没有充分的资料支持，预案就可能缺乏针对性和实效性。因此，资料收集必须全面、系统、准确。

（1）资料收集包括以下内容：

①法律法规与政策文件。国家及地方相关应急管理法律、法规；政府发布的应急预案和政策文件。

获取途径：政府官方网站、法律法规数据库。

②技术标准与规范。国家和行业发布的应急管理技术标准；安全生产、消防、卫生等领域的技术规范。

获取途径：行业网站、图书馆、专业书籍。

③历史数据与案例分析。本地区及类似地区过去突发事件的历史数据；国内外典型突发事件案例分析报告。

获取途径：政府部门、学术论文、新闻报道。

④应急资源调查。现有的应急救援队伍、装备和物资储备情况；可调动的外部资源，如邻近地区的应急资源。

获取途径：相关部门调查、实地考察。

⑤地理与环境信息。地形地貌、交通网络、重要设施分布图；人口分布、敏感区域（如学校、医院）的位置。

获取途径：地理信息系统（GIS）、政府部门。

⑥公众应急意识与能力。公众的应急知识水平和自救互救能力调查。

获取途径：社会调查、教育部门。

⑦国际资料与经验。国际应急管理的经验和教训。

获取途径：国际组织报告、学术交流。

（2）资料收集的步骤与方法。

①确定资料类型与来源。制定详细的资料清单，明确每类资料的来源和获取方式；制订收集计划，划分资料收集的优先级，制定时间表和责任人。

②资料整理与管理。建立资料库，采用统一的分类标准和命名规则；利用数据库或云存储进行管理和共享。

③持续更新与维护。定期检查资料的更新情况，确保信息的时效性；沟通与协调，与相关部门协调，获取必要的数据和信息；准备正式的资料请求函，明确用途和保密要求。

④实地调查与专家咨询。进行实地考察，获取第一手资料；咨询专家，获取专业意见和建议。

（3）资料收集的注意事项。

①保密性。对涉及敏感信息的资料进行妥善保管，防止泄露。

②合法性。确保资料收集过程符合相关法律法规，避免侵犯隐私权或知识产权。

③准确性与可靠性。验证资料的准确性和可靠性，避免使用过时或错误的信息。

④格式与标准化。统一资料的格式和标准，便于后续整理和使用。

⑤备份机制。建立资料备份机制，防止丢失或损坏。

资料收集是一项系统性、持续性的工作，需要细致规划和有效管理。通过全面、准确的资料收集，可以为应急预案的编制提供坚实的基础，确保预案的科学性和实用性。在资料收集过程中，应注重沟通协调，充分利用各种资源，确保资料的全面性和及时性，为最终制定出有效的应急预案奠定基础。

（三）危险源与风险评估

风险分析是应急预案编制的基础。风险分析的结果不仅有助于确定应急工作重点，提供划分预案编制优先级别的依据，也为应急准备和应急响应提供必要的信息和资料。[①] 风险分析包括危险识别、脆弱性分析、风险评估和应急能力评估。

1. 危险识别

危险识别的目的是识别可能存在的重大危险因素，如分析本地区的地理、气象等自然条件，工业和运输、商贸、公共设施等的具体情况，总结本地区历史上发生的重大事故，等等，识别出可能发生的自然灾害和重大事故等突发事件。

2. 脆弱性分析

脆弱性分析要确定的是一旦发生危险事故，最容易受到冲击破坏的地区或单位，以及最可能出现波动或激变的环节。脆弱性分析的结果应提供下列信息：受事故或灾害严重影响的区域及该区域的影响因素，如地形、交通、风向等；预计位于脆弱带中的人口数量和类型，如居民、职员、敏感人群（医院、学校、疗养院、托儿所）；可能遭受的财产破坏，包括基础设施和运输线路；可能的环境影响。可以据此标明最需要保护的地区、单位和人群。

3. 风险评估

风险评估是根据脆弱性分析的结果评估突发公共事件发生时造成破坏或伤害的可能性，以及可能导致的实际破坏或伤害程度。通常可能选择对最严重的情况（顶

---

① 刘铁民．突发公共事件应急预案编制与管理[J]．中国应急管理，2007(1)：23－26.

级事件）进行分析。风险分析可以提供下列信息：发生事故和环境异常的可能性或同时发生多种紧急事故的可能性；对人造成的伤害类型（急性、延时或慢性的）和相关的高危人群；对财产造成的破坏类型（暂时、可修复或永久的）；对环境造成的破坏类型（可恢复或永久的）。

4. 应急能力评估

应急能力评估依据风险分析的结果，对已有的应急资源和应急能力进行评估，包括城市和企业应急资源的评估，明确应急救援的需求和不足。应急资源包括应急人员、应急设施、装备和物资等；应急能力包括体制和机制运行状况与人员的技术、经验和接受的培训等。应急能力评估还应注意发现应急体系中的缺陷和不足。

编制预案时，应当在评价与潜在危险相适应的应急资源和能力的基础上，选择最现实、有效的应急策略。

（四）应急预案的编制

在编制应急预案的过程中，必须基于对重大事故风险的评估结果，参考应急资源的需求和现状，以及相关法律法规的要求。① 这一过程不仅是确保应急预案科学性和有效性的基础，也是实现应急管理体系化和规范化的重要步骤。

风险评估是编制应急预案的基石。通过识别和评估潜在的重大事故风险，可以明确可能发生的紧急情况及其影响程度，从而为应急预案的制定提供科学依据。这一过程需要重点考虑历史数据、地理环境、工业活动等多种因素，以确保预案的针对性和实用性。

应急资源的现状和需求是编制应急预案的重要参考。应急预案应当充分考虑现有的应急资源，如人员、设备、物资等，并评估其在应急响应中的作用和局限性。这有助于合理分配资源，确保在紧急情况下能够迅速有效地调动和使用这些资源。

合规性是应急预案编制的另一重要考量。应急预案必须符合国家和地方的法律法规要求，确保在法律框架内进行应急响应和处置。这不仅包括遵守应急管理的相关法规，还包括环境保护、安全生产等多方面的规定。

在编制过程中，收集和参阅现有的应急预案是必不可少的。通过分析和借鉴已有的计划，可以减少重复劳动，避免预案之间的矛盾和重叠，确保新预案与现有预案保持协调一致。这不仅提高了编制效率，也保证了整个应急管理体系的连贯性和有效性。

应急预案的编制是一个动态的过程，需要不断对应急预案进行修订和完善。在

① 刘铁民. 应急预案重大突发事件情景构建：基于"情景—任务—能力"应急预案编制技术研究之一[J]. 中国安全生产科学技术，2012，8(4)：5－12.

草案完成后，应组织专家和相关部门进行评审，征求各方意见，并根据反馈修改。同时，预案的实施也需要通过培训和演练来检验其可行性和操作性，确保在实际应急中能够被顺利执行。

总之，编制应急预案是一项系统工程，需要重点考虑风险评估、资源状况、法规要求及现有预案的协调性。只有在这些方面都做到位，才能确保应急预案在突发事件中发挥应有的作用，保护人民生命财产安全和社会稳定。

（五）评审与发布

为保证应急预案的科学性、合理性及与实际情况的符合性，应急预案必须经过评审，包括组织内部评审和专家评审，必要时还应请上级应急机构进行评审。① 应急预案经评审通过和批准后，按有关程序进行正式发布和备案。

应急预案的评审与发布是一个至关重要的环节，旨在确保预案的科学性、合理性和实用性。在这一阶段，预案需要经过多方面的审查和验证，以确保其在实际应用中的有效性。

评审过程通常包括内部评审和专家评审。内部评审由预案编制团队主导，旨在检查预案的完整性、逻辑性和可操作性，确保没有遗漏关键环节。评审过程中，团队成员会根据自身的专业知识和经验，提出改进建议，以完善预案的内容。

专家评审则引入外部专业人员，他们通常具备丰富的理论知识和实战经验，能够从更高的视角审视预案的科学性和合理性。专家评审不仅检验预案的技术细节，还评估其与实际应急需求的契合度，确保预案能够在突发事件中有效指导行动。

在某些情况下，上级应急机构也会参与评审，以确保预案与上级的整体应急策略相一致，符合更高的标准和要求。这种评审有助于确保预案的层级协调性和系统性。

评审通过后，预案进入发布阶段。发布前，预案需要获得相关领导或主管部门的正式批准，以确保其权威性和执行力。发布时，预案应以正式文件的形式印发给所有相关部门和人员，确保每个人都能及时获取最新的应急指导文件。

备案是发布后的必要步骤，涉及将预案提交至相关监管机构或上级部门登记，以确保其合法性和合规性。备案不仅是对预案的一种法律认可，也是为未来可能的审计或检查提供依据。

总之，评审与发布阶段是确保应急预案质量的关键，通过严格的评审程序和规范的发布流程，可以有效提升预案的实战效能，为突发事件的应对提供坚实保障。

---

① 杨芳，储胜利．企业应急预案编制的难点及对策研究[J]．中国安全生产科学技术，2011，7(1)：127－130.

（六）应急预案实施

应急预案的实施是应急管理的重要工作。应急预案的实施包括开展预案宣传，进行预案培训，落实和检查各个有关部门职责、程序和资源准备，组织预案演练，使应急预案有机地融入公共安全保障工作，真正将应急预案所规定的要求落到实处。应急预案应及时修改、更新和升级，尤其是在每一次演练和应急响应后，应认真进行评审和总结，针对实际情况的变化及预案中暴露出的缺陷，不断地更新、完善，以持续地改进应急预案文件体系。

任务三 应急预案管理

应急预案管理涵盖多个关键环节，包括预案的评估与修订，通过对预案进行深度审视，及时发现漏洞与不足；完成预案的编制后，需经严格的审批与发布流程，确保预案内容的科学性与权威性，经审批通过后，及时向相关单位和人员发布，明确职责与处置流程；组织相关人员开展系统化培训与实战化演练，提升应急响应能力；完成预案的备案与妥善存档，便于后续查阅与管理；对预案实施情况进行持续的监督与检查，根据实际反馈不断优化完善，确保预案在实际应用中切实可行。

一、评估与修订

应急预案编制完成后，需要全面审视其在实际场景中的适用性、有效性和可操作性，识别潜在问题与不足，为后续修订提供依据，提升应急处置能力。

（一）应急预案的评估

1. 评估主体

由应急管理专家、相关部门负责人、一线应急人员代表、行业学者等组成多元化评估小组。应急管理专家凭借专业知识把控整体方向，部门负责人了解实际工作流程与资源状况，一线人员提供实战视角，行业学者引入前沿理念与研究成果。

2. 评估方法

（1）桌面推演。模拟各类突发事件场景，依据应急预案逐步推演应急响应流程，检查各环节衔接是否顺畅，人员职责是否明确，物资调配是否合理。

（2）实战演练评估。在实战演练后，收集演练过程中的数据，如响应时间、处置效果等，结合演练观察记录，分析应急预案在实际操作中的问题。

（3）对比分析。对比国内外同类型先进应急预案，分析自身差距，借鉴优秀经验。

（二）修订应急预案

1. 修订的触发条件

应急预案的修订通常因外部环境或内部条件的变化而触发，包括法规政策的调整、风险评估结果的更新、应急能力的提升、突发事件的经验教训，以及预案演练中发现的问题等。

2. 修订流程与方法

修订预案须遵循规范化流程。首先，开展修订必要性的分析，确定需要调整的内容；其次，组织相关部门和专家共同商讨修订方案；最后，对修订后的预案进行测试和评估，以检验其有效性和适应性。测试可通过桌面推演、现场演练等方式进行。

3. 定期审查与动态更新

为确保预案的时效性和适用性，应建立定期审查机制，通常每年或每两年进行一次全面评估。审查过程中须关注内外部条件的变化，并根据需要对预案进行动态更新。同时，突发事件或演练后的及时总结与反思也是修订的重要依据。

4. 档案管理与版本控制

修订后的应急预案须妥善存档，并明确版本号和生效日期，以便后续查阅和执行。各相关部门和人员应及时获取最新版本，并确保旧版本作废，避免因信息不一致而影响应急响应的实施。

通过科学的编制与修订，应急预案可以实现动态优化，不断提升其在实际应急管理中的指导作用和实战价值。这一过程需要充分调动各方资源与智慧，形成一个在实践中不断完善的良性循环体系。

二、审批与发布

应急预案的审批与发布是确保应急预案正式生效和具备法律效力的重要环节，也是保障应急预案在组织内部和社会各界得到广泛认可和有效落实的关键步骤。科学规范的审批与发布流程能够提高应急预案的权威性和实用性，为应急管理工作的顺利开展奠定坚实基础。①

---

① 陈莉，贾群林．英美应急预案编制的启示与借鉴[J]．中国应急救援，2019(6)：22－25.

（一）审批流程与要求

1. 审批的重要性

应急预案的审批是确保应急预案质量的核心步骤。未经正式审批的应急预案可能存在法律风险或可操作性问题，因此在任何应急预案投入实际使用之前，都必须经过严格的审查与批准。审批不仅是对内容的确认，也是对责任的明确与落实。

2. 组织内审批层级

根据应急预案的性质和适用范围，审批层级有所不同。对于单位内部的预案，应由部门负责人或单位领导审批；对于涉及多个部门或区域范围较广的预案，则需要经过更高层级的管理机构审核，甚至需要行政主管部门的最终批准。在审批过程中，应明确责任主体，确保每一级审批均能认真履行职责。

3. 专家评审与公众参与

在正式审批之前，可以组织专家评审会，对预案的科学性、合理性和可操作性进行技术审查。对于与公众利益密切相关的预案，如涉及社区安全或环境保护的内容，还应通过公众参与的方式广泛征求意见。这种方式既能提高预案的质量，也能增强社会认同感，为预案实施创造良好的社会氛围。

4. 法律法规符合性审查

审批时必须重点审查预案是否符合相关法律法规和政策要求，如涉及环境事件的预案须符合环保法律，涉及公共卫生事件的预案须遵守传染病防治法等规定。法律法规的符合性不仅影响预案的合法性，也直接关系到其在实际执行中的可操作性和权威性。

（二）发布方式与内容

1. 发布的意义

应急预案的发布是将其从审批文件转化为操作指南的重要步骤。通过正式发布，可以使应急预案的内容明确化、制度化，并使相关人员能够清晰地了解其职责和工作要求。此外，应急预案的正式发布还具有传达权威信息、统一认识的作用，能够减少执行过程中可能出现的偏差。

2. 发布的形式

应急预案的发布形式应根据其适用范围和受众群体的特点选择。对于内部使用的预案，可以通过组织内部的通知、会议等方式发布；对于需要公众知晓的预案，如区域性防灾减灾预案，则可以通过政府公告、媒体发布、官方网站等途径向社会公开。无论采用何种形式，都应确保预案内容的全面性和准确性。

3. 发布的主要内容

应急预案在发布时，应明确其名称、适用范围、生效日期及相关的解释责任人或部门。同时，还须标注预案的审批情况，如审批机构名称和审批日期。对于较为复杂的应急预案，可附加执行指南或操作手册，以方便具体实施。

4. 信息传播与培训

应急预案发布后，须通过多种途径将应急预案内容传达到相关部门和人员。例如，组织专题会议对应急预案的核心内容进行解读；通过在线平台共享应急预案文件，方便随时查阅；设计针对性培训课程，使相关人员熟悉应急预案的操作流程。这些措施可以确保应急预案内容能够被充分理解和正确执行。

（三）版本控制与归档

1. 版本管理的必要性

对发布后的应急预案须建立完善的版本控制机制，以应对未来的修订或替代需求。每一版应急预案都应标注清晰的版本号、生效日期及修订历史，避免因多版本并存导致执行混乱。

2. 归档与存储

发布的应急预案应妥善归档，以便查阅和备查。归档内容包括审批文件、正式发布稿、专家评审意见及相关的会议记录等。对于电子版应急预案，还必须做好备份，确保信息的安全性和可持续性。

审批与发布的过程既是对应急预案科学性与合法性的确认，也是对其社会影响力和操作实效的强化。一个高质量的应急预案必须经过规范的审批和发布流程，才能真正成为应对突发事件的有力工具。

三、培训与演练

应急预案的培训与演练是确保其有效实施的核心环节，通过系统化的学习和实战模拟，能够提升应急响应人员的专业能力和团队协作水平，检验应急预案的可操作性和科学性，同时为不断优化应急预案提供依据。

（一）培训

1. 培训的重要性

培训是应急预案推广与实施的基础性工作，其目的是使相关人员熟悉应急预案内容、掌握应急技能，并具备应对突发事件的能力。高质量的培训能够显著提升组织的应急反应速度和决策效率，降低突发事件可能造成的损失。

2. 培训对象的范围

培训对象应涵盖应急预案涉及的各类人员，包括应急管理领导者、指挥人员、一线救援人员及相关辅助人员。此外，对于涉及公众的应急预案，还应组织公众或社区成员参与，普及基本的应急知识和自救互救技能。

3. 培训内容的设计

培训内容应针对不同培训对象的职责和角色进行差异化设计。例如，指挥人员的培训应注重决策能力、指挥流程和信息协调，而一线人员的培训须侧重具体操作技能、设备使用和风险防范知识。培训内容通常包括预案解读、应急知识普及、案例分析及专业技术课程等。

4. 培训形式的多样化

培训形式应灵活多样，以提高参与者的兴趣和效果。例如，通过专题讲座进行系统讲解，通过情景模拟加强实践操作能力，或者通过线上课程和自学资料满足个性化需求。此外，分组讨论、经验分享等互动性较强的形式也能有效促进学习。

5. 培训效果的评估

培训结束后，需要对学习效果进行全面评估，可以通过测试、模拟操作和问卷调查等方式实现。评估结果不仅能够检验培训的有效性，还能为后续培训的改进提供参考依据。

（二）演练

1. 演练的意义

演练是将应急预案从理论转化为实践的关键步骤，目的是检验应急预案的科学性和可操作性，提高应急响应人员的实战能力，并增强组织应对突发事件的整体协调能力。① 演练还可以暴露潜在问题，为应急预案修订和资源优化提供依据。

2. 演练的类型

演练可以分为多种类型，包括桌面推演、功能演练和全面演练。桌面推演主要用于测试指挥和决策环节，通过模拟事件的发展过程讨论应对策略；功能演练则侧重某一特定环节或操作，如救援设备的使用或信息传递；全面演练是全要素、多部门参与的实战模拟，旨在全面测试预案的整体有效性。

3. 演练的准备工作

演练的实施须经过充分准备，包括制订演练计划、明确目标与范围、组建演练

---

① 姜传胜，邓云峰，贾海江，等. 突发事件应急演练的理论思辨与实践探索[J]. 中国安全科学学报，2011，21(6)：153 - 159.

团队，以及准备场地和设备。在准备过程中，还须编制详细的演练脚本，模拟事件情境并设置合理的突发状况，以增强演练的真实性和挑战性。

4. 演练的实施步骤

演练通常分为启动、实施和总结 3 个阶段。启动阶段包括演练背景介绍、目标说明和任务分配；实施阶段则根据演练脚本逐步推进，各参与方按应急预案要求完成任务；总结阶段须组织复盘会议，分析演练过程中发现的问题，提出改进建议。

5. 演练的评估与改进

演练结束后，应组织专家或第三方机构对演练效果进行评估，重点关注应急预案的适用性、资源的协调性，以及人员的应对能力。通过评估，可以发现应急预案中存在的薄弱环节和操作中的不足，并据此优化应急预案内容和应急流程。

6. 演练的周期性安排

演练工作应定期进行，以确保组织始终处于高效的应急准备状态。演练频率应根据应急预案的重要性和适用范围确定，一般建议每年组织一次全面演练，并根据需要增加专项或功能性演练。

（三）培训与演练的协同作用

培训和演练相辅相成，培训为演练提供理论和技能基础，演练则是对培训成果的检验与巩固。通过培训与演练的有机结合，可以实现从“知”到“行”的转变，使应急预案真正成为指导实践的有力工具。[①] 这种协同作用不仅能够提升个人和组织的应急能力，还能促进应急预案的不断优化和完善，为应对复杂突发事件提供坚实保障。

四、备案与存档

备案与存档是应急预案管理的重要组成部分，是确保应急预案合法性、权威性及信息可追溯性的重要环节。备案旨在通过上级主管部门的监督审查，保证应急预案符合法律法规和相关技术标准；存档则是对应急预案及其相关材料的系统化管理，以便查阅和后续使用。

（一）备案的意义与要求

1. 保障预案的合法性

备案是验证应急预案是否符合法律法规和政策要求的关键环节。通过备案，可以确保应急预案在编制过程中全面遵循国家和地方的相关法律规定，如《中华人民

① 钟开斌，张佳．论应急预案的编制与管理[J]．甘肃社会科学，2006(3)：240 – 243.

共和国突发事件应对法》《中华人民共和国安全生产法》等，从而提升应急预案的法律地位和执行力。

2. 促进监督管理

备案为上级主管部门提供了一条对应急预案实施情况进行监督的渠道。通过审核备案材料，主管部门可以检查应急预案内容的合理性、应急能力的充分性，以及资源配置的有效性，进而提出改进意见，帮助提升应急预案质量。

3. 提升社会公信力

已备案的应急预案通常经过专业审核，具有更高的权威性。这不仅可以增强公众和相关利益方对应急预案的信任，也能为突发事件发生时的应急行动提供更强的社会支持。

4. 备案的适用范围

备案的适用范围通常包括区域性预案、行业性预案及重大风险单位的专项预案。具体备案要求可能因地区和行业的差异有所不同，但一般涉及对自然灾害、事故灾难、公共卫生事件和社会安全事件的应对。

（二）备案流程与注意事项

1. 备案材料准备

备案需要提供完整的应急预案文本及其相关支持性文件。这些材料通常包括：应急预案正式文本；编制依据（法律法规、标准和技术规范）；风险评估报告；专家评审意见；演练记录或测试报告；组织机构及职责说明。

2. 备案的提交与审核

应急预案材料准备完毕后，应向具有备案权限的主管部门提交。该部门会对材料的合法性、规范性和完整性进行审核，有时还会组织专家进行评估。若审核通过，则备案部门会出具备案证明或备案号，标志着应急预案被正式纳入管理体系。

3. 动态备案与信息更新

备案工作并非“一劳永逸”。当应急预案内容因法规调整、风险变化或机构变动而需要修订时，应及时向备案部门提交修订后的版本，更新备案信息。这一动态管理机制能够确保备案内容与实际情况保持一致。

（三）存档的意义与要求

1. 信息记录与保存

存档是对应急预案及其相关材料的系统化整理与保存，确保其在需要时能够被快速查阅和调用。通过存档，可以实现信息的长期保存，有助于对历史事件的回溯和分析，为未来应急管理提供数据支持。

2. 存档材料的范围

存档不仅包括备案的正式应急预案文本，还应涵盖与应急预案编制、审批、演练和修订相关的所有资料，如会议记录、专家评审意见、演练总结报告、修订说明等。这些材料能够为应急预案的执行和改进提供重要参考。

3. 分类与编号管理

存档时应对应急预案材料进行分类管理，如按应急类型（自然灾害、公共卫生事件等）、适用范围（单位、区域等）或编制时间进行整理。同时，应为每份存档材料分配唯一的编号，以便进行信息检索和版本控制。

4. 存储方式的安全性

存档材料须采用纸质和电子化两种形式保存，以提高其安全性和可用性。纸质文件应存放在防火、防潮、防虫的环境中；电子文件须做好加密和备份工作，以防止数据丢失或泄露。

（四）备案与存档的协调机制

备案与存档是相辅相成的工作环节。备案确保应急预案的合法性与权威性，存档则为应急预案的执行与更新提供基础支持。通过备案的应急预案须及时纳入存档体系，并在存档中注明备案情况，包括备案号、备案机构和备案日期。同时，存档中的历史记录也能为后续的备案工作提供数据支持。

（五）备案与存档的动态管理

在现代应急管理体系中，需要动态管理备案与存档，以适应不断变化的风险环境和组织需求。例如，新技术的应用可以实现备案和存档信息的数字化、网络化管理，通过构建信息管理系统，提升工作效率和信息共享能力。这不仅能够降低管理成本，还能确保应急预案始终处于最新状态。

通过规范的备案与存档工作，可以建立起高效的应急预案管理体系，使应急预案在应急响应中发挥更大作用，同时也为其后续的修订和优化奠定坚实基础。

五、监督与检查

监督与检查是应急预案管理的重要环节，通过定期或不定期的监督检查，可以全面评估应急预案的适用性、执行情况和改进空间。[①] 该环节不仅有助于确保应急预案的科学性和有效性，还能及时发现和解决其潜在问题，保障应急管理体系的运行质量。

（一）监督与检查的意义

1. 确保预案的执行力

应急预案在编制和发布后，其执行效果需要通过监督与检查来验证。通过监督与检查，可以确保应急预案的各项要求在实际工作中得到落实，避免因人员变动、资源不足或程序不规范导致应急预案无法正常执行。

2. 促进预案的优化

监督与检查可以发现应急预案在实际操作中的不足之处，如操作流程复杂、职责划分不明确或资源调配不合理。这些问题在监督与检查中被发现后，可以通过修订来优化应急预案，提高其针对性和可操作性。

3. 提高组织的应急能力

通过监督与检查，可以及时发现应急能力建设中的短板，如人员培训不到位、设备维护不及时或协作机制不完善。针对这些问题采取补救措施，可以全面提升组织的应急能力。

（二）监督与检查的主要内容

1. 应急预案的合法性与规范性

检查应急预案是否符合国家法律法规、行业标准和地方政策要求，确保其编制、审批、发布和备案过程符合规范。

2. 应急预案的适用性

评估应急预案是否能够有效应对当前风险环境和组织需求。例如，是否涵盖了最新的风险点，是否与应急资源相匹配，是否适应组织结构或责任分工的变化。

3. 应急预案的执行情况

检查应急预案各项要求的落实情况，包括组织是否建立了相应的应急机构，是否明确了职责分工，是否配备了充足的应急资源。

4. 应急预案的演练与培训

监督应急预案的演练与人员培训工作是否按计划进行，参与人员是否熟悉应急

① 曹士云，白莉，姜丽．大学生野外生存生活训练应急预案和安全救护体系的研究[J]．杭州师范学院学报(自然科学版)，2007,6(4)：296－299.

预案的内容和操作流程，演练中发现的问题是否及时整改。

5. 信息更新与修订管理

检查应急预案是否定期修订，内容是否与实际情况保持一致，备案和存档工作是否及时完成。

（三）监督与检查的方式

1. 定期检查

定期检查是一种计划性的监督方式，通常每半年或一年进行一次。这种方式有助于对应急预案的长期运行效果进行系统评估，确保应急预案始终与组织需求和风险环境相适应。

2. 专项检查

专项检查一般针对特定的应急风险或管理问题开展。例如，在台风季节对防汛预案进行专项检查，或者针对发现的问题展开针对性监督。

3. 随机抽查

随机抽查是一种灵活性较高的监督方式，旨在突击检查应急预案的执行情况和应急准备状态。这种方式能够更真实地反映应急预案在日常管理中的落实情况。

4. 第三方评估

为了增强监督的客观性和专业性，可以邀请独立的第三方机构或专家对应急预案进行评估。这种方式能够提供更为中立的检查结果，并提出科学的改进建议。

（四）监督与检查的实施过程

1. 制订监督计划

在开展监督工作之前，需要制订详细的监督计划，包括监督的目标、内容、方式、时间安排和参与人员等。计划的制订应重点考虑组织的实际情况和风险特点。

2. 组织实施监督

在监督过程中，应按照计划对应急预案及其执行情况进行全面检查。监督人员需与相关部门和人员进行充分沟通，收集必要的数据和资料，并对发现的问题做记录。

3. 整理监督结果

监督结束后，应将检查结果整理成报告，包括发现的问题、改进建议和责任分工。报告应做到内容清晰、证据充分，为后续整改提供明确指引。

（五）监督与检查结果的应用

1. 问题整改与落实

针对监督中发现的问题，应制订整改计划，明确整改目标、措施、责任人和时间节点。对整改过程须进行跟踪监督，确保问题得到有效解决。

2. 应急预案的修订与优化

如果监督结果表明应急预案存在系统性问题或重大不足，应组织相关部门对应急预案进行修订。修订后的应急预案需再次经过审批、备案和发布程序，确保其符合最新要求。

3. 经验总结与推广

在监督与检查中，除了发现问题以外，还可以总结出一些好的经验和做法。这些经验和做法可以在组织内部推广，提升整体应急管理水平。

4. 信息反馈与闭环管理

监督与检查的结果应及时反馈给相关部门和人员，形成信息闭环。这不仅能够促进具体问题的解决，还可以推动应急管理工作的持续改进。

（六）监督与检查的持续改进

监督与检查并非一次性的工作，而是应急预案管理的动态过程。通过建立常态化的监督机制，可以在风险环境、政策要求和组织需求发生变化时，及时调整应急预案和管理策略，从而不断完善应急预案体系，提升应急管理的整体水平。

课后练习题

一、选择题

1. （多选）《突发公共事件应急预案框架指南》中详细规定了应急预案的基本内容，涵盖以下 8 个部分：总则、组织指挥体系及职责、（　　）、应急响应、（　　）、保障措施、附则和附录。

A. 领导小组　　B. 预警和预防机制

C. 后期处置　　D. 应急装备保障

2. （多选）风险分析是应急预案编制的基础。风险分析结果不仅有助于确定应急工作重点，提供划分应急预案编制优先级别的依据，也为应急准备和应急响应提供必要的信息和资料。风险分析包括（　　）。

A. 危险识别　　B. 脆弱性分析

C. 风险评价　　D. 风险评估

二、简答题

1. 应急预案的编制准备工作主要包含哪些方面?
2. 应急预案的编制过程涉及哪些关键步骤?
3. 什么是脆弱性分析?

项目三

应急预案演练

项目概述

应急预案演练是应急管理体系建设的关键环节，旨在通过模拟突发事件场景，检验预案的可行性、提升应急队伍的协同能力，并优化应急处置流程。本项目围绕应急预案演练的组织、实施与评估展开，涵盖演练类型选择、方案设计、角色分工、现场指挥、效果评估等内容。通过理论学习与实操训练，学生将掌握规范化演练流程，提高突发事件应对能力，为实际工作中的应急响应奠定基础。

学习目标

1. 知识目标

理解应急预案演练的目的、原则及分类；

掌握应急预案演练的基本流程，包括策划、准备、实施、评估与改进；

熟悉演练方案的核心要素。

2. 技能目标

能够根据实际需求设计演练方案，合理设置演练场景与目标；

具备组织协调能力，完成演练角色分配、物资调配及现场指挥工作。

3. 素质目标

强化团队协作意识，培养跨部门应急联动能力；

树立风险防范与责任意识，提升应急处置的严谨性；

增强心理素质，在模拟高压环境中保持冷静决策。

项目导入

桑枣中学的“生命奇迹”

2008 年 5 月 12 日 14 时 28 分，四川汶川发生 8.0 级特大地震。距离震中仅 50 千米的绵阳市安县桑枣中学，教学楼剧烈摇晃、墙体开裂，但全校 2200 余名师生却在 1 分 36 秒内全部安全撤离至操场，创造了“零伤亡”的生命奇迹。这一现象被媒体称为“桑枣中学现象”，其背后是该校坚持 8 年的应急预案演练体系与责任意识的深度结合。

地震发生时，正在上课的师生们没有慌乱。一楼班级率先冲出教室，二楼及以上班级按照日常演练路线，沿左右两个楼梯分列撤离。每个楼梯转角均有教师值守引导，学生用书本护头、弯腰疾行。到达操场后，班主任立即清点人数，各年级组长汇总上报校长叶志平。整个撤离过程比日常演练的最快纪录仅慢 4 秒，而此时的操场围墙已轰然倒塌。

事后采访得知，校长叶志平顶住压力，历时 3 年加固危楼，40 万元维修经费全部用于建筑结构的安全改造，并且自 2000 年起，桑枣中学每月组织 1 次疏散演练，每学期都开展综合应急演练，甚至将逃生路线细化到每个班级的固定位置。桑枣中学通过持续演练将“生命高于一切”的价值观内化为师生自觉行动，用 8 年的坚持打破“形式主义演练”的窠臼，印证“居安思危，思则有备”的传统文化智慧。

“刀在石上磨，兵在险中练。”桑枣中学的成功实践揭示：应急预案演练的“脚本”只有融入“人民至上”的价值追求和“严慎细实”的作风，才能在关键时刻转化为护佑生命的“金钟罩”。本项目将深入解析预案演练的全过程，让纸面预案真正成为抵御风险的铜墙铁壁。

任务一　应急演练基础知识

一、应急演练概念与意义

（一）应急演练概念

应急演练是指在预先设定、虚拟构建的事件（事故）条件或背景之下展开的活动。在此过程中，应急指挥体系涵盖的各个组成部门、单位及不同群体的人员，均须依据假设的特定情形，切实执行当突发事件真正发生时各自所肩负的职责与任务，这一过程犹如一场严谨的排练活动。

应急演练实质上是一种模拟突发事件发生时的应对演习。其核心目的在于，通过尽可能逼真地模拟真实事件的发生场景及后续的应急处置过程，让参与其中的人员能够身临其境地感受和体验，从而有效提高参与者的应急意识，使其在面对真实的突发事件时能够迅速反应；同时，显著提升参与者的应对能力，确保他们能够有条不紊地采取正确措施，高效应对各类复杂的突发状况。

（二）应急演练意义

1. 增强应对突发事件的风险意识

社会公众对突发事件的风险意识可以通过应急演练得到增强。应急演练就是演练者通过模拟突发事件，能够从直观认知层面及感性意识层面，真实、深刻地感受突发事件的全过程，通过亲身的体验，可以加深其对突发事件风险源的认识，增强警醒意识。

在应急演练过程中会产生应急演练的正面成效。由于参加了演练，民众提升了应急意识，会自觉地参与到应急知识的学习活动中。在这个过程中，民众不仅能够学习到大量的应急知识，而且能够切实学会相应的应急处置办法。具备了这些知识、办法之后，在危险或危机降临之际，便会大大提升民众的自救互救能力，最大限度地保护民众的生命和财产安全，以及保障社会的安定。

2. 检验应急预案效果和可操作性

应急演练是检验应急预案效果的重要方法和不可缺少的环节，是应急机制的重要组成部分。应急演练中模拟各种可能发生事件，可以将应急预案运行中潜在的问题准确、全面地展现出来，如应急预案的流畅性和实用性、救援力量的协调性和合理性等，可以直观地暴露出应急预案中的不足。

另外，演练可以考查应急预案是否对不同种类的突发事件具备适应性和应变能力。应急预案需覆盖自然灾害、事故灾难、公共卫生事件及社会安全事件等不同类别的突发事件，通过演练能够对应急预案应对不同类别突发事件时的及时性、有效性，以及反应能力、调度能力、保障生命财产能力等做出准确判断。

应急演练中发现的问题和验证的结果可以有针对性地帮助应急预案找到需要进一步完善和修订的具体环节，无论是需要完善的细节流程还是需要调整的重要措施，都能通过应急演练中发现的问题清晰地找到。在演练的基础上有针对性地完善应急预案，对于提升应急预案的可行性，保障应急预案能真正被使用起到积极作用。

3. 增强突发事件应急反应能力

开展应急演练，通过演练获得真实感，增强各级领导应对突发事件的分析判断能力、决策指挥能力和组织协调能力；使应急管理人员、应急处置人员熟悉突发事件场景，提高应急操作熟练水平；增强相关部门与应急组织之间的沟通联系和协调合作；使公众面对突发事件不恐惧、不慌乱，更有效地配合政府及有关部门做好处置工作，进一步提高社会的应急处置能力。

应急演练有利于应急物资的合理配置和应急状态下的人力、物力等的及时调配；提升社会安全管理水平和风险防控能力，保障持续稳定的长期发展；也是企业承担社会责任、提高企业社会形象与美誉度的一种渠道和方式。

二、应急演练目的及原则

（一）应急演练目的

应急演练作为应急管理工作的重要组成部分，其目的不仅在于检验和提升应急预案的有效性，更在于全面增强应急管理体系的应对能力。具体而言，应急演练的目的可细化为以下几个方面：

1. 检验应急预案的实用性和针对性

应急演练模拟突发事件场景和应急响应全过程，深层次、全方面检测应急预案的科学性、合理性、可行性。应急演练直观展示了应急预案在实际操作过程中能够达到的效果，把应急预案中存在的不足、缺陷充分展现出来，如应急流程存在不顺畅，部门之间、各人员职责划分不清，资源调配存在不妥当等问题，这些都是可用于改进和完善应急预案的珍贵信息。具有针对性的修正会提高应急预案在实际使用过程中的实用性、有效性，以确保在发生突发情况时，应急预案能够迅速、有序、有效地开展。

2. 完善应急准备工作

应急演练可以有效推动相关单位和人员全面了解应急过程，明确自己需要承担的责任和义务，熟练掌握相关应急工作技能。通过持续开展应急演练，能够有效加深相关人员对应急预案的认知和记忆程度，进而显著提升相关人员应急工作的熟练程度和准确程度。同时，应急演练可以有效推动相关应急资源的合理储备和有效整合。通过应急演练能够明确在各种紧急状态下所需调动的各种相关资源，及时做出相应的资源储备工作，以便在真正遇到紧急状态时，能够快速、准确地进行相关资源调配工作，给后期的应急响应提供全方位的可靠保障。

3. 磨合应急响应机制

应急演练提供了各部门、各单位联合作战的重要平台。通过应急演练能够增强各部门之间的沟通与协调，明确各部门在应急响应工作中应发挥的作用与任务，加强应急响应的协调一致性。通过应急演练能够固化配合的默契度，一旦发生突发事件，各有关部门就能够很快形成合力，克服各自为政的缺点，将可能出现的因沟通不及时、配合不顺畅造成的损失和伤害降到最低。

4. 提高公众应急意识与自救互救能力

应急演练过程也是进行应急知识宣传和普及的最佳契机。可以有组织地安排民众现场观摩演练或鼓励民众直接参与到演练过程中，切实提高其对应急状况的认知及紧急状态下自救互救能力。当突发事件发生时，具备较强的应急意识和自救互救能力的民众能及时采取正确的应急处置措施，能在一定程度上有效降低灾害带来的危害和影响，减少人员伤亡和财产损失发生的可能性。

5. 锻炼应急队伍

应急演练是应急队伍提升能力素质的行之有效的方法。在应急演练过程中，可以还原一些突发事件的真实场景和压力，并通过突发事件的模拟提高应急队伍处理突发事件第一时间的反应能力、协同合作能力及实际操作能力。应急队伍通过多次的不断演练能够更加充分地对各种突发事件及其发生的情况有不同的了解，对不同事件的处理办法掌握得更清晰，使应急队伍的能力和水平得到大幅度提高，能够在真正遇到突发事件后更快、更准确、更高效地开展应急响应活动，有效避免民众生命及财产安全受到伤害，有效维护社会和谐和安定。

（二）应急演练原则

应急演练原则在于确保演练活动高效、安全、节约且贴近实际，从而提高应急响应能力。这些原则共同作用，推动应急演练能够科学、规范地开展，有效提升应对突发事件的能力和效率。为切实保障应急演练有条不紊地推进，并达成预期的成效，在演练过程中务必遵循以下基本原则：

1. 安全第一原则

每次应急演练的整个过程中均应把参演人员的生命安全放在第一位，做到演练过程零安全事故、零意外。在演练准备过程中须进行安全评估和风险分析工作，相关专业技术人员应结合演练场景模拟、参演人员情况、演练场景现场条件，以及演练场景可能用到的设备设施等，全面地分析可能出现的安全风险，并对可能出现的后果进行分析。根据综合的评估结论制定全面有效、必要的安全措施和应急预案。

安全措施范围包括演练场地搭建的要求、设施的检查和维护、人员个体防护装备的配备、医疗救护人员的调配、应急救援器材及事故处置工具的使用等；应急预案应包括不同类型的安全事故、突发事件应急响应流程、人员职责、应急救援器材的配备、应急资源的需求等。

此外，在开展实战演练过程中，对参演人员进行必要的安全教育培训，以安全知识讲解会、安全知识操作观摩、安全事故紧急预案演练等形式强化参演人员安全意识及提升自我保护能力，使参演人员认识到演习过程中存在的各种安全隐患及采取的安全防范措施和应对处理技巧，为有效开展演练活动奠定坚实基础。

2. 实事求是原则

应急演练一定要坚持贴近实战，坚决反对夸大演练。按照当地、本单位实际的风险情况和自身的应急资源情况，科学、合理地设定演练的场景和工作程序。这就需要对当地的地形、气候、人口、行业，历史上发生的各种类型突发事件、发生的大小次数等状况进行调查研究，准确确定本单位现有人员、物资、技术等方面的应急资源底数，以及在突发事件发生时的应急处置能力和水平高低，进而形成与实际情况相符程度高的演练场景，如事件类型、发生地点、发生规模、发生程度、态势发展等，并设计适宜和匹配的应急工作程序、流程，保证演练场景和工作流程的真实性和可行性。

在应急演练过程中，要真实地展现应急响应的实际情况，杜绝一切造假或者虚报现象。应急演练人员要按照演练规定的实际情况和流程进行操作及应对，真实地呈现应急响应过程中各环节的工作情况、遭遇的问题、采取的应对措施等。演练活动组织者和监督人员要把握好应急演练过程，确保演练活动能够真实、客观地反映出实际应急状态，为演练活动的总结评估等工作提供基础数据支撑。

3. 适度挑战原则

在应急演练中，可设置一定的障碍与挑战项目，综合考核应急人员的应对水平。挑战项目的设置不能毫无目的，而应基于对应急队伍整体能力水平的客观判断和对实际突发事件可能发生情况的综合预判，如对演练场景的设置，可加入一些意外情况，如救援设备出现故障、次生灾害意外发生、信息交流失真等，挑战应急人员的快速反应能力、处理问题能力、协作配合能力。

但是，挑战项目的制定要适可而止，应考虑应急队伍的承受能力，不能由于挑战难度过大导致人员或财产遭受伤害或损失。过大的挑战会让应急人员在演练过程中遭遇过高的风险，造成人员伤亡或设施破坏等不良后果，也会打击应急人员的信心及积极性。因此，挑战项目的制定要掌握好难易度及可行性，要在可控的范围内开展。通过挑战，激发应急人员的潜能，在压力环境下锻炼应急人员自身的应对能力和实战水平，以更好地应对真实发生的事件。

4. 规范操作原则

应急演练要坚持有关规程、制度规定，从而确保应急演练的科学合理性。相关的规程、制度规定都是经过一系列演练积累的丰富实践经验，以及对科学理论进行分析与学习总结的成果，是确保应急演练工作顺利进行，取得预期效果的重要保障。

参演人员必须依照应急预案中既定的要求操作、处置，不可随意改变原有的流程和标准。应急预案对各种类型突发事件发生时，各阶段的应急反应流程、操作方法、责任划分和质量标准等都作了详细的规定，参演人员应熟悉和掌握以上内容并严格依照执行。此外，在演练过程中要做好对参演人员的监督指导工作，配备专业的监督检查人员和技术指导人员，对参演人员的操作行为进行监督观察，及时发现和纠正参演人员的不规范操作行为。对于参演人员出现的操作问题，应给予及时准确的指导，使其严格按照规范要求操作和处置，以使演练活动严格按照应急预案的标准、流程有序地进行，以切实保证演练质量。

5. 持续改进原则

演练完成后应及时对演练过程进行总结评估，将演练策划、组织实施、应急响应过程、参演人员作用、资源保障、演练效果等环节纳入总结评估范围，充分征询参演人员的意见，通过总结评估演练过程中的实际状况、分析演练相关数据信息，对演练过程进行全面梳理。

总结评估结果中的问题与不足，需有针对性地分析其成因并形成具体的整改方案。该方案需具有明确的针对性和可操作性，可直接指导后期的应急管理，同时结合评估结论做好应急预案修订完善工作。应急预案是应急管理工作的指导性文件，必须随着实际工作情况变化与演练工作中存在的问题不断进行完善。通过应急预案修订实现与时俱进，使应急预案更贴合实际，提高其实用性与适用性。

另外，加大应急队伍培训教育。结合演练发现应急队伍存在知识能力、意识水平等方面的不足，对其开展针对性的应急队伍培训教育。培训内容包括应急理论知识更新、应急操作能力提升、团队协作配合、应急意识培养等方面，通过持续不间断的培训教育，提高应急队伍的应急素质与本领。

三、应急演练类型与作用

（一）应急演练类型

从应急演练目的、演练规模、演练形式、演练内容等方面对应急演练进行分类，可细分为不同的类型。其中，既有单项演练与综合演练，又有桌面演练与实战演练，还存在跨单位和跨部门协作的联合演练等多种演练类型。丰富的演练类型有助于实现不同场景下不同需求的应急准备工作。

1. 单项演练

单项演练是指为应急预案中某一项具体环节或具体功能实施的演练。例如，通信联络演练，目的是检验应急预案中信息传递的及时、准确性问题。在实战演练中设想出现各种可能发生的情况，检验信息自上而下或自下而上的传递是否顺畅，相关人员是否能及时、准确地得到信息。现场救援演练侧重检验应急救援队伍在突然发生事故或遇到危险时的快速反应能力及处置能力。通过对各类复杂事故的现场，如火灾、交通等事故现场进行模拟，要求救援人员在要求时限内抵达现场后，能井然有序地开展救护工作，增强救援人员面对紧急情况时的实战能力。

单项演练的价值体现在，对某一项具体的应急功能在操作中进行细致、深入的检验，从而有针对性地提升相关应急人员在该方面的应急能力。

2. 综合演练

与单项演练存在显著区别，综合演练所涉及的范畴更为广泛，它是对应急预案中多个环节及多种功能进行的综合性检验活动。

常态下的应急演练一般会模拟一次完整的突发事件应急响应过程，以预警信息发布为初始节点，能使演练涵盖从风险监测、预警发布到应急响应的全过程。以应急响应启动为初始节点，重点聚焦在应急响应后的处置行动，可集中检验各应急救援力量的快速反应、协同作战和应急处置能力，到现场处置工作全面展开并逐渐终止，再到后期恢复工作的逐步展开为止，演练贯穿全过程中的各个环节。通过全过程、系统化的演练，对应急预案在实际运用中的可行性和协调性进行充分检验。在演练过程中，有关部门应按照应急预案中规定的职责和程序密切协作，共同应对模拟的突发事件，最终提高整体应急响应能力，并使各部门在发生突发事件后能够紧密协作、协调配合，将突发事件带来的危害降至最低程度。

3. 桌面演练

桌面演练是一种主要利用地图、沙盘、流程图、计算机模拟和视频会议等辅助手段，针对设定演练情景下的应急决策与行动进行讨论或推演的演练活动。

该演练方法是对各种模拟情景通过讨论形式开展演练，参与演练的人不在突发事件发生的现场，而是分析讨论应急决策所做出的应对办法。其中，地图及沙盘能够很好地体现突发事件发生的地理环境的空间关系，可以用来提供分析的场地依据；流程图能清晰地描绘应急流程和各环节，保证讨论依据的条理性；计算机仿真模拟与视频会议能够在更大程度上模拟复杂场景，实现实时沟通，增加演练的可交互性。此外，该演练成本低，实施高效，更适合检验应急预案逻辑层面的合理性和运作层面的可行性。通过参加桌面演练，能够增加应急管理人员对应急预案的熟悉程度，提升应对突发事件的决策水平。

4. 实战演练

实战演练是在真实或者模拟真实的场景当中进行的、具有实战化性质的检验活动。它包含了消防演练、地震演练、反恐演练等多种不同类型的演练。

例如消防演练，在真实（或近似真实）火情的环境中测试消防力量的灭火作战技能、应急疏散技能，以及消防力量与其他相关力量的联合作战能力。又如地震演习，将地震发生过程中可能遇到的情形代入，测试参演人员（包括居民、企事业单位职工等）的应急避险能力与救援力量的震后救援能力。再如反恐演练，通常会在模拟环境中演练公安、武警等反恐力量的迅速反应能力、现场处置能力和联合作战能力。

在实战演练中，可以让应急队伍在较为真实的场景下训练应急反应速度、应变能力及应急实战能力，更好地为不同情况下发生的应急事件提供充足有效的准备。

5. 联合演练

联合演练指的是由两个或者两个以上单位共同开展的演练。联合演练活动通常会涉及两个或者两个以上部门之间，以及两个或者两个以上单位之间的密切配合。一般这类联合演练活动主要是为了切实加强各部门之间的交流和协调能力。

联训演习法是在演练过程中，参演部门根据预定方案进行的按工作职责密切配合、模拟处置突发事件的联勤演练方法。通过联训演习，综合检查各种专业力量在应急响应中的配合协调及协同作战能力。例如，涉及跨区域自然灾害、重大事故时，不同区域、不同政府部门、政府与救援机构之间、相关企业之间都需要快速形成沟通机制，紧密配合开展相应的救援与恢复工作等，联训演习可以为处置此类跨区域、跨行业的突发事件提供支持与保障。

（二）应急演练作用

应急演练是应急管理的一项重要内容，是检验应急预案实用性和有效性的重要途径，是强化应急人员实战能力，提升公众应急意识与自救互救能力，推进应急管理体系建设和优化，加强应急救援部门沟通协调的重要手段。

应急演练是对应急预案合理性、可实施性和科学性的实际检验。演练中存在的问题、缺陷，为应急预案的修改和完善提供了宝贵的依据，同时可检验应急预案在不同情形及条件下的实用性和灵活性，为应急预案在真实事件发生时的合理和有效应用创造条件。

应急演练是训练应急队伍反应能力、协同配合能力、实战能力的重要方法，是将真实或者与真实情况相似的应急场景复现的演练过程。通过应急演练中对应急流程的熟悉、应急技能的掌握、应对突发事件能力提升的训练，可以让应急队伍在实战中迅速、有效地应对，减轻人员、财产损失。

应急演练既是训练应急人员技能的重要方式，同时也是应急知识宣传、提升公众应急意识的一项重要举措。通过面向社会公众或特定群体举办演练活动，向公众展示应急管理的重要性，告知灾害发生时正确处理方式和注意事项，教会其如何冷静思考和自救、互救，提高公众应急素质和自救能力，降低灾害损失。

通过应急演练找出应急管理体系中存在的问题和不足，促使有关部门和单位有针对性地进一步改进和优化应急管理措施。

应急演练环节涉及的相关部门、单位较多，可借助演练实现各部门的沟通、交流，提高部门协同应急的能力和水平，强化沟通与交流的结果是资源共享；借助应急演练实现各部门信息互通、优势互补，有效应对跨区域、跨行业的突发事件。

四、应急演练发展历程

应急演练是应急管理工作体系的一个组成部分，是应急管理体系建设不可或缺的重要内容，在应急管理框架体系中占据十分重要的地位。应急演练工作的发展不是独立的过程，而是与应急管理理论实践的不断发展息息相关、相辅相成。

随着社会的发展，应急管理理论日臻成熟，应急演练也日趋完善。早期应急管理理论处于初级阶段，应急管理只限于防灾、抗灾或事件处理方面，相对应的演练也处于初级阶段，规模小，针对性也不够强，多是针对一灾或一害的最基本的应急方案。

应急管理理论的发展是随着时代的发展和科学技术的进步，逐步进入新的多元化、系统化的深化时期。人们意识到单一灾害应对式应急管理理论已经不能很好地应对日益复杂多变的安全形势，因此在这一时期应急管理理论也逐步打开了思维，从单一灾害应急管理到综合型应急管理，即预防、准备、响应、恢复全过程管理。

随着全球化的趋势加强与跨国性灾害的日益增加，国际上进行应急合作和演练也成为新的趋势，各国加强应急管理领域的沟通交流，进行跨国界的应急合作演练，以应对可能发生的跨国性灾害及突发事件。

（一）萌芽阶段

应急演练起源于远古时期人类社会的灾难应急活动。远古时期，人们的生产力水平低，当发生洪水、地震等自然灾害或者爆发战争等突发事件时，人们的生命和财产安全受到巨大威胁，在寻求对这些突发事件进行有效防范和应变过程中，人们开始进行简单的演练活动。例如，当洪水即将来临时，组织人们有序撤离到高处避险；在战争时期，组织物资运输及调配演练以备战。但是，由于远古时期人们对突发事件的认知水平有限及技术条件的限制，演练活动存在较大局限性。例如，演练活动分散开展，缺少计划性、缺少统一组织体系、缺少规范化的要求；演练的经验多通过人们世代口耳相传，以及人们面对灾害事件的实践经验总结与积累得出，缺少科学理论和标准化方法的指导。

（二）初步形成阶段

随着人类工业化进程加速，社会结构日趋复杂，加之各种突发性事件的发生，突发事件的破坏范围和影响越来越大，甚至发生火灾爆炸等工业事故、传染病流行等公共卫生事件，给社会带来巨大灾难。世界各国开始重视应急管理，逐渐提出关于应急演练的基本概念及框架。政府、企业和事业单位均相继制定应急预案，并展开定期演练。应急演练也由此呈现规范化、体系化、科学化发展的趋势，逐渐强调演练的计划性、组织性和评价性。政府部门制订全面的演练方案，详细规定演练目标、内容、步骤等，企业和社会单位也在大方向要求下组织演练。然而，当时人们对应急管理及应急事件的思考和认识还停留在初级阶段，对演练内容和方法的提出及应用相对单一，仅仅是对应急事件的大方向进行演练，并未体现针对性、实效性等演练实施特点。

（三）快速发展阶段

20 世纪中后期，随着科学持续进步，应急理论不断发展，为应急演练发展营造了良好的外部环境。世界各国政府加大对应急工作的投入，应急预案体系逐步建立，应急演练经常且大规模实施，并呈现出模拟演练应急类型的多样性、演练实施层级与领域多元化、模拟演练情境复杂化的发展态势。20 世纪 90 年代以来，应急演练的实施增加了情景构建、角色扮演、实战演习等，使其变得更接近实际、更真实。我国“全灾种、大应急”的实战要求是在 2018 年应急管理部组建后提出的。[①] 这一理念是由应急管理部在实战中逐步推进的，旨在实现从单一灾种应急救援向全灾种应急救援转变，从区域性作战向跨区域、跨国应急救援转变，从灾后救援向防范救援救灾全过程参与转变。表明人们开始认识和体会到应急演练能够增强突发事件应急的准备状态，了解应急预案体系的适用性，以及提高对突发事件应急响应的速度和能力。

---

① 付瑞平，黄雄，王成，等. 强化应急演练 提升应急处置能力[J]. 中国应急管理，2023(2)：70－75.

（四）成熟完善阶段

进入 21 世纪，世界经济全球化迅速发展，国家之间的关系不断增强，突发事件的频次及影响扩大，各个国家加强了应急管理体系的建立，将应急演练作为应急管理提升的主要手段。无论是政府还是企业或者社会团体，都会定期开展应急演练活动，并对应急演练进行相应的评估总结，完善应急计划、改进演练计划。同时，随着网络信息技术的迅速发展，应急演练的方法及形式也有了进一步的革新和改造。例如，运用虚拟现实（VR）与增强现实（AR）技术开展应急演练，可以将所有参与者直接带入演练所模拟的真实环境，加深对应急演练的认识。再如，采用云计算技术与大数据技术使得应急演练的相关数据在演练过程中可以实现收集与共享，有效促进应急管理的优化与发展。此外，世界各国通过合作交流的方式分享应急演练的经验与成果，推动应急演练事业的进步与发展。

（五）未来发展展望

随着科学技术及新兴产业不断产生，不断涌现新的应急演练任务、新的应急演练需求、新的应急演练形式和新的应急演练技术，未来应急演练将日益注重和强调科学化、实战化、创新性。一是进一步加强应急管理理论的研究和探索，深入研究突发事件的发生规律、特点和相关因素，为应急演练研究提供更为科学的参考和支持，如应急管理的流程和策略研究。二是不断充实和丰富应急演练的题材和方法，针对不同的事件起因和事件种类等，设计不同场景、不同时期、不同类别、不同对象的具体应急演练方案，进一步强化应急演练的针对性和实效性。三是运用和推广大数据、人工智能等新技术手段，实现演练的智能化、科学化，如运用人工智能技术自动实现应急演练过程的监控，自动实现对应急演练过程的评估和改进建议等；①利用大数据分析技术预测和预警突发事件的发展方向、趋势和可能导致的损失面积及各种损失等，更加科学地指导应急决策等。

五、应急演练相关法律法规及标准

应急演练作为提升应急管理能力的重要手段，其组织和实施必须严格遵循国家相关法律法规及标准，以确保演练的合法性、规范性和有效性。

① 蔡劲松，刘建新．绿色发展视域下城市文化治理的策略与路径[J]．城市发展研究，2021，28(4)：6－9.

（一）法律法规

1.《中华人民共和国安全生产法》

本法明确生产经营单位有建立生产安全事故隐患排查治理制度的法定义务。[①] 在生产经营单位具体操作和实施中，企业要从生产经营过程本身的技术手段和管理等诸多层面出发，对各种事故隐患予以及时发现和有效排除。同时，生产经营单位还要结合自身的实际情况编制生产安全事故应急救援预案，并适时针对相关预案组织演练。这样的规定不仅界定了生产经营单位应急演练工作的法定义务，明确了生产经营单位的主体责任，更提升了应急演练工作在安全生产管理工作中的地位。

2.《中华人民共和国消防法》

消防法规定，各机关团体、企事业单位都应该按照国家要求根据单位实际制定灭火和应急疏散方案，并经常性组织预案演练[②]。其宗旨就是通过组织有序的演练活动，真正增强单位内部人员的消防安全意识，并熟练掌握单位发生火灾时的疏散和应急方法。使火灾发生时人们可以真正有序迅速地逃生，最大限度地减少人员伤亡及财产损失，保障单位和人们的生命财产安全。

3.《生产安全事故应急条例》

此条例充分细化了生产安全事故应急救援预案的制定、演练、评价、修订等方面的有关规定，明确提出生产经营单位应当按照自身实际制定符合规定要求的生产安全事故应急预案，并定期进行演练活动，同时对演练效果作出全面评价与评估。[③] 上述规定能够帮助生产经营单位及时发现应急预案中存在的问题与不足，不断对应急预案具体内容作出优化调整，真正提高生产经营单位遭遇生产安全事故时的应急能力，更好地防范各类突发生产安全事故。

4.《机关、团体、企业、事业单位消防安全管理规定》

该规定对单位消防安全管理工作的具体工作提出细化要求，明确要求消防安全重点单位每半年至少组织开展一次灭火和应急疏散预案演练，其他单位至少每年开展一次。[④] 同时，要求演练活动应紧密结合单位实际情况，切忌形式主义，保证演练活动内容的针对性强，真正起到作用，增强单位消防安全方面的应急处置能力。

---

① 中华人民共和国安全生产法律法规全书：含全部规章及立法解释[M]. 北京：中国法制出版社，2021.

② 中华人民共和国消防法[J]. 水上消防，2019(4)：28－36.

③ 生产安全事故应急条例[N]. 人民日报，2019－04－16(10).

④ 机关、团体、企业、事业单位消防安全管理规定[J]. 安全与健康，2002(11)：16－17.

（二）标准规范

1.《中华人民共和国国家标准社会单位灭火和应急疏散预案编制及实施导则》（GB/T38315—2019）

本导则为社会单位制订和实施灭火和应急疏散预案提供全过程系统性指导，明确了预案编制的过程、内容、要求，演练的组织与实施等各项内容，能够使社会单位更好地、科学地、规范地组织开展应急演练工作，切实为社会单位对火灾等事故的应急处置能力的提高提供有力的支持与保障。①

2.《中华人民共和国安全生产行业标准生产安全事故应急演练基本规范》（AQ/T 9007—2019）

该规范对于生产安全事故应急演练工作提出了一般要求，规范了演练程序，包括演练准备、演练实施、评估总结等所有环节，为应急演练组织工作明确了全过程要求。② 生产经营单位按照该规范要求开展应急演练工作，可以保证应急演练工作的科学、规范、有效开展，能有效提高生产安全事故应急处置实战能力。

3. 其他相关标准规范

除了上文提到的专为应急演练编制的相关标准规范以外，在我国还有一些应急管理标准规范涉及应急演练内容，如《应急管理体系要求》（GB/T29639—2020）等标准规范，均从应急预案编制、演练等方面对应急演练做了具体规范和建设性指引。这些标准规范互为补充、互相配合，成为我国应急管理体系的重要组成部分，指导应急演练工作在全国范围内有序展开，有效推进我国应急管理工作实现科学化、规范化、有效化发展。

（三）综合要求

1. 演练频次

根据单位的性质和相应的风险等级不同、单位实际的运行情况、相关的法律法规和标准规范，对演练的频率有明确和具体的规定。例如，消防安全重点单位因为特殊的安全责任和相对更大的安全风险，要保证消防应急演练每半年至少一次，提高单位应对火灾等安全突发事件的应对能力。其他单位即使安全风险相对较小，也要保证单位内应急演练每年至少一次，以应对可能发生的安全突发状况，具备基本

---

① 全国消防标准化技术委员会．社会单位灭火和应急疏散预案编制及实施导则（GB/T 38315—2019）［S/OL］．（2019－12－10）［2025－02－21］．https://openstd.samr.gov.cn/bzgk/gb/newGbinfo? hcno＝4825B73CC6C1E76A97A43CD1BC1C753F&refer＝outter.

② 马建新，王伟，赵松鹏．生产安全事故应急预案编制和演练中常见问题辨析［J］．中国水能及电气化，2022（12）：64－67.

的应急能力。另外，高危领域和高危险行业的单位，因其工作环境复杂和相对危险，为了确保做好充分有效的应急准备工作，每年演练频率要求会高一些，以应对最坏状况的发生，并保证能够及时有效地进行应急处置，减少损失等。

2. 演练内容

演练内容包括应急预案涵盖的各项行动、流程和组织结构，从应急预案启动后的流程、应急救援步骤到各应急救援小组的人员任务及相互协作，都必须全部列入演练之中，使演练内容具有完整性、系统性。另外，演练还要结合本单位的生产运营特点和可能发生事故的风险点，设计符合实际情况的演练情境和场景，如化工类的化学品泄漏爆炸模拟演练、商场类的火情及人员踩踏等模拟演练等。检验应急预案对于实际状况的适用性、有效性，保证应急预案能指导应急工作有效开展。

3. 演练评估

在演练结束后，还需要对演练过程进行彻底、细致的评价。针对演练结果进行回放，充分总结、查缺补漏，以便为修改和完善应急预案、促进应急管理工作提供依据。演练评估结果至少涉及几个方面：一是是否实现预定的演练目标，也就是评估应急演练是否能按照制订的计划完成相应的演练指标；二是评估应急预案的可操作性，对于在演练过程中发现的一些不能适用和可操作性不强的指标进行评判，对应急预案内容进行补充和修正；三是评估突发事件发生时，救援队伍的快速反应能力，从发现异常到实施应急措施之间的时间应符合相关时限的规定；四是救援人员与队伍间的协作水平。评价人员应该从多方面了解突发事故的性质，只有综合性评价的结论才能让应急预案不断完善。

4. 记录与存档

与演练过程相关的记录工作也应该认真做好。记录应符合准确性、全面性的要求，演练时间应具体记录到某年某月某日某时，演练地点应记录演练活动实际发生的地点，演练人员应记录参加演练人员的信息及所在部门，演练内容应记录演练过程中具体实施的环节和步骤，评估结果应记录演练过程中和演练结束后对相关事项作出真实评估的结论性材料等。做好此类记录对于后续有效分析演练过程、总结经验和教训都有至关重要的意义；同时应该对演练记录资料进行规整存档，便于日后查找和查阅，为应急管理工作提供数据参考和资料借鉴。

5. 持续改进

应急演练是在每一次应急演练活动分析的基础上，不断地得到优化和提升的动态过程。在每一次应急演练活动事后分析中都能较为清楚地看到应急预案的漏洞，或应急管理体系存在的问题，如在某些情景下应急预案的流程不明确、分工不清晰，或应急管理的资源不匹配、信息交流不畅等问题。要及时根据这些情况优化应急预案，修正应急管理体系，依据应急演练报告有针对性地改进应急培训，更新应急设备，优化应急流程和方法。

应急演练工作应严格按照国家有关法律法规和标准规范进行，确保演练工作具有合法性、规范性和有效性。开展必要的应急演练，能够验证应急预案在实际运用中的可操作性，及时发现问题，修改预案；同时能有效提高应急响应速度，在应急事件发生时能及时组织救援，抓住黄金救援时间；加强有关部门的应急协同运作，提高应急救援组织的作战效能；通过演练过程中相关资源的配用和消耗情况，检查、评估应急资源的准备情况，及时发现准备的不足或资源上的浪费，及时进行调整；通过对公众的演练活动，提高公众在面对突发状况时的应对能力。

任务二 应急演练过程

一、应急演练策划准备

应急演练的策划准备包括演练计划制订、演练机构组建、演练人员培训、演练设备筹备、演练宣贯、演练安全等相关保障。应急演练策划准备得好坏会影响整个应急演练活动的质量，包括能否提升演练效果，能否检验应急预案的可操作性、有效性，能否完善应急响应、协作应急能力，能否为响应实际突发事件积累宝贵经验。①

（一）制订应急演练计划

在制订应急演练计划时，须详尽规划演练的各个环节，以确保演练活动的有序开展和预期目标的顺利实现。

1. 确定应急演练目标

应急演练目标应具体、明确且符合应急预案目标。例如，应急演练目标既可以是验证应急预案的可操作性、检验应急响应速度、锻炼应急联动能力、加强社会公众应急意识等，也可以是验证某类突发事件情况下应急预案能否顺利启动、应急资

① 广东省安全生产科学技术研究院．应急预案编制与实战演练[M]．广州：暨南大学出版社，2021.

源调度是否迅速、应急指挥中心决策是否正确和组织协调能力是否强大等。①

应急演练目标的确定需要基于对单位实际演练内容和可能发生的相关突发事件进行风险评估，如化工企业可能考核危险化学品泄漏事故的应急处置能力，学校可能考核火灾/地震事故的人员疏散和抢救能力。

2. 明确应急演练类型

依据应急演练目的、规模和演练资源条件选择合适的演练类型。应急演练类型主要包括单项演练、综合演练、桌面演练、实战演练等。单项演练一般进行某一个应急响应环节或某个功能的演练，如通信联络、现场救援等；综合演练涉及多个应急响应环节及各部门协同作战，是一种全面验证应急预案可行性和有效性的演练方式；桌面演练是模拟讨论和做出决策的形式，适用于应急预案的初验和培训应急管理人员等；实战演练是整个应急过程的仿真演练，更接近真实事件，需要检验应急预案的实施效果，对于参与人员的应急能力与实战能力有着更高要求。

3. 界定应急演练内容

应急演练项目应根据应急预案和演练事件的类型等设置应急响应准备阶段（如接报和发布预警、启动应急响应、应急指挥中心和现场指挥部设置）、应急处置阶段（如指挥协调、现场救援与处置、应急终止、后期处置）等环节，并与应急预案中的各项措施、流程、机构（人员）相对应，尽可能全面。

应急演练内容的界定还须结合单位特点及潜在风险因素，如对高层建筑，较适合考查发生火灾时人员逃生疏散及救援能力；对地铁企业，较适合考查列车出轨、火灾等的应急救援能力。

4. 选定应急演练时间

应急演练时间安排要根据单位生产经营实际、人员安排及突发事件发生的可能时段等充分考虑。一般应选择单位生产经营平稳、人员相对集中的时间点实施演练，保障演练参与人数及效果，还应避免选择恶劣天气及高风险时期安排演练，保障应急演练安全、顺利进行。

在选定应急演练时间时，应与相关部门和人员进行充分沟通和协调，确保应急演练活动不会对单位的正常生产经营造成较大影响。

5. 确定应急演练地点

实战演练应选择与可能发生的事件相同或类似的场景作为演练地点，桌面演练

---

① 姜传胜，邓云峰，贾海江，等．突发事件应急演练的理论思辨与实践探索[J]．中国安全科学学报，2011，21(6)：153－159.

可以在会议室等地点开展，便于参与人员进行讨论决策。

考虑应急演练地点时，还要分析演练场地的环境安全及设施是否满足演练要求。例如，演练场地要有必要的安全出口、疏散通道、消防设施等，以便在应急演练过程中存在突发状况时能够快速疏散、控制局面。

6. 制订详细应急演练方案

完成了应急演练目标、演练类型、演练内容、演练时间和地点等相关内容的确定以后，必须形成演练方案。具体来看，应急演练方案应当包含演练过程、演练成员的职责、演练设备的准备及使用、演练过程中的安全保障等内容。

应急演练方案的制订不仅要顾及所有可能出现的情况及应对方法，确保演练活动的顺利推进，还要加强与相关部门和人员的沟通协调，保证演练方案的科学性和可操作性。

（二）设置应急演练机构

在应急演练的策划准备阶段，设置科学合理的演练机构是确保应急演练顺利进行的关键。应急演练机构主要包括指挥机构和执行团队两个部分，它们各自承担着不同的职责和任务，共同推动应急演练活动有序开展。

1. 指挥机构

指挥部是整个应急演练的最高决策、指挥、协调组织，指挥部人员的构成和运行对应急演练是否顺利实施有着重大影响。指挥部应由具有丰富的应急管理工作经验和过硬的组织协调能力及较强的业务水平和素养的人员组成，包括总指挥、副总指挥及现场处置、技术处置、保卫处置、法律咨询、对外宣传等工作组组长等。

（1）总指挥为整个应急演练活动的组织领导者，是演练活动的最高领导者。其要明确掌握应急演练目标，制订切实可行的演练计划与方案；在演练活动过程中把握好演练活动进程，及时进行演练活动的决策、调整和反馈，确保演练活动的顺利开展。

（2）副总指挥协助总指挥工作，负责具体工作的协调落实。其负责协助总指挥制订应急演练计划、组织演练实施并在演练活动中提供支持和保障；负责应急演练活动的各种突发情况、应急事件的处理，保障应急演练有序进行。

（3）应急演练中所涉及的各类工作任务和工作程序都是由演练参与部门安排其具有相关专业背景和工作经验的工作人员负责。在应急演练前由指挥机构设立专门的工作小组，从应急演练方案拟定、组织实施、安全保障、宣传沟通、评估总结等方面展开工作。

在指挥小组建立中，应对具体成员的任务分工、职责等加以明确，同时还需要建立良好的信息沟通与交流机制，确保应急演练过程中信息的有效传递和共享，包括定期召开会议机制、信息上报机制等。这样小组各成员间可实现定期信息沟通、联动操作，攻克应急演练进程中的各项难题。

同时，指挥部门还需要做好应急演练前的各项准备措施，如制订相关工作计划、流程规划，确定应急演练目标、相关要求，做好物资、设备等的准备工作，这样可以保证应急演练活动顺利进行。

2. 执行团队

执行团队在应急演练活动中扮演着具体实施者的关键角色，其职责在于严格依据应急演练方案的要求，切实完成各项既定任务。执行团队的组建模式及运作效能，对于应急演练活动的成功，具有重要的作用。

（1）人员构成。执行团队的人员构成应当具备多元性，应由来自不同部门及不同岗位的人员共同组成，旨在精准模拟真实事件发生时的应急响应全过程。团队中的每一位成员均应具备相应的专业知识及专业技能，从而确保其能够胜任各自所承担的具体任务。与此同时，团队成员还必须具备良好的团队协作精神及沟通能力。只有这样，他们在演练过程中才能与其他成员实现紧密配合，共同应对可能出现的各种复杂挑战。

（2）小组划分。依据应急演练的实际需求，执行团队可进一步划分为多个具有不同职能的小组，如现场救援组、后勤保障组、信息通信组、安全监督组等。针对每一个小组，都必须明确其具体的职责范围及任务分工，以此确保应急演练活动能够按照预定计划有序开展。

①现场救援组。现场救援组承担着模拟突发事件发生后现场救援的重要职责。在应急演练场景中，该组人员须迅速做出响应，对现场状况进行准确判断，并果断展开救援工作，其目标在于最大限度地降低人员伤亡数量及财产损失程度。

②后勤保障组。后勤保障组负责全面筹备应急演练所需的各类物资、设备及道具等。在整个演练过程中，他们要确保所需物资和设备始终保持充足供应状态，并能够及时、准确地到位，为应急演练活动的顺利推进提供坚实有力的资源保障。

③信息通信组。信息通信组主要负责应急演练过程中的信息收集与传递工作。为实现这一目标，他们需要构建一套行之有效的信息通信系统，确保指挥机构与执行团队之间的信息交互畅通无阻，保障信息传递的及时性与准确性。

④安全监督组。安全监督组肩负着应急演练过程中安全监督的重要使命。在演练进行期间，他们须密切关注演练过程中可能存在的各类安全风险点，及时察觉并消灭任何安全隐患，从而确保应急演练活动能够在安全的环境下顺利进行。

（3）培训与指导。在执行团队组建中，首先，应该注重团队成员的专业化，即要保证执行团队具有较高的专业素养和专业技能。其次，要注重团队成员的代表性，即确保充分反映真实情况下执行团队成员的应急响应状态。最后，还要加大执行团队的训练指导力度，即组织团队人员进行系统性的专业知识学习，组织各种模拟演练活动等，以此来培养执行团队成员的应急响应能力和团队协作意识。

（4）协同作战。应急演练过程中要求参演各个小组之间相互配合、协同工作，必须严格依照应急演练方案要求，按照各自的职责和任务，应对演练过程中出现的各种问题和困难，检验参演团队的应急处置能力及协同作业能力，为将来处理真实突发事件做好准备。

（三）培训应急演练人员

应急演练策划准备工作中的演练人员培训环节也是至关重要的：一方面，对演练人员进行培训是为了保障演练顺利进行；另一方面，培训与演练人员的应急响应能力在演练结束后是否得到提升息息相关。演练人员培训需注意细节，对每一项角色与职责进行细致讲解与教导，从而实现对应急操作的有效培训。

1. 参演人员培训

参演人员是应急演练的直接实践者，其演练效果的好坏直接影响到整个应急演练效果和应急响应的实际能力，为此对参演人员的培训须做到全面深入。

（1）组织参演人员详细学习应急处置预案，包括预案的启动、各单位的分工、具体处置方法等。通过解读和典型案例分析，让每一位参演人员知晓自己在整个应急演练中的工作任务、职责和处置过程的关键环节等。

（2）根据可能遇到的突发事件，对参与人员普及应急响应的基本理论，如突发事件的分类、特性、危害，应急的基本原则和方法等，采取理论讲解、视频演示、案例分析等多种形式，强化参与人员的应急知识和应急意识，使其能够在发生紧急情况时做出准确判断和有效开展工作。

（3）结合应急演练内容开展实操技能培训，主要包括使用各项消防设施、实施救护、操作应急设备等，按照真实情况下的应急操作演练，提升参演人员实战状态下应急操作技能的熟练度；同时进行考核，考核参演人员实操技能，确保符合演练需求。

对于培训来说，必须牢固树立以安全为前提的思想，通过安全规章制度及安全事故案例来增强培训人员的安全意识和风险辨识意识，对应急演练中的安全要求必须严格落实，正确佩戴和使用安全防护用品，以免发生安全事故。

2. 评估人员培训

评估人员是应急演练过程中的监督者、反馈者，他们的专业性、客观性直接影响应急演练评估的正确性、有效性，因此做好评估人员的培训也不可忽视。

（1）组织评估人员学习应急演练评估标准及方法，包括应急演练目标设置、评估指标选择、评估方法的使用等，通过对评估标准的详细解读及案例分析，确保评估人员能客观公正地对应急演练过程的优劣进行评价，并对演练的效果及问题做出正确客观的判断。

（2）介绍、展示评估工具应用方法，包括评估表格、记录设备和分析软件等。通过实践演练和模拟评估，增强评估人员使用评估工具方法、技巧的能力，确保评估人员能准确、全面地记录、分析应急演练过程数据和信息。

（3）评估人员要与参演人员有效沟通，采集应急演练活动的反馈意见。因此，培训过程中注意加强沟通能力与反馈能力的锻炼。通过模拟沟通、角色扮演等方式来提高评估人员的沟通能力和反馈能力，以更好地做到及时、有效地采集参与演练人员的意见。

（4）对历次应急演练的经验分析及问题总结，有利于评估人员发现演练过程中的问题和不足，增强评估人员的敏锐性及洞察力，为后期提出有效的改进措施提供支持。

（5）要做好理论与实践相结合的培训，可采取讲授、演示、实训、座谈等方式，还要做好培训的考核评价机制，对培训效果进行检验和反馈，及时对培训方式方法进行完善。

（四）准备应急演练设备

在应急演练策划准备阶段，准备应急演练设备是确保演练顺利进行的关键环节，设备准备得是否充分和合理，直接影响到应急演练的真实性和有效性。①

1. 明确设备需求与规格

结合应急演练目的、演练形式与演练内容，做好应急演练需要的物资、设备和道具的统计工作，如对演练场景进行分析，确定可能开展的应急救援行动与需要配备的物资。例如，进行火灾演练时，除了常见的消防用品（灭火器、消防水带、消防栓等）以外，还应配备医疗急救用品（急救箱、担架、氧气瓶等），以及防护用品（消防服装、呼吸器、安全帽等），并且对每种器材指定规格、型号、性能等，保证配备的设备满足应急演练需求。

2. 制定详细的设备清单

在明确所需设备的基础上，形成一份详细的装备清单，内容涵盖必须准备的物

① 顾华，翁景清．实验室意外事件应急处置手册[M]．北京：人民卫生出版社，2016.

料、器材、工具设备，包括设备名称、型号、规格、数量、存放地、检查状态等。设备清单有助于应急设备准备详尽、准确到位，确保不重购、不漏购，有助于装备准备人员进行设备的采购、保管、检查等准备工作。

3. 进行设备状态检查与测试

提前对应急演练所需的设备进行全面仔细的检查测试，确定设备状态及完好情况。例如，通信设备（对讲机、手机等），做好通信功能测试和电量测试，确保应急演练中不出现通信方面的阻碍；监测设备（气体检测、温度传感器等），做好量度检测及准确性和稳定性检验，确保监测设备的数据能真实有效地反映应急演练现场的情况；救援设备（救援绳索、救生圈等），做好安全性及稳定性测试，确保在实战情况下发挥安全救援的作用。发现异常时应及时解决问题与排除故障。

4. 准备模拟道具与场景布置

按照应急演练场景设置模拟火源、模拟伤病员、模拟泄漏点等道具，道具的制作力求真实，便于增强演练的实践性、针对性。按照应急演练预案、演练场景设置情况，放置好设备，并做好相关场景布置工作。例如，火灾演练场景可以设置起火点、疏散通道、安全出口等；地震演练场景可以设置垮塌的房屋、崩裂的桥梁等。做好场景设置和道具模拟工作，可以更有效地贴近实战，提高演练的真实性。

5. 进行设备布局与调试

根据应急预案和应急演练场景的要求，在演练现场结合设备实际位置布置和调试应急演练过程中需要使用的各类设备。例如，消防演练放置消防器材，使器材易于取用，测试消防水带的喷射范围及喷射距离；医疗急救演练放置急救用品，使其易于识别，并掌握急救用品的使用、操作流程。对于各类需要配合工作的设备应进行联调测试（通信设备、监测设备等），确保设备之间能够进行正常的工作。

6. 制订设备使用与维护计划

为保证应急演练设备的长久使用，需要编制设备的使用维护保养计划，内容涵盖设备的使用维护、定期测试检查、定期保养及处理故障、缺陷等；安排有关人员管理维修应急演练设备，保障其能够正常运转，并对其进行检测保养，延长设备寿命，增强可靠性。

7. 建立设备档案与管理制度

建立应急设备档案及管理制度，便于设备的日常管理和追溯，包括建立设备采购记录、验收记录、使用记录、维护保养记录、维修记录、报废记录等，制定设备的采购管理、保管管理、使用管理、维护保养管理、报废管理的制度。通过建立设备档案及设备管理制度，实现对应急设备的全生命周期管理。

（五）应急演练宣传沟通

应急演练宣传沟通是实施应急演练不可缺少的重要一环，包括内部宣传和外部沟通两部分，应保证所有相关的利益方对应急演练有全面、正确的认识，并广泛参与到演练中来。

1. 内部宣传

内部宣传主要面向直接参与应急演练的指挥机构人员、执行小组人员、参演人员和评估人员，主要对参演人员介绍应急演练目的和意义、时间安排及地点要求、参演人员的分工等主要内容。通过内部宣传，进一步促使所有参与演练的人员充分认识到应急演练的意义和目的，明确自身的角色和职责定位，提高参与应急演练人员的重视程度和深入程度。例如，可组织召开参演人员动员大会，介绍应急演练的背景、目的和预期目标；发布正式的应急演练通知，介绍应急演练的时间、地点、参演人员等；举办针对所有参演人员的应急演练知识和技能讲座及培训；可通过企业的内部通信、公告栏、电子邮件等形式向所有参演人员发布演练情况。

2. 外部沟通

外部沟通主要是指与应急演练活动有关的外部单位和相关机构，如当地政府和应急救援部门、周边社区、媒体等的沟通。对这些单位或机构应提前进行沟通协调，告知应急演练活动的时间、地点和内容及可能产生的影响，避免应急演练过程中可能产生的误解、干扰或引起不必要的恐慌。除了应急演练的基本情况外，对演练过程中可能产生的社会影响的评估和管理措施，也是外部沟通的内容。例如，涉及周边交通、居民生活的演练活动，要与相关方面提前沟通协商，制订有效的交通疏导方案和居民安抚方案。同时，积极回应媒体和公众对应急演练活动的关心和关注，及时公开演练相关信息与进展，增进公众对应急演练的理解和支持。

在外部沟通过程中，要注意沟通方式、沟通策略，可通过正式函件、新闻媒体、发布通告、官方微博微信等方式确保信息准确、受众广泛，更要保持开放和透明的态度，积极听取外部单位或机构的意见和建议，不断完善应急演练方案、管理措施。

为保障应急演练宣传工作有序开展，要有沟通宣传计划和方案，明确沟通对象、沟通内容、沟通形式、沟通时间等，要有专人对应急演练沟通宣传工作进行组织和实施。应急演练沟通宣传不仅要重视信息准确性和统一性，不能产生误导和混淆，还要有良好的沟通反馈机制，及时处理和接收各方对演练活动提出的意见和建议，对应急演练活动计划进行必要的修正和调整，确保演练活动有序、有效地开展。

（六）保障应急演练安全

在应急演练的策划准备阶段，保障演练安全占据着至关重要的地位，是应急演练顺利开展的关键环节。安全是应急演练的根本前提与坚实基础，任何形式的应急演练活动都必须在确保安全的前提下有序推进。

1. 制定安全预案

应急演练正式实施前，要对演练过程中可能出现的安全风险进行详细的预案规划。安全预案应涵盖应急演练实施全部环节，包括风险辨识、安全防范手段、应急响应计划等。

（1）风险辨识，即对应急演练过程中的各类风险因素进行准确识别和科学分析，包括火灾、爆炸、中毒、坍塌等各类危害事故，并准确评估其对演练的影响。

（2）安全防范手段，即对发现的安全隐患采取合理的安全防护手段及措施，以便发生事故时保证救援的安全和有效。

（3）应急响应计划，即须明确在应急演练过程中发生突发事件时的应急处理流程，以及各相关人员的责任分工，以此保证在紧急关头能够迅速、有序地展开应对行动。

2. 明确安全责任

应急演练组织单位应明确相关人员的安全责任，保证应急演练过程中的每个环节都有人负责。在应急演练过程中，指挥机构成员、演练执行成员及其他演练人员均应明确安全责任，并遵照执行；同时制定安全责任追究制度，对在应急演练过程中违反安全规定，导致发生安全事故的人员予以严肃处理，提高大家的安全责任意识。

3. 开展安全培训

应急演练活动正式开展前，要对演练参与人员进行全方位的演练安全知识培训，以增强其安全意识和自我防护意识。通过安全培训可以让应急演练人员进一步了解演练过程中须遵守的安全规章制度、应急撤离方法及必要的应急救护知识等。另外，还要针对没有参与演练活动的新成员进行安全教育培训，让其能熟知了解整个应急演练过程和相关的安全知识。

4. 检查演练场地和设备

进行应急演练前，要对演练场地及相关设施进行全面、仔细的检查和巡视，以确保其能够完全满足安全要求。应急演练场地的地形、地貌及建筑等基本情况和设备设施的性能、状态，以及操作规程等都是检查的重要内容。检查中发现的安全隐患全部都要及时整改，并采取必要的安全措施，如在应急演练场地周围设置明显的安全标志等。此外，还要确保演练场地的通风设施、照明设施、消防设施等完好、运转正常，为应急演练顺利进行提供良好的设施保证。

5. 设置安全警示标志

根据应急演练场地划分范围，设置清楚明了的安全提示牌，以提示参与演练者时刻注意安全。安全提示牌包含危险作业点、安全疏散点、救护措施等相关信息。危险区域应设置清晰的警示牌，隔离措施安全可靠，以确保非演练参与人员不会进入危险区域；安全疏散路线设置清晰、直观，在安全疏散线路上要设置明显的警示标牌，确保参与演练人员面对危险时能尽快、迅速地疏散到安全地带；救护设备放置在易取用且明显的位置，并配备齐全必需的救护药品和器械。

6. 配备应急救援力量

应急演练过程中要配置较多的应急救援力量，如消防队员、医护人员、安保人员等，相关的设施设备也应配足备齐，所有参加应急演练的安全保障人员都需要对应急演练方案和应急预案进行充分了解，以便突发事件发生时立即响应，给演练活动保驾护航。同时，还要加强与相关部门的联系与协调，确保应急演练中一旦发生险情就能够在第一时间得到全面、多方位的支持和帮助。

7. 实施现场监控

应急演练过程中应该认真开展现场监督管理工作，对演练全过程进行跟踪、记录。监督内容包括演练人员的应急操作、设备运行情况、演练进程等。现场监督可以及时发现问题、暴露问题，并在第一时间纠正应急演练过程中的偏差与不足，保证演练进程严格按照计划方案与安全要求开展。现场监督获取的资料及信息还可以供演练的总结评价参考，作为客观、真实的依据。

8. 建立应急响应机制

应急演练过程中应制定相关的紧急处置流程，明确突发事件发生时的应对处置流程和人员职责分工等。要将紧急处置流程划分为紧急处置报告、紧急处置指挥、紧急处置救援等步骤，保证相关人员在紧急处理突发事件时有序且高效，并加强与其他有关部门的协作，形成合力，高效完成各项事件的紧急处置。

二、应急演练组织实施

应急演练组织实施是一个系统的过程，包含应急演练动员、准备确定、启动、执行、过程控制、讲解与记录与结束等 7 个环节。通过应急演练动员，使参与演练人员提高认识；通过准备确定，保证演练要素万无一失；通过启动，应急演练正式开展；通过执行，模拟突发公共事件应急响应；通过过程控制，使演练按步骤顺利进行；通过讲解与记录，辅助演练观摩和演练评估；通过结束并现场点评演练情况，使演练成为应急管理工作的实战经验以便提升改进。

（一）应急演练动员

在正式开展应急演练时，需要展开的最重要且非常关键的工作是应急演练动员。其主要的作用是能够全面调动各级应急救援人员的参与意识和自觉意识，可以保证应急演练过程及演练工作全面有序地开展，从而有效提高应急救援协同作战的能力。

应急演练动员工作一般由应急演练组织单位的领导小组负责开展。首先，要明确应急演练动员的对象范围，主要包括应急演练各级指挥机构成员、各工作组成员、评估组成员、相关保障成员、其他相关成员。其次，演练动员的内容要全面具体，从演练的重要意义、总体要求、具体内容、演练时间、演练地点，以及演练成员在演练中扮演的角色、承担的责任等方面进行动员。

为了取得较好的动员效果，可安排相关领导召开专门的动员会，由演练领导小组组长或副组长作动员讲话。在讲话中要突出应急演练的重要意义、必要性和紧迫性，以及提高应急响应能力、考察应急预案的实用性、增强部门的协作意识的重要性，还可以结合既往取得的成功案例、经验与教训。

除了组织动员大会以外，还可以通过应急演练通知、宣传画、内部通气等形式将动员内容传递给每一位参与演练人员，保证动员信息的时效性、准确性，从而让参演人员充分知晓演练的相关情况并做好相应准备。

演练动员过程中要强调演练的实战性、针对性，让参演人员深刻认识到演练不是走形式、走过场，而是检验、提升应急响应能力，加强各部门配合协作的好机会。因此，要认真、严肃、负责任地对待应急演练的每一个细节与任务，用“真”演练、“精”演练、“快”演练、“实”演练来保证其真实、准确、快速、有效。同时，还要强调应急演练纪律与安全要求，明确演练参与人员必须遵守的各项规章制度、注意事宜，如保密事项、操作指南、安全防护等，并编制应急预案，以防备突发状况，使应急演练活动有条不紊，依法对违反演练纪律与安全要求的人员予以严肃处理，以维护应急演练的严肃性、权威性。

应急演练动员是应急演练组织实施过程的一个环节，能充分激发演练人员参与演练的积极性和责任感，为演练活动的有效开展奠定基础；能强化各部门之间的协作配合能力，培养各部门人员在应急演练中的协同作战能力，为防范各类突发事件的发生提供支持。

（二）应急演练准备确定

应急演练的策划准备阶段完成之后，就是应急演练组织实施阶段。首先是演练现场准备工作的确定，这是应急演练过程中非常重要的一环，也是保证应急演练能否顺利进行的关键所在。它贯穿应急演练的整个准备工作，是对各项准备工作最终的确认及必要的补充，能充分保证演练过程中的相关因素均能真正满足应急演练的要求。

1. 参演人员确认

要进行全面具体的核实，明确参演人员的名单，以及他们各自扮演的特定角色和具体任务。参演人员包括各指挥机构人员、作业人员、检查人员、模拟人员、后勤保障人员等。对所有参演人员进行逐项核实，确保每一个参演人员都知道自己扮演什么角色、有什么实际任务、必须按照什么程序和规范去做，并且确认所有参演人员都经过了必要的培训和指导，都对相关应急预案、本次演练方案达到了熟练掌握程度，都能熟练、准确、高质量进行应急处置，并能够在应急演练中做到有效实施。

2. 演练场地与设备检查

针对应急演练涉及的场地，需要进行全面细致的检查，确保现场安排合理，各类安全措施全部到位，疏散逃生路线保持畅通，满足应急演练的具体要求。另外，需要关注场地存在的各种安全隐患，如现场的易燃易爆物品是否规范放置、线路是否安全等，对发现的问题及时解决，并妥善处理。针对应急演练过程中需要的各种设备、物品、器材等进行盘点、检查，使其符合应急演练要求的数量，确保其功能完好，同时按照演练方案的要求进行安排部署。对于一些重要的设备，如通信器材、消防器材、医疗急救器材等，需要逐一检测其功能，确保在演练过程中能够正常、稳定运转，为应急演练的顺利完成奠定基础。

3. 演练方案最终确认

应急演练正式展开前，演练领导小组、演练策划组、演练保障组等人员应对演练方案进行最后一轮审核。审核时应注意检查应急演练目的是否明确、演练过程是否科学合理、演练程序是否科学有序、安全防护措施是否完整等。对于所有审核出的问题、漏洞都要进行认真修正完善，同时将修正完善后的演练方案及时反馈给全部演练人员，使全体参演人员在演练过程中都能准确、认真执行。

4. 应急资源准备

对应急资源准备情况的确认必须是全面的和充分的，既包括应急队伍、应急装备，也包括应急物资等，以保证在应急演练过程中遇到各种突发情况时能够及时、有效地调集所需的应急资源，实现有效应对。针对模拟突发事件准备所需的应急装备和物资，如消防器材、医疗急救设备、防护设备等，并设置专人管理，进行日常维护。编制应急资源清单，构建应急资源调用机制，标明应急资源数量、存放地点、适用条件等各项详细指标，便于在应急演练过程中快捷有效地获取和使用。

5. 安全预案制定

制定覆盖应急演练中各种类型安全风险的完备且翔实的安全应急预案，预案中须明确安全风险的种类、等级大小及影响程度等，明确安全事故应对措施的定位等，对可能出现的安全风险问题进行重点跟踪，设置专门的安全监督人员对演练过程中的安全风险进行实时监控和预警，当出现安全风险问题时能够及时快速地解决问题。制订完备的应急疏散救援方案，以便在应急演练出现突发事件后，能够顺利、有效地组织参演人员开展应急疏散和救援行动，切实保障参演人员的人身安全。

6. 演练通信保障

应该确保演练通信系统的稳定畅通，确保演练活动中各演练主体的信息传递及时、准确。应该构建多种途径与全方位的通信系统，如有线电话、无线对讲、移动通信等，并且根据应急演练实际情况进行合理配置和科学使用。另外，需要制定通信故障应急预案，确保在出现通信中断等突发状况时，能够及时开展应急通信设置，确保通信及时恢复，确保演练活动有效推进。对于参演人员，也应该开展通信设备的使用培训，使其熟练掌握各种通信设备的功能与操作方法，有效发挥通信系统的重要功能。

7. 演练记录与评估准备

演练记录表和评估表须提前准备好，用于准确记录演练过程中的重要信息，以便依据该表对演练活动进行客观的评估，即以演练活动中的各项记录内容和评估标准为基础，在应急演练活动结束之后，对演练效果做出客观的、准确的、全面的评估，并提出切实可行的改进方法。同时，配置专门的记录人员和评估人员进行演练过程的记录工作和评估工作。记录人员要对演练活动的过程和各个细节、参演人员的执行过程，以及演练活动的人员、装备、技术、资源等展开有效记录。评估人员要严格按照既定评估标准对演练活动进行有效客观的评估，要指出演练活动具体存在的缺陷和问题，同时给出有效的建议，为下一次应急演练活动顺利进行提供参考和依据。

（三）应急演练启动

在应急演练准备确定工作全面完成，所有参演人员、物资、设备均已准备就绪后，即可进入应急演练启动阶段。此阶段是应急演练活动正式拉开序幕的关键环节，对于确保演练的顺利进行和达到预期效果具有重要意义。

1. 启动指令发布与接收

应急演练领导组组长或者总指挥依据既定的通信方式（广播、对讲机、液晶显示装置等）下达演练启动指令。指令要确切地表明演练开始的时间、演练内容、演练目标、演练范围及参演人员执行的内容和要求。

参演人员在收到应急演练启动指令后，应立即回复确认并按规定的时间节点、流程做好演练启动准备工作。应急演练指挥机构成员应进入指挥部，开通应急指挥系统，保证指挥畅通；执行团队成员应到达工作岗位，检查装备、工具，做好应急处置准备；评估人员应准备评估工具和记录表格，做好对演练过程的实时评价准备；模拟人员按演练方案设置，模拟突发事件的发生与发展。

2. 参演人员到位与状态确认

所有参演人员均根据演练方案中的分工和职责到规定的位置待命。指挥部成员到指挥部履行职责，工作组成员到应急处置现场或临时岗位、评估人员到观察或评估地点、模拟人员到各自岗位待命。

参演人员就位后，指挥部应核实参演人员的到位状态。确认参演人员是否正确佩戴了个人防护用具，是否熟悉应急处置程序和工作任务，是否准备好应急处置作业必要的用具和器材等。状态确认应确保所有参演人员均做好了响应突发事件并能有效开展应急处置任务的准备。

3. 演练场景布置与检查

按照应急演练方案要求，对演练现场进行环境布置，包括在现场设置障碍、仿真点火、喷烟、仿泄漏等，建立符合真实突发事件的演练场景。场景设置以安全为原则，既不能给演练参与人员带来不良伤害，又要满足演练的实际使用要求。

演练场景布置完毕后，指挥部要对其进行全面检查，对是否达到演练方案的要求、是否存在安全隐患及是否能够满足演练需求等进行检查，确保演练场景安全，为演练工作做好保障。

4. 启动程序执行与监控

依据演练方案的启动顺序，逐步实施应急指挥系统启动、监测预警系统启动、通信联络系统启动等流程。在启动时，应做好应急指挥系统的启动监控、监测预警系统的启动监控及通信联络系统的启动监控，确保启动之后它们能够正常运行，符合应急演练的要求。在启动程序实施过程中，指挥机构应对演练程序进行现场监控。当异常情况及风险发生之后，应当及时对应急预案进行调整和完善，对应急处置程序进行优化处理，强化安全监控，以保证应急演练能够顺利开展，并获得预期效果。

5. 信息传递与沟通协调

在应急演练启动阶段，指挥机构应实施信息传递与沟通，即向所有参演人员传达演练目的、要求等信息；向所有有关部门、单位传递演练进展等信息；向公众发布演练信息。通过信息传递，使所有相关方对演练活动有清晰和正确的认知。

以信息通报为手段，指挥机构还应做好与参演人员、相关部门与单位的沟通与协调，解决参演过程中暴露出的问题和困难，优化应急处置过程和方法，提升应急处置质量和效率等，以保障应急演练活动的顺利进行和预期效果。

6. 安全监控与应急准备

应急演练开始后，要加强对演练过程中重点部位的安全巡查，布置安全监管点，配备安全巡检员，运用安全监控设备等对演练现场进行全过程、全天候的安全检查和监督管理；利用安全管理巡查手段及时发现演练现场的安全隐患和安全问题，使演练过程始终处于可控范围内。

在加强安全监控的同时，指挥部门也须进行应急准备，如应急预案、应急物资与设备及应急队伍的安排，确保演练过程中如果出现突发事件能做出有效的应急准备，使演练的应急能力与工作效率通过应急准备有所提升。

7. 启动完成确认与宣布

当所有参演人员到位、演练场景布置完成、启动程序执行完毕、信息传递与沟通协调顺畅、安全监控与应急准备到位后，指挥机构应对应急演练启动阶段的各项工作进行全面确认，确保应急演练活动已经做好充分准备，可以进入执行阶段。

启动确认完成时，应急演练领导小组组长或指定的总指挥可以正式宣布演练开始，演练活动进入执行阶段，演练人员按演练方案的规定和要求开展应急处置工作。演练指挥机构继续对演练过程进行监控和管理，确保演练活动的完成和演练目标的达成。

（四）应急演练执行

在应急演练准备确定完成后，正式进入应急演练执行阶段。此阶段是应急演练活动的核心，通过模拟真实的突发事件场景，全面检验应急预案的可行性和有效性，并提升应急响应团队的实战能力。

1. 演练启动信号发布

应急演练总指挥在规定的时间与地点，以统一信号（警报声、广播、发射信号弹等）下达演练开始命令。总信号发出后，全体参演人员进入临战状态，按照应急预案实施演练任务。

2. 模拟事件触发与情景构建

依据应急演练方案，运用预设的方式（人工、自动等）触发并还原突发事件。事件被触发后，应能够营造突发事件发生时所需要的现场环境、现场发展情况、事件影响等，使应急演练还原的现场尽可能接近真实情况的现场。

3. 应急处置措施的具体实施

在应急处置过程中，各参演部门和人员须严格按照预案要求，采取一系列科学、合理的应急处置措施。

发生突发事件后，演练人员要及时通过规定的通信手段向有关部门和人员报告。报告内容要详细准确、全面具体，要报告清楚突发事件种类，事件发生的时间、地点、影响范围等基本情况。有关部门和人员接到报告后，应当迅速启动应急工作预案，并视事件类型及影响大小，依次向上一级主管部门和地方人民政府报告，并通报可能影响到的相关单位和人员。根据事件的性质及影响情况，应急组织迅速启动，组织人员对事件发生现场进行控制，防止事态扩大。在事发现场要设置警戒线，隔离危险区域，根据事件需要组织人员疏散，有序转移相关人员进入安全场所。疏散过程中一定要维护好秩序，防止因人群拥挤发生人员踩踏等次生伤害。根据应急处置需求，对突发紧急事件发生地开展救援，调动当地的救援队伍，协调装备，调运应急物资；当突发事件需要来自社会各方面的支援时，必须立即向有关部门和单位发出支援请求，并明确具体支持事项的要求；同时，要与支援单位保持紧密联系，保证支援单位及时到位。根据突发事件的性质与特点，制定应急处置对策，组织救援队伍进行灭火、搜救、抢险、医疗救治等工作。救援人员在工作中要保证人身安全，采取必要的防护措施，防止二次伤害。同时，应根据事件发展情况及时更改和调整救援工作对策，保证救援工作的高效迅速。

4. 应急响应的协同与配合

在应急处置过程中，各参演部门和人员应加强协同与配合，形成合力，共同应对突发事件。

组织管理，应急指挥部负责应急处置全过程的统一指挥和协调，确保各方力量有条不紊地开展救援处置工作；联动，参演单位和部门应按照应急预案分工，明晰各自的职责和任务，并按照指挥部的统一指挥协调，密切协同开展救援处置工作；信息沟通共享，应急处置过程中应建立应急信息沟通机制，确保各参演力量能够及时获取和掌握有关信息，为救援行动提供支撑。

5. 应急处置效果的实时评估

在应急处置过程中，应做好应急处置效果评估。具体而言，包括：处置措施有效性评估，评估应急处置措施是否科学、合理、有效，是否能使事态迅速得到有效控制，将损失降至最小；资源调配合理性评估，评估应急资源调配是否及时、合理、充足，是否满足应急处置需要；协同配合默契度评估，评估各参演部门及参演人员之间的协同配合是否默契、高效，是否能形成合力，共同应对突发事件。

6. 应急处置过程的详细记录

在应急处置过程中，还应做好各项处置情况和关键环节记录，包括：事件启动和报告记录，做好事件启动、事件报告和通报等内容的记录；现场控制和疏散记录，做好现场控制措施的控制情况、现场人员疏散控制情况、现场人员疏散路线与时间等内容的记录；资源调用和支援情况记录，做好应急资源调用情况、应急资源支援到位情况和应急救援行动实施情况等内容的记录；应急处置与救援记录，做好应急处置方案制订、应急救援行动实施情况和处置结果评估情况等内容的记录。

这些记录将为后续的总结评估提供重要依据，有助于发现应急处置过程中存在的问题和不足，并提出具有针对性的改进措施。

7. 应急处置的总结与报告

应急处置完成后，须对应急处置过程进行系统性的总结，及时召开应急处置总结会。总结中要简述处置过程（包括事件发生及上报、报告通报、现场应急指挥和人员疏散、调配支援等），对处置结果（包括处置效果评估及处置过程中的问题与不足分析及经验教训总结）进行总结、概括。

同时，编写事故应急处置报告，将应急处置情况写成书面材料，向主管部门及领导汇报。事故应急处置报告要求实事求是，客观、准确、翔实地将事故应急处置情况描述出来，为后续工作提供数据支撑。

在演练实战过程中，应急处置是关键环节，因为应急演练模拟真实突发事件的场景，对应急预案的可操作性、有效性进行全面检验，对提升应急预案联动系统工作人员的实际处置能力至关重要。在应急演练实战中要严格按应急预案规定的职责进行相关处置活动，协同配合，形成合力，有效应对突发事件，同时要对处置过程进行详细记录及采集关键的信息，作为后期总结评估和优化的根据。

（五）应急演练过程控制

应急演练实施阶段是演练开展过程的最后一个阶段，控制演练进程是演练能否顺利开展、实现预期目的的关键。应急演练过程控制是指在演练执行过程中，对演练的过程进行监督检查、协调控制，以确保演练活动依据演练方案有条不紊地进行。

应急演练过程中，演练指挥机构能够快速到位，实现应急指挥系统的启动，快速与各部门做好信息沟通，确保信息交流的时效性和准确性。同时，能够通过指挥系统，及时了解演练的总体进展，掌握参演各队伍的位置情况、任务完成情况、资源供应情况、时效性和准确性的结合与保证情况。

应急演练的组织单位根据演练方案设定的情况和事件的推进适当发布指令，指导参演单位按照既定的程序开展应急演练，及时反应和处置演练过程中发生的突发情况，使演练过程始终符合要求，及时记录演练中发现的问题和不足，向参演单位反馈，并在演练结束后对演练进行总结和评价。

应急演练活动有序进行中，指挥机构还需对参演队伍的任务执行情况进行监督、检查。不仅要对参演队伍的反应程度、处置措施的科学有效性、协同配合度等进行监督、检查，还要保证参演队伍间应急处置联动更为高效、密切。

在应急演练过程中，还要做好演练现场安全管理工作，演练指挥机关要保证演练现场的各项安全设施完备、逃生路线畅通，同时安排安全监察人员对演练现场进行旁站监督，一旦发现安全隐患和不按安全规定执行等问题，就及时采取相应措施处理，确保演练活动安全进行。

指挥机构还要组织参演队伍进行短暂的集训和讲评。在集训和讲评时，应急演练指挥机构可以总结前面阶段的演练工作，讲评存在的问题和不足，并对下一阶段的演练活动进行部署和安排，保证参演队伍调整好状态，明确任务方向，有助于参演队伍保持演练活动的连续性、有效性。

应急演练的过程控制是保证应急演练顺利开展、取得良好效果的非常重要的措施。应急演练指挥机构通过监督检查，督促调整演练过程中参演人员的任务执行情况和安全管理工作等，可以保证应急演练过程中各项活动按照应急演练预案有条不紊地进行，为应急管理工作提供强有力的支撑和保障。

（六）应急演练讲解与记录

讲解、记录是应急管理演练过程中的两个重点步骤，也是保证应急管理演练取得良好效果的关键性步骤。演练过程中这两个步骤的作用是：可以协助应急演练参与人员更加清楚地理解演练场景，并为应急演练结束后的效果分析做好大量的数据收集和准备工作，有利于后续应急管理工作的改进和完善。

1. 应急演练讲解

讲解是应急演练的一个重要环节，由讲解员负责完成讲解任务。讲解员必须经过专业挑选、培训才能上岗，通过对应急演练实施方案进行认真的研究，能够真正了解和掌握讲解内容；具备优秀的语言沟通能力，能够说出透彻、流利的话语；并且具备充分的应急理论知识，确保在讲解时做到专业和权威。

讲解员应当对应急演练情景设定的内容进行解说，针对参演队伍的职责和安排的任务进行明确、清晰、具体的说明，包括任务的目的、要求和在整个应急过程中承担的作用，对演练活动路线要说明制定的理由、可能遇到的情况，在应急处置措施方面，要说明每一项处置措施的实施过程、目的及科学依据。

讲解员须对演练进程的重大转折阶段具有一定的敏锐性。分析当前场景发展的形势，对一些关系到应急演练活动结果的突发状况进行分析，及时告知参演人员当前需要采取何种方法应对，从而让参演人员更好地置身于演练呈现的紧张氛围中，有效提升应急演练过程的真实感，加强参演人员面对真实应急状态的工作能力。

同时，讲解员要时时关注演练现场的实际情况。演练现场可能出现意外或与策划存在一定的偏差，讲解员应当具备较好的随机应变能力，应根据实际情况及时调整讲解话语与演练内容一致，为参演人员提供合理、及时和有效的信息指引。

2. 应急演练记录

记录也是应急演练中不可忽略的环节，由具有一定专业性的记录人员负责该工作。记录人员一方面需要具备较高的专业技能，能够熟练地、高效准确地记录相关的重要信息；另一方面对应急知识有较深入的认识，能够准确地判断哪些信息对演练评估来说非常重要。

应急演练记录内容主要包括演练的时间、具体地点，各参演队伍的具体信息，各参演队伍完成演练任务的真实情况，采取的应急处置措施及其效果，资源调度情况，演练中存在的问题及制定的整改措施等。

记录人员应使用标准化、可读性好的记录表格进行记录工作，所使用的记录表格必须为统一制作的表格，要将所有记录项目列入表格中，格式应清晰、规范，方便记录和后续查阅、分析。

记录员在应急演练过程中要集中注意力，随时观察应急演练现场发生的变化，一些细小的行为环节或许包含着有价值的信息，记录员要及时、全面和完整地记录下相关信息，不能发生遗漏现象或者误记现象。这就需要记录员有高度责任感和专注精神。

为了进一步保证记录内容的准确无误、完整齐全，记录人员应与讲解人员保持良好的沟通。讲解人员在讲解过程中传递的必要信息，记录人员要及时获取，并能够准确、完整地记录下来。同时，记录人员也要对记录内容进行定期的整理归纳，按照一定的顺序进行分类保管并归档，为应急演练完成后的总结评估提供系统、完备且可靠的依据，使评估工作能够以准确、完整的信息作为基础开展，从而使应急演练评估结果客观、公正并具有指导性。

在应急演练结束后，讲解和记录人员的工作并未结束，在全面深入地分析记录人员应急记录内容的基础上，由讲解人员总结和分析演练过程，对应急演练过程进行提炼和升华。在此基础上总结和分析应急演练成功的经验，为今后的应急演练活动和应急处置的实际工作提供指引，分析在应急演练中存在的问题并找出其原因，为下一步改进工作提供依据。

负责记录的人员还要将记录内容制作成详细的演练报告，要求格式清楚、内容具体，要体现演练的全过程。制作完成的演练报告要及时交给相关人员查看并进行分析，从而对演练的整体效果、不足问题及相关措施有直观了解。

讲解与记录工作的共同完成与协同实施，能够全面、客观、真实地记录应急演练过程的实际情况，从演练现场情景分析到关键性情况文字记载，再到演练总结及汇总分析报告，始终紧密、有机地完成，从而为应急管理工作提供保障与支持，推进应急管理工作不断进步。

（七）应急演练结束

应急演练活动在完成所有既定计划的工作之后，进入演练结束环节。应急演练的结束不是简单地结束演练活动，它是对演练活动进行整体总结、提炼经验、策划和布置后续工作的关键环节。

应急演练结束信号发出后，即刻要求所有演练人员迅速且安全有序地终止演练执行。同时，要快速并安全地到事先设立的演练结束地点进行集结。待集结完毕后，各演练队伍队长要详细、全面地向应急演练总指挥报告演练过程中本队伍的任务执行情况、演练中发生的问题，以及采用的有效解决办法等。

此时，应急演练指挥部应部署相关人员对演练现场进行清除作业，确保场地无任何安全隐患，对演练产生的各种废弃物进行分类处理并符合环保要求。应急演练指挥部应着手召开初步评估会。该会议会对演练结果进行全面快速的概略性评估，包含参演人员在演练过程中的行为表现、各项作业的实际执行情况、应急事件的处理方法、资源的调配等多项内容。对应急演练结果的初步评估，为以后进一步的分析评估及总结提供了基础。

应急演练总结过程必须保证在时间上得到妥善的安排，使其尽量做得全面、细致、认真。为此，必须选择合适的时间召开应急演练总结会议，并在会议开始前邀请所有参演的人员、专业人员、领导人员及行业专家到会。要对整个应急演练过程进行回顾式总结，结合演练过程中的每处细节，深层次分析其中存在的问题和不足；通过对实际情况的分析，有针对性、切实可行地提出改进措施。在应急演练过程中有突出表现的参演人员和参演团队，指挥小组要本着公平、公正、公开的态度给予相应的表彰和奖励，使参演人员和参演团队在今后的应急管理工作中继续保持积极向上的精神，不断创新工作方式方法，努力地提升应急处置水平。

应急演练完成后，指挥部负责资料归档收集工作，如演练方案、演练全程记录、演练专业评估报告、演练总结会议纪要等，这些都是应急演练活动整个过程的资料记录和工作总结，是今后开展应急处置工作的资源，是最有参考借鉴意义的资料积累，也是为今后应急能力有序、稳定提升提供坚固的基础，为应对各类可能发生的突发事件提供充分保障。

三、应急演练评估总结

应急演练评估总结是应急演练不可缺少的重要工作，它主要针对应急演练的过程作出全面、深入的回顾和分析，具体内容包括现场点评、整体评估、经验教训总结、提出改进措施四部分。①

（1）现场点评环节是指根据应急演练结束后的即时现场，对整个演练过程进行细节观察和分析，做出及时的点评和总结，发现问题并提升解决问题的能力。同时，点评结果也能够对参演人员当前的演练表现给予直接的信息反馈，使其尽快了解应急演练时自己的表现情况，作为今后开展同类活动的借鉴。

（2）整体评估是系统地评估应急演练活动各个流程。此阶段评估内容是全面深入的，包括应急演练目标达标率和工作执行效率等。在评估的时候要以客观、公正的方式，根据预设的评估标准和流程，对应急演练各方面状况进行量化评估和定性评估。

（3）经验教训总结。深度总结应急演练中的成功案例和失败案例，对于成功案例，提炼其具有普遍性和参考意义的经验，指导未来的应急管理工作；对于失败案例，剖析其失败原因及具体需改进的部分。通过总结的经验为应急管理工作实践提供有益的参考，防止应急管理失败。

（4）根据评估结果，提出有针对性、可操作性的改进措施，为今后应急演练提供具有方向性、目的性、指导性的资料，进一步优化、完善应急管理体系。将应急管理机制落实到位，保证其能够灵活高效地应对可能出现的所有问题，维护好人民的生命财产安全和社会稳定。

（一）现场点评

在应急演练活动结束后，第一时间进行现场点评，是应急演练评估总结工作不可缺少的步骤和环节。② 现场点评是针对应急演练中实际呈现的问题进行及时、真实、客观和全面的评价。该环节通常由本次应急演练的总指挥或评估组负责人主持，同时参演人员、观摩人员和相关部门代表等都要进行现场点评，充分听取多方反馈，

① 陈全福．应急演练需把握“四个要点”[J]．就业与保障，2017(6)：38.

② 范君军，陈智超，陈涛，等．电网应急演练评估及其指标体系[J]．中国电力，2017，50(11)：116－120.

并在评估报告中全面呈现。

点评首先是简单总结应急演练的基本内容，包括演练背景说明、演练目的说明、演练过程及主要成效等。经过简单总揽，使大家对应急演练的基本状况有一个简明的了解，以便后续的点评工作。

其次评估小组针对各个演练阶段进行点评。点评部分可包括预警响应情况、指挥调度能力、应急处置规范程度、资源调度合理程度、信息通报准确性等。根据应急演练实际情况对整个演练过程各个阶段进行点评，列举出较好表现和存在的不足，并对个人或群体作出肯定和表扬，表扬内容多为发扬优良作风、继续保持等。

现场点评部分应该指出应急演练过程中发现的问题与不足，不管是应急预案存在的不足还是执行不符合相关规程、协调配合差等方面的问题，都应该给出具有针对性的改进措施，明确责任单位和整改期限，达到便于相关单位和人员查漏补缺，以进一步强化应对突发事件能力的目的。

在现场点评中，评估小组要强调应急演练的实战、实用导向，引导参演人员将演练中学到的理论方法内化于心、外化于行，提升处置突发事件的能力和水平。评估小组同时还要引导参演人员注意演练与实际情况之间的差异，把握好真实事件发生的随机性，要求在面对真实事件的时候能够快速、准确地做出判断。在现场点评中，评估小组要强调应急演练的持续改进机制，可以引导大家不断总结经验和教训，改进应急预案的设置，提高演练方案的科学性，提升未来应急管理工作水平。同时，要强调应急演练的持续性和周期性，确保应急演练成为应急管理工作的常态活动，以此提升应急管理工作水平及应急能力。

现场点评不仅能及时地对参演人员进行反馈和指点，让参演人员了解自身在应对突发事件过程中的不足，进一步改进，也能对不断加强应急管理工作提供有力支撑，促进应急管理体系不断完善和健全。

（二）整体评估

总结评估工作是应急演练的工作流程中非常重要和关键的一步，不是对应急演练进行简单的复盘，而是对其进行全面、深入、系统的分析与评判，这有利于客观、真实、准确地评估出应急演练的成效，并为改进工作提供佐证。

整体评估要做到客观综合评价，就必须紧密围绕应急演练预期目标。应急演练目标通常包括验证应急预案的有效性，增强应急反应的迅速性以及参演队员间合作的协同性、共同应对能力等多个方面。考评人员将应急演练实际情况与预期目标进行对位式分析，层层分析、环环剖析目标达成的情况、没有达成或出现偏差的原因、应急预案中存在的问题或实际操作问题或外部环境问题等，从而明确短板、明确改进方向。

整体评估是在对照目标完成情况的基础上，全面评估应急演练过程中各个环节和要素的执行情况，包括预警和信息报告是否及时、准确，紧急动员组织是否有力、及时，事故监测开展是否全面、科学、合理，指挥与研判实施是否果断、正确，应急资源调配是否合理、有效，应急通信是否做到畅通可靠，信息传递是否公开透明、及时，人员保护是否全面、周到，警戒与管制是否严密、有序，医疗救护是否及时、专业等。全面、详细地记录各环节的执行情况，进行对比分析、数据统计，客观评估各环节的演练表现。对于不规范或存在问题环节，要从应急演练过程中该环节流程设计是否合理、培训是否到位、设备是否故障等方面详细分析。在深入分析的基础上，提供准确、具体的指导意见，帮助改进环节，使演练达到更好的效果。

整体评估是对应急演练过程与效果的各个要素进行综合评估的结果。结合具体演练，整体评估过程中还要全面衡量应急演练组织与管理是否严密有方、周到细致、紧张有序，参演人员是否积极主动，应急演练是否具有一定的实战性、针对性和可操作性。评估人员必须立足全局，考虑各个环节、各种要素，进行综合评估，客观、公允地给予评分或评级。对于应急演练中存在的亮点与成功经验，应该在充分总结的基础上提炼出来，如某部门在紧急动员中表现出色、某参演人员在指挥与研判中的决策和判断出色等。只有这样，才能使应急演练取得的成效和成绩得以客观体现，同时将其作为典型事例，成为进一步加强应急管理工作的良好借鉴与参照。

整体评估是应急演练评估总结阶段的重要任务之一，采用系统、深入、客观的评估方法开展全面、准确的演练绩效评估，可全面衡量应急演练结果的优劣；可发现应急演练的问题和不足，并为其改进工作提供强有力的依据；可概括提炼应急演练中的亮点、成功经验等，为应急管理的持续完善提供支撑。

（三）经验教训总结

应急演练总结评估阶段，总结分享经验是必要环节，也是十分有意义、有价值的环节。经验分享是一个对应急演练进行整体回顾思考的过程，是提高应急管理水平、完善应急预案和演练标准流程、提高应急能力的重要过程。

一是经验总结要通过应急演练的整体运行与预期成效二者的比较来总结，总结演练过程是否达到预期的成效。评估人员要对应急演练过程进行整体回溯，并对演练的每一个环节与预期结果逐一比对，客观地评估演练是否实现了预期的效果，甚至是超额完成的。例如，检验应急预案的真实性和可用性，检验应急响应的速度，提升团队和组织的应急指挥与配合能力。应急演练的评估结果应表明，应急预案能否落到实处、指挥是否科学、调配是否得当、联络是否及时、培训是否充分等，这些都值得进一步思考分析。将应急演练中的各种成功经验和做法予以归纳和总结，是对应急演练工作和应急管理工作的一种肯定，也是为下次应急演练及应急管理工作积累非常宝贵的经验或提供借鉴。

二是在对应急演练进行评估分析时，要对演练过程中出现的偏差及薄弱环节进行总结和反思。评估人员应及时全面收集、查阅演练记录，仔细核查和汇总演练过程中存在的问题与薄弱环节，可能表现为各个环节的信息沟通不足或不畅、各类资源的调配不及时、演练指挥及应急决策出现问题、演练过程中相关人员的技术操作能力不足，以及设备设施的运行出现问题和故障等。针对这些问题，评估人员要对其进行追根溯源，判断是由于应急预案设计不合理、人员培训不到位、设备设施维护保养不及时，还是由其他外部因素引发的。通过进一步分析问题原因，形成具体的、有针对性的整改意见和措施，即在后续的应急演练及实际的应急行动发生前，要进行应急预案修订完善、强化人员培训、加强设备设施的维护保养、改善信息沟通方式和渠道等多方面的改进和完善。

另外，组织经验教训总结要有足够的空间来反映应急演练过程中出现的亮点和特色。这些亮点和特色可能包含创新的措施、灵活的指挥、有效的资源整合、信息共享等多个方面。对这些亮点和特色，评估人员要给予充分肯定与表扬，并在后续应急管理工作中推广应用，用这些亮点和特色引导创新，促进应急管理工作不断实现新的提升。

三是善于总结经验教训，注意结合评估结果、单位的实际情况、风险特点和单位的应急资源等进行总结。评估人员在评估过程中需要对单位的行业性质、位置、人群、装备等风险特点进行全面考虑，并结合单位特点，依据单位实际情况制定可操作的、能针对应急演练过程中暴露出的问题和缺陷进行科学优化的改进措施和计划。制定的措施和计划要有明确的目标、实际可行性、明显的效益等，且可评估其改进的措施和计划是否能落实到位。

全面总结和深刻反思应急处置过程中存在的问题和不足，提炼应急演练中的亮点及特色，制定改进方案和措施，是应急演练评估总结的最后一步，对提高应急管理水平、完善应急预案和应急流程、提升应急响应能力具有积极的促进作用，能为今后更好地应对各类突发事件打下坚实基础。

（四）提出改进措施

应急演练评估总结环节所开展的持续改进，不仅是对应急管理工作进行完善和提升的必然要求，也是未来真正发生突发事件时应急行动能迅速、有效、高效的重要保障。通过对应急演练活动进行全面、系统的评估，发现问题、分析不足，并针对所发现的问题和不足，有计划、有目的、有重点、有针对性地不断改进、不断完善，以达到增强应急管理和应急响应的能力。

改进的前提是对检查评估的结果进行全面、准确的分析。评估总结报告中可以给出演练各个环节暴露出来的问题，包括预警信息通报的及时率、准确率，应急资源调动的有效性和及时性，人员的协调能力，指挥人员的决策能力和果断性等。对此，要逐一进行分析，找出这些问题的根源：针对预警信息通报的及时率、准确率低，可进一步分析是否存在监测设备故障、信息流通不畅等问题；对于应急资源调动的有效性、及时性不高，可进一步分析是否在资源的储备量、调动措施、信息沟通等方面存在问题；对于应急决策的效率低，可进一步分析是否是指挥体系不健全、指挥人员经验不足等原因所致，这样才能有针对性地改进。

结合评估结果制定切实可行的改进对策。例如，针对预警信息报告不及时的问题，可以加强监测设备的日常保养、维修，保证其正常运行；优化信息传递流程，利用现代化信息技术手段提升信息传递的时效性和准确性。又如，针对应急资源配备不合理的问题，可以优化应急资源储备机制，基于历史数据和风险分析结果有侧重地进行应急资源储备；建立科学的、合理的应急资源调配机制，在突发事件发生时，合理、迅速地将应急资源调配到位。再如，针对指挥决策效率低的问题，可以优化指挥机制，明晰各级指挥机构的权责；简化指挥决策程序，优化指挥决策路径，缩短决策周期，提升应急管理人员的指挥决策能力。

有了改进方案，还要抓好落实，这就需要加强领导，落实责任，做好实施方案和时间表的制定并督促检查；围绕改进方法实施的各个环节和领域，建立奖惩机制。对改进工作成绩突出的单位和个人给予表彰，对改进工作中弄虚作假、互相推诿、落实不到位的情况给予严肃处理；强化与相关部门的交流沟通、协调合作，一起推动改进措施的落实。

改进方案还应加强经验积累，共享知识成果。在应急演练中积累了大量的实践经验及教训，这些经验教训对应急管理水平提高有着重要作用。要将这些经验教训加以总结，形成可供借鉴的经验体系、可以推广的知识，实现全行业共享，在全行业中进行知识经验的交流。这样才能促进应急管理工作的创新开展，整个行业的应急管理水平才能得到提升。

此外，应该将应急方案改进过程同应急管理体系变革结合起来。随着社会的进步和发展，突发事件呈现出新的情况和特点。要紧密结合应急管理体系的新理念、新技术和新方法，吸取国内外有关应急管理的新经验，提高应急管理的信息化、智能化水平。

提出改进措施是应急演练评估总结不可缺失的环节，在对评估总结结果进行综合分析后，提出针对性较强的改进措施，保证改进措施的贯彻落实，促进经验做法的挖掘及知识共享，以不断提高应急管理水平，更加有力地满足处置突发事件的需要。持续改进应结合应急体系的修订完善过程，与社会的进步发展紧密联系。

课后练习题

一、选择题

1.（单选）生产经营单位应当制订本单位的应急演练计划，根据本单位的事故预防重点，每（　　）至少组织一次综合应急预案或者专项应急预案演练。

A. 四年　　B. 三年　　C. 二年　　D. 一年

2.（单选）应急演练结束后，（　　）应当对应急演练效果进行评估，编写应急演练评估报告，分析存在的问题并对应急预案提出修订意见。

A. 应急预案编制小组　　B. 应急预案演练组织单位

C. 应急预案演练专家组　　D. 应急办公室

二、简答题

1. 什么是应急演练？

2. 应急演练要遵循哪些原则？

3. 应急演练包含哪些步骤？

项目四

应急预案案例

项目概述

本项目以应急预案案例为载体，通过分析真实场景下的应急响应流程、处置措施及资源调配方案，帮助学生深入理解应急预案的核心要素与编制逻辑。学生将学习如何结合风险特点设计预案框架，掌握风险评估、职责分工、响应分级等关键环节的实践方法，并通过案例研讨对预案应用场景进行实战化理解，为后续独立编制与优化应急预案奠定基础。

学习目标

1. 知识目标

掌握应急预案的基本结构、编制依据及行业标准规范；

熟悉不同类型应急预案的编制要点；

理解应急预案中预警机制、响应程序、后期处置等环节的设计要点。

2. 技能目标

能够结合案例背景、实际情况完成一篇应急预案；

具备根据事故等级制定分级响应流程的能力。

3. 素质目标

培养团队协作意识，强化应急管理中的沟通与协调能力；

树立风险防控责任意识，提升快速决策与临场处置的职业素养；

形成对应急预案动态优化与持续改进的反思能力。

项目导入

在新时代发展征程中，国家的繁荣稳定与人民的幸福安康是我们矢志不渝的追求。然而，前进的道路并非一帆风顺，各类突发事件如影随形，成为影响国家发展、社会和谐的不稳定因素。从关乎民生的自然灾害到牵系经济的事故灾难，从涉及公共健康的卫生事件到关乎社会秩序的安全问题，这些挑战时刻考验着国家治理体系与治理能力的现代化水平。

应急预案作为应对突发事件的核心举措，承载着维护国家安全、保障人民利益的重大使命。它是国家应急管理体系的关键环节，体现着以人民为中心的发展思想，蕴含着深厚的家国情怀与责任担当。

本章将全面且深入地探讨一系列典型应急预案，从省、市级的总体应急预案到不同领域的专项应急预案，再到具体活动的应急预案等。通过这些案例，我们不仅能够洞察应急预案在不同场景下的应用逻辑，深刻领会其在保障国家发展、维护社会稳定中的重要作用，还能从中吸取经验，强化自身在应急管理中的责任意识与使命担当，为国家应急事业的发展贡献自己的力量。

任务一 总体应急预案

一、总述

本节以《河南省突发事件总体应急预案（试行）》与《郑州市突发事件总体应急预案（试行）》为例，两篇预案的具体结构如表4－1所示。

表4－1 两篇预案的结构对比表

<table>
<tr><th colspan="2">河南省突发事件总体应急预案（试行）</th><th colspan="3">郑州市突发事件总体应急预案（试行）</th></tr>
<tr><td rowspan="8">1 总则</td><td>指导思想</td><td rowspan="8">1 总则</td><td colspan="2">编制目的</td></tr>
<tr><td>编制目的</td><td colspan="2">编制依据</td></tr>
<tr><td>编制依据</td><td colspan="2">适用范围</td></tr>
<tr><td>适用范围</td><td colspan="2">工作原则</td></tr>
<tr><td>工作原则</td><td rowspan="3">事件分类
分级应对</td><td>分类</td></tr>
<tr><td>突发事件分类分级</td><td>分级</td></tr>
<tr><td>应对原则与应急响应分级</td><td>应对主体</td></tr>
<tr><td>应急预案体系</td><td colspan="2">应急预案体系</td></tr>
</table>

续表

河南省突发事件总体应急预案（试行）			郑州市突发事件总体应急预案（试行）		
2 组织指挥体系	省级组织指挥机制	总指挥部	2 应急组织指挥体系与职责	市应急救援总指挥部	总指挥部设置
					总指挥部职责
		专项指挥部		专项应急指挥部	专项指挥部设置
					专项指挥部职责
		前方指挥部		现场指挥部	现场指挥部设置
					现场指挥部职责
	市、县级及基层组织指挥机制	根据实际需要设立相关体系		区县（市）应急指挥机构	
				专家组	
3 监测预警	风险防控		3 监测预警	风险防控	
	信息监测			风险监测	
	信息报告			风险预警	确定预警级别
	风险预警	确定预警级别			发布预警信息
		发布预警信息			采取预警措施
		预警措施			预警解除
		预警解除			
4 应急处置	先期处置		4 应急响应	响应启动	响应分级启动
					响应启动条件
				响应行动	
	指挥协调	组织指挥		信息报告	信息报告要求
		现场指挥			信息报告内容
		协同联动			信息报告方式
	处置措施				其他
				应急处置与救援	先期处置
	紧急状态				指挥协调
					处置措施
	信息发布				响应升级
					社会动员
	应急结束				信息发布与舆论引导
				响应结束	
5 恢复与重建	善后处置		5 恢复重建	善后处置	
	社会救助				
	调查评估			调查评估	
	恢复重建			恢复重建	

续表

河南省突发事件总体应急预案（试行）		郑州市突发事件总体应急预案（试行）	
6 应急保障	应急队伍保障	6 应急保障	队伍保障
	财政经费保障		资金保障
	物资装备保障		物资保障
	医疗卫生保障		通信保障
	交通运输保障		装备保障
	人员防护保障		交通运输保障
	治安保卫保障		医疗卫生保障
	应急通信保障		治安保障
	基础信息保障		社会动员保障
	基本生活保障		应急避难场所保障
	科技支撑保障		技术保障
	区域协作保障		
7 预案管理	预案编制	7 预案管理	预案编制
	预案审批		预案审批
	预案演练		预案评估与修订
	预案评估与修订		宣传培训
	宣传培训		预案演练
8 责任奖惩		8 责任奖惩	

两者在框架结构、工作原则和协同联动方面具有紧密的内在联系：首先，均依据《国家突发事件总体应急预案》和《突发事件应对法》制定，采用“总—分—专”结构，涵盖预防、准备、响应、恢复全流程。其次，省级预案是市级预案的编制依据，体现宏观指导和资源保障；市级预案是省级预案的延伸，强调属地执行和快速反应，郑州市预案严格遵循省级预案的基本原则和要求，在省级框架下细化本地措施。最后，在协同联动方面，发生跨区域或重大事件时，郑州市需向河南省报告并接受统一指挥，及时向河南省报送突发事件信息，河南省提供资源、技术或协调支持，通过“分级负责、属地为主”的原则形成应急合力，构成覆盖全省的突发事件应对体系。

通过表格对比发现，两者在适用范围、职责分工和响应层级上存在一定区别：

首先，预案适用范围不同，省级预案适用于河南省行政区域内各类突发事件（自然灾害、事故灾难、公共卫生事件、社会安全事件）的应对工作，覆盖全省范围，包括下辖市、县；市级预案仅适用于郑州市行政区域内的突发事件，是省级预案在郑州市的具体落实，内容可能细化到区县、街道等基层单元。其次，职责分工存在差异，省级预案明确省政府及省级部门（如省应急管理厅、省卫健委等）的职责，侧重跨市协调、资源调配和重大突发事件的指挥权；市级预案规定郑州市政府及市级部门的职责，侧重先期处置、现场救援和属地管理，需在省级框架下细化操作流程。最后，响应层级与标准不同，省级预案启动条件通常对应较大（Ⅲ级）以上突发事件，市级预案可能针对一般（Ⅳ级）或较大事件先行响应，并在事态升级后报请省级支援。

综上所述，省级预案内容更宏观，强调政策指导、协调机制和资源保障；市级预案内容更具体，可能包含本地风险点（如郑州地铁、大型商圈等）的针对性措施。

二、《河南省突发事件总体应急预案（试行）》

1 总则

1.1 指导思想

坚持以习近平新时代中国特色社会主义思想为指导，深入学习贯彻习近平总书记关于应急管理和视察河南重要讲话和指示批示精神，坚持人民至上、生命至上，树牢安全发展理念，统筹发展和安全，全力防范化解重大灾害风险，科学应对各类突发事件，切实保障全省人民群众生命财产安全，维护社会稳定大局。

1.2 编制目的

建立统一领导、分级负责、反应及时、规范有序、科学高效的应急体系，持续增强应急管理能力、应急救援能力、应急保障能力、社会协同应对能力，全面提高政府应对各类突发事件的能力和水平。

1.3 编制依据

依据《中华人民共和国突发事件应对法》《突发事件应急预案管理办法》《国家突发公共事件总体应急预案》《河南省人民政府关于改革完善应急管理体系的通知》（豫政〔2019〕11号）等，制定本预案。

1.4 适用范围

本预案适用于本省行政区域内各类突发事件应急处置工作，是河南省应对各类突发事件的总纲，是指导全省各级政府、各部门、各单位做好突发事件应急处置工作的依据。

本预案所称突发事件是指突然发生，造成或可能造成严重社会危害，需要采取应急处置措施予以应对的自然灾害、事故灾难、公共卫生事件和社会安全事件。

1.5 工作原则

坚持人民至上、生命至上。牢固树立以人民为中心的发展思想，建立健全党委领导下的应急管理行政领导负责制，以保障公众健康和生命财产安全为首要任务，最大限度减少突发事件的发生及危害。

坚持居安思危、预防为主。提高全社会防范意识，落实预防措施，做好应对突发事件的思想准备、组织准备、物资准备等各项工作。对各类可能引发突发事件的因素及时分析、预警，做到早发现、早报告、早处置。

坚持统一领导、协调联动。在省委、省政府统一领导下，行业（领域）部门分类管理、源头防控，应急部门充分发挥统筹协调作用，建立健全统一指挥、专常兼备、反应灵敏、上下联动、平战结合的应急管理体制。

坚持分级负责、属地为主。建立完善省、市、县级组织指挥机制。在事发地党委领导下，属地政府全面组织应对工作，及时启动应急响应。注重组织动员社会力量广泛参与，形成工作合力。

坚持快速反应、高效处置。建立健全以国家综合性消防救援队伍为主力、军队为突击力量、专业救援队伍为骨干、社会救援组织为辅助的应急力量体系，健全各类力量快速反应、协调联动机制，高效应对各类突发事件。

坚持依法依规、科技支撑。依法维护公众合法权益，实现突发事件应对工作规范化、制度化、法治化。加强公共安全科学研究和技术开发，充分发挥专家队伍和专业人员作用，提高应对突发事件的科技水平和指挥能力，避免发生次生、衍生灾害事件。

1.6 突发事件分类分级

突发事件主要包括以下类别：

(1) 自然灾害。主要包括水旱灾害、气象灾害、地震灾害、地质灾害、生物灾害和森林火灾等。

(2) 事故灾难。主要包括工矿商贸等企业的各类安全事故、交通运输事故、公共设施和设备事故、核与辐射事故、环境污染和生态破坏事件等。

(3) 公共卫生事件。主要包括传染病疫情、群体性不明原因疾病、职业中毒事件、食品和药品安全事件、动物疫情，以及其他严重影响公众健康和生命安全的事件。

(4) 社会安全事件。主要包括恐怖袭击事件、极端暴力犯罪事件、群体性事件、油气供应中断突发事件、金融突发事件、涉外突发事件、民族宗教事件、网络与信息安全事件等。

各类突发事件按照其性质、造成损失、危害程度、可控性和影响范围等因素，一般分为特别重大、重大、较大和一般四级。各类突发事件分级标准在相应的省级专项应急预案、部门应急预案中予以明确。

1.7 应对原则与应急响应分级

1.7.1 应对原则

突发事件应对遵循分级负责、属地为主、逐级介入的原则。初判发生特别重大、重大突发事件，原则上由省政府负责应对，由省专项应急指挥部或突发事件应急处置牵头部门具体实施，必要时由省应急救援总指挥部负责具体实施；初判发生较大和一般突发事件，分别由市级和县级政府负责应对。

当突发事件超出事发地政府应对能力时，由上一级政府提供支援或负责应对。突发事件涉及两个以上行政区域的，由有关行政区域共同的上一级政府负责应对，或由各有关行政区域的上一级政府共同负责应对。

1.7.2 应急响应分级

省级应急响应按照突发事件分级标准，由高到低分为四级：Ⅰ级、Ⅱ级、Ⅲ级和Ⅳ级。启动省级Ⅰ级响应由省政府主要负责同志决定，启动省级Ⅱ级响应由省政府分管负责同志决定，启动省级Ⅲ级、Ⅳ级响应由突发事件应急处置牵头部门决定。应急响应分级标准在相关省级专项应急预案中予以明确。

市、县级应急响应分级标准可参照省级层面，结合本地实际予以明确。

1.8 应急预案体系

省级应急预案体系包括各级政府及部门、基层组织和单位制定的各类突发事件应急预案，以及为应急预案提供支撑的工作手册和事件行动方案。

1.8.1 应急预案

(1) 县级以上政府及部门应急预案，包括总体应急预案、专项应急预案、部门应急预案等。其中，总体应急预案是应急预案体系的总纲，是本级政府组织应对各类突发事件的总体制度安排。专项应急预案是本级政府为应对某一类型或某几种类型突发事件，或针对保护重要目标物、保障重大活动、保障应急资源等重要专项工作而预先制定的涉及多个部门职责的工作方案。部门应急预案是政府有关部门根据总体应急预案、专项应急预案和部门职责，为应对本部门（行业、领域）突发事件，或针对保护重要目标物、保障重大活动、保障应急资源等涉及部门工作而预先制订的工作方案。

(2) 基层组织和单位的应急预案由机关、企业、事业单位、社会团体和村（居）民委员会等法人和基层组织制定，侧重明确应急响应责任人、风险隐患监测、信息报告、预警响应、应急处置、人员疏散撤离组织和路线、可调用或可请求援助的应急资源情况及如何实施等方面，体现自救互救、信息报告和先期处置特点。

1.8.2 支撑性文件

(1) 应急工作手册是预案涉及的有关部门和单位对自身承担职责任务进一步分

解细化的工作安排，内容一般包括风险隐患分析、处置工作程序、响应措施、应急队伍和装备物资情况，以及相关联络人员和联系方式等。县级以上政府及部门应急预案涉及的有关部门和单位要编制相应工作手册，把每一项职责任务分解细化、具体化，明确工作内容和流程，并落实到具体责任单位、责任人。基层组织和单位根据自身实际，可单独编制应急工作手册，或将有关内容融入应急预案。

（2）事件行动方案是参与突发事件应对的救援队伍、专家队伍等按照应急预案、应急工作手册或上级指挥机构要求，为执行具体任务，结合现场实际情况制订的工作安排或现场处置方案。事件行动方案要明确队伍编成、力量预置、指挥协同、行动预想、战勤保障、通信联络、具体对策、实施步骤等内容。

2 组织指挥体系

2.1 省级组织指挥机制

在省委的统一领导下，省政府是全省突发事件应急管理工作的行政领导机关，负责贯彻落实党中央、国务院关于应急管理工作的决策部署，统筹制定全省应急管理政策措施，组织防范和应对各类突发事件。

省级应急救援指挥体系由省政府应急救援总指挥部（以下简称总指挥部）、省政府专项应急指挥部（以下简称专项指挥部）、前方指挥部组成。总指挥部、专项指挥部是省级应对突发事件的指挥协调机构；前方指挥部是省级应对突发事件的现场组织指挥机构，指导市、县级现场指挥部开展突发事件应急处置工作。

突发事件发生后，原则上由专项指挥部负责应对，必要时由总指挥部负责应对。

2.1.1 总指挥部

总指挥部负责指导、协调各专项指挥部开展工作，必要时负责应对特别重大、重大突发事件。

总指挥部总指挥长由省政府主要负责同志担任，副总指挥长由省政府相关负责同志担任，成员由承担突发事件防范处置职责的省委、省政府、省军区、武警河南总队等有关单位主要负责同志组成。

总指挥部办公室设在省应急厅，办公室主任由省应急厅主要负责同志担任。总指挥部办公室要贯彻落实党中央、国务院及省委、省政府关于应急处置工作的决策部署和总指挥部的工作要求，督促落实总指挥部议定事项和工作安排，负责做好总指挥部日常工作，指导协调专项指挥部办事机构工作，负责组织编制全省突发事件总体应急预案，向总指挥部提交全省重大灾害和事故情况报告，研究提出总指挥部重点工作安排建议，制订工作实施方案；参与各类重大灾害和事故应急救援救助，协助总指挥部做好重大灾害和事故的现场应急处置工作，协调专项指挥部对突发事件发展态势提出应对建议，协调做好重大灾害和事故发生后的救急、救援、救灾工作。

总指挥部各成员单位要贯彻落实党中央、国务院方针政策，执行省委、省政府决策部署，按照总指挥部要求，依据职责分工做好相关突发事件应对工作；负责制定与实施相关类别突发事件专项应急预案和部门应急预案，明确专项突发事件分级标准和响应分级标准；负责组织指导协调风险防控、应急准备、监测预警、应急救援、恢复重建等工作；负责突发事件防范、应急资源保障等工作。

2.1.2 专项指挥部

总指挥部下设防汛抗旱、生态环境、社会安全、森林防火、地质灾害、交通运输、公共卫生、食品药品、消防安全、安全生产、抗震救灾、气象灾害防御及人工影响天气等专项指挥部。

专项指挥部在总指挥部指导、协调下，承担相关领域突发事件的指导协调和组织应对工作。

各专项指挥部牵头部门负责制定实施相关类别突发事件专项应急预案，明确专项突发事件分级标准和响应分级标准；负责相关专项特别重大、重大突发事件应对的综合协调工作；承担专项指挥部的日常工作。

各突发事件应急保障工作牵头部门和支持部门配合做好相关类别突发事件专项应急预案和部门应急预案的制定实施工作，配合做好相关类别专项突发事件应对工作；承担专项指挥部的相关工作。

2.1.3 前方指挥部

发生特别重大、重大突发事件后，原则上由专项指挥部或突发事件应对工作牵头部门根据工作需要设立前方指挥部（必要时由总指挥部设立），负责组织、协调、指挥突发事件现场处置工作。前方指挥部指挥长由省委、省政府指定负责同志担任，副指挥长由省专项指挥部负责同志担任，成员由相关单位负责同志及事发地省辖市（含济源示范区，下同）党委、政府负责同志担任。

前方指挥部承担事故现场应急处置各项指挥、协调、保障工作，可根据需要设立综合协调、抢险救援、资料保障、监测预警、舆情引导、医疗保障、救灾物资保障、安全保障、通信保障、后勤保障、调查评估等应急处置工作组。

发生较大、一般突发事件后，由专项指挥部或突发事件应对工作牵头部门根据需要派出工作组，指导突发事件现场处置工作。

2.2 市、县级及基层组织指挥机制

市、县级政府在本级党委统一领导下，负责本行政区域突发事件应对工作，统筹制定本行政区域应急管理政策措施，组织防范和应对各类突发事件。市、县级政府根据工作需要，可参照成立总指挥部、专项指挥部。

突发事件发生后，事发地政府根据需要设立由市、县级政府负责同志，相关部门负责同志组成的现场指挥部，负责组织、指挥、协调、实施突发事件现场处置工作。现场指挥部可根据需要设立综合协调、灾害监测、抢险救援、交通管制、医疗卫生、善后处置、信息发布及新闻宣传、基础设施保障和生产恢复、专家支持、调查评估等工作组。

乡镇政府（街道办事处）要结合实际强化应急管理职责。村（居）民委员会负责协助做好村（社区）应急管理相关工作。

3 监测预警

3.1 风险防控

（1）各级政府要建立突发事件风险调查和评估制度，制定风险分类分级管理办法，依法对各类危险源、危险区域进行辨识和评估，建立清单与台账，加强监督检查，针对风险隐患采取安全防控措施，建立信息共享与公开机制。有关部门要定期综合评估和分析潜在风险，研判突发事件可能趋势，提出防范建议，报本级政府并抄送应急部门。

（2）各级政府要建立完善社区、村、重点单位网格化风险防控体系。有关部门要及时发现和处置各类隐患，落实风险管控措施。对重大风险点和危险源，要制定防控措施、整改方案和应急预案，同时做好监控和应急准备工作。

（3）各级政府编制城乡建设规划要充分考虑公共安全风险因素，坚持底线思维，统筹安排应对突发事件所必需的基础设施建设。要加强城乡防灾减灾能力建设，抓好以源头治理为重点的安全生产基础能力建设，完善以城乡医疗救治体系和疾病预防控制为重点的公共卫生保障体系，健全以利益协调、诉求表达、矛盾调处等机制为重点的社会安全基础能力建设。

（4）各级政府及有关单位要加强对重大基础设施的安全监督检查，重大关键基础设施要科学选址、优化布局，开展可行性论证和风险评估，增强防灾抗灾和风险管控能力；运营与维护单位要建立完善日常安全风险管理制度。

3.2 信息监测

省政府及有关部门要逐步建立全省统一的突发事件信息监测体系，完善信息资源获取和共享机制。市、县级政府及部门要指定专门机构负责突发事件信息监测，加强对突发事件信息监测工作的管理和监督，建立突发事件常规数据库。各有关单位要无偿提供有关数据和信息，支持、配合突发事件常规数据库建设。

突发事件常规数据库内容包括：

（1）主要危险物质的种类、数量、特性及运输路线；重大危险源的数量及分布；潜在的重大安全事故、自然灾害类型及影响区域。

（2）造成社会公众健康严重损害的重大传染病疫情、群体性不明原因疾病发生的类型、影响区域及后果。

（3）城市建成区和农村分布、地形地貌、交通和基础设施情况；重要保护目标及分布；常年季节性的风向、风速、气温、降水量等气象条件；人口数量、结构及分布。

（4）应急力量的组成及分布；应急设施、物资的种类、数量、特性和分布；上级应急机构或相邻地区可用的应急资源。

（5）可能影响应急处置的不利因素。

3.3 信息报告

（1）县级政府要创新基层网格员管理体制机制，统筹各类信息员资源，建立统一规范的基层网格员管理和激励制度，承担风险隐患巡查报告、突发事件先期处置、灾情统计报告等职责。鼓励获悉突发事件信息的公民主动向所在地政府、有关主管部门或指定的专业机构报告。

突发事件发生或发现重大风险、隐患后，基层网格员和相关单位、基层组织、企业等要及时向所在地政府及有关主管部门报告相关信息。事发地政府及有关部门要按照国家有关规定向上级政府及有关部门报送信息，及时续报事件处置等有关情况。

特别重大、重大突发事件信息，敏感信息，发生在重点地区、重要时期的信息，可能演化为特别重大、重大突发事件的一般、较大突发事件信息，要及时报省委、省政府。

（2）报告内容一般包括突发事件发生的时间、地点、信息来源、性质、简要经过、影响范围（含环境影响）、人员伤（病）亡和失联情况、房屋倒塌损坏等经济损失情况、交通通信电力等基础设施损毁情况、现场救援情况和已经采取的其他措施等。

（3）接到突发事件信息后，各级政府及有关部门要按照国家有关规定，立即如实向上级政府及有关部门报告，不得迟报、谎报、瞒报和漏报，同时通报可能受影响的地区、部门和企业，并及时续报突发事件处置等有关情况。涉及港澳台侨、外籍人员，或影响到境外的突发事件信息报告，按照相关规定办理。

3.4 风险预警

3.4.1 确定预警级别

有关部门接到突发事件相关征兆信息后，要及时组织进行分析评估，研判突发事件发生的可能性、强度和影响范围以及可能发生的次生、衍生突发事件类别，确定预警级别。按照突发事件紧急程度、发展态势和可能造成的危害程度，预警级别由高到低依次为一级、二级、三级和四级，分别用红色、橙色、黄色和蓝色标示。预警级别的具体划分按照国家和行业相关标准执行。

3.4.2 发布预警信息

各级政府或有关部门要根据分析评估结果，按照《河南省突发事件预警信息发布运行管理办法（试行）》及国家突发事件预警信息发布的有关规定，立即发布预警信息，及时向上一级政府或相应部门报告，必要时可越级上报，并向当地驻军和可能受影响的毗邻或相关地方政府通报。根据事态发展，适时调整预警级别并重新发布、报告和通报突发事件预警信息。

预警信息的发布和调整可通过突发事件预警信息发布系统、广播、电视、报刊、信息通信网络等渠道，使用警报器、宣传车、大喇叭或组织人员逐户通知等方式进行，对老、幼、病、残、孕等特殊人群以及学校等特殊场所和警报盲区，要采取有针对性的通知方式。承担应急处置职责的相关单位接收到预警信息后，要及时向发布预警信息的单位反馈接收结果。

3.4.3 预警措施

发布预警信息后，有关方面要根据预警级别、实际情况和分级负责的原则，采取下列一项或多项措施：

（1）增加观测频次，及时收集、报告有关信息；

（2）加强公众沟通，公布信息接收和咨询电话，向社会公告采取有关特定措施避免或减轻危害的建议和劝告等；

（3）组织应急队伍和负有特定职责的人员进入待命状态，动员后备人员做好参加应急处置和救援工作的准备，视情况预置队伍、装备、物资等应急资源；

（4）调集应急处置和救援所需物资、设备、工具，准备应急设施和避难场所，并确保其处于良好状态、随时可以投入正常使用；

（5）加强对重点单位、重要部位和重要设施的安全保卫，维护社会治安秩序；

（6）采取必要措施，确保交通、通信、供水、排水、供电、供气、供热等公共设施安全和正常运行；

（7）转移、疏散或撤离易受突发事件危害的人员并予以妥善安置，转移重要财产；

（8）关闭或限制使用易受突发事件危害的场所，控制或限制容易导致危害扩大的公共场所活动；

（9）有关地方和部门发布预警后，其他相关地方或部门要及时组织分析本地、本行业可能受到影响的范围、程度等，安排部署有关防范性措施。

3.4.4 预警解除

当突发事件风险已经解除，发布警报的政府或有关部门要立即宣布解除警报，终止预警期，解除已经采取的有关措施。

4 应急处置

4.1 先期处置

(1) 突发事件发生后，事发单位要立即组织本单位应急队伍和工作人员营救受害人员，疏散、撤离、安置受威胁人员；控制危险源，标明危险区域，封锁危险场所，并采取其他必要措施防止危害扩大；迅速控制可疑的传染源，积极救治病人，组织医疗卫生人员加强个人防护；向所在地县级政府及有关部门、单位报告。对因本单位的问题引发的或主体是本单位人员的社会安全事件，有关单位要迅速派出负责人赶赴现场开展劝解、疏导工作。

(2) 事发地村（居）民委员会和其他组织要立即进行宣传动员，组织群众开展自救和互救，协助维护社会秩序，或按照当地政府的决定、命令组织开展突发事件应对工作。

(3) 乡镇政府（街道办事处）要调动基层应急队伍，采取措施控制事态发展，组织开展应急处置工作，并及时向上级政府报告。

4.2 指挥协调

(1) 组织指挥。省、市、县级组织指挥机构按照分级应对、分级响应原则，分别负责相应级别突发事件的应急组织指挥。县级政府对本行政区域内各类突发事件应对负有属地管理责任，按照上级政府要求组织实施应急处置措施。超出事发地政府处置能力的，上级政府要根据事发地政府请求或应对工作需要，组织指挥突发事件应对。发生特别重大、重大突发事件后，总指挥部或专项指挥部成立突发事件应急处置机构时，可根据需要设立涉外事务处置组。

(2) 现场指挥。市级政府设立现场指挥部的，县级政府的现场指挥部应纳入市级现场指挥部。省政府设立前方指挥部的，市、县级现场指挥部要服从前方指挥部的领导。前方指挥部、现场指挥部要充分听取有关专家意见建议，开设统一的救援队伍集结点、物资接收点和分布点、新闻中心，并提供必要的后勤保障。

当上级政府派出现场工作组时，下级政府的现场指挥机构要与其对接并接受业务指导，做好相应保障工作。

(3) 协同联动。驻豫解放军、武警部队、国家综合性消防救援队伍和专业应急救援队伍等，在市、县级党委、政府的统一领导下参加突发事件应急处置工作，按照规定的指挥关系和指挥权限指挥。社会组织参与突发事件应急处置的，由现场指挥机构统一管理、统一调动、统一行动。

4.3 处置措施

4.3.1 自然灾害、事故灾难、公共卫生事件

自然灾害、事故灾难、公共卫生事件发生后，事发地县级以上政府根据处置需

要，应采取下列一项或多项或其他必要的应急措施：

（1）现场信息获取。组织现场人员、应急测绘和勘察队伍等，利用无人机、雷达、卫星、移动气象站等手段获取现场影像和灾害数据，分析研判道路、桥梁、通信、电力等基础设施和居民住房损毁情况，收集重要目标物、人员密集场所和人口分布等信息，提出初步评估意见，并向现场指挥机构和有关部门报告。

（2）组织营救受灾和被困人员，疏散、撤离并妥善安置受威胁人员，必要时组织动员社会应急力量有序参与应急处置、受灾人员救助工作。

（3）组织开展伤病员救治、卫生防疫和公共卫生调查处理、应急心理救助等医疗卫生救援工作，治疗传染病患者和疑似传染病患者，控制传染源，观察密切接触者，对易感染人群采取应急接种、预防性服药措施和开展卫生防疫知识宣传。

（4）迅速组织开展抢险工作，控制危险源，标明危险区域，封锁危险场所，划定警戒区，实施交通管制以及其他控制措施。交通运输、铁路、民航、公安等有关部门要保证紧急情况下应急交通的优先安排、优先调度、优先放行，确保抢险救灾物资和人员能够及时、安全送达。

（5）立即抢修被损坏的交通、通信、供水、排水、供电、供气、供热等公共设施，短时间内难以恢复的，要实施过渡方案，保障社会生产生活基本需要。

（6）开展环境应急监测，追踪研判污染范围、程度和发展趋势；切断污染源，控制和处置污染物，保护饮用水水源地等环境敏感目标；开展灾后环境风险排查，整治污染隐患，妥善处置应对突发事件产生的废弃物。

（7）禁止或限制使用有关设备、设施，关闭或限制使用有关场所，中止人员密集的活动或可能导致危害扩大的生产经营活动，以及采取其他保护措施。

（8）启用本级政府设置的财政预备费和储备的应急救援救灾物资，必要时征用其他急需物资、设备、设施、工具。

（9）做好受灾群众的基本生活保障工作，提供食品、饮用水、衣被、燃料等基本生活必需品和临时住所，开展卫生防疫工作，确保大灾之后无大疫。

（10）开展遇难人员善后处置工作，妥善处理遇难人员遗体，做好遇难人员家属安抚工作。

（11）组织开展救灾捐赠活动，接受、管理、分配救灾捐赠款物。

（12）依法严厉打击囤积居奇、哄抬价格、制假售假等扰乱市场秩序的行为，稳定市场价格，维护市场秩序。

（13）依法严厉打击哄抢财物、干扰破坏应急处置工作等扰乱社会秩序的行为，维护社会治安。

（14）采取必要措施防止发生次生、衍生灾害和事件。

4.3.2 社会安全事件

社会安全事件发生后，事发地县级以上政府要立即组织有关部门针对事件的性质和特点，采取下列一项或多项或其他必要的应急措施：

(1) 了解和分析事件起因，有针对性地开展法制宣传和说服教育，及时疏导、化解矛盾和冲突。

(2) 维护现场治安秩序，对使用器械相互对抗或以暴力行为参与冲突的当事人实行强制隔离带离，妥善解决现场纠纷和争端，控制事态发展。

(3) 组织开展伤病员救治、应急心理救助等医疗卫生救助工作。

(4) 对特定区域内的建筑物、交通工具、设备、设施以及燃料、燃气、电力、水的供应进行控制，必要时依法对网络、通信进行管控。

(5) 封锁有关场所、道路，查验现场人员的身份证件，限制有关公共场所内的活动。

(6) 加强对易受冲击的核心机关和单位的安全保卫，在党政机关、军事机关、广播电台、电视台、通信核心枢纽等附近设置临时警戒线。加强对重点敏感人员、场所、部位和标志性建筑的安全保护。

(7) 发生严重危害社会治安秩序的事件时，立即依法出动警力，加大社会面检查、巡逻、控制力度，根据现场情况依法采取相应的强制性措施，尽快恢复正常社会秩序。

(8) 法律、法规等规定的其他必要措施。

4.4 紧急状态

发生或即将发生特别重大突发事件，采取一般处置措施无法控制和消除其社会危害，需要宣布省内部分地区进入紧急状态的，依法由省政府提请国务院决定或由国务院依职权决定；需要全省进入紧急状态的，依法由省政府报国务院提请全国人大常委会决定或由全国人大常委会依职权决定。

4.5 信息发布

突发事件发生后，事发地政府应急指挥机构要及时通过主流媒体向社会发布突发事件的初步核实情况、政府应对措施和公众防范措施等权威信息，并根据事件处置进展动态发布信息。信息发布由履行统一领导职责的政府设立的应急指挥机构负责。法律、法规和国家另有规定的，从其规定。

未经履行统一领导职责的政府设立的应急指挥机构批准，参与突发事件应急处置工作的单位和个人不得擅自对外发布事件信息。任何单位和个人不得编造、传播有关突发事件事态发展或应急处置工作的虚假信息。

4.6 应急结束

突发事件应急处置工作结束，或相关威胁和危害得到控制、消除后，履行统一领导职责的政府或其应急指挥机构宣布应急结束，或逐步停止有关应急处置措施，应急队伍和工作人员有序撤离。同时，采取或继续实施必要措施，防止发生自然灾害、事故灾难、公共卫生事件次生、衍生事件或重新引发社会安全事件。现场指挥机构停止运行后，通知相关方面解除应急措施，进入过渡时期，逐步恢复生产生活秩序。

5 恢复与重建

5.1 善后处置

事发地政府要根据本地遭受损失情况，制订救助、补偿、抚慰、抚恤、安置等善后工作方案，对突发事件中的伤亡人员、应急处置工作人员，以及紧急调集、征用有关单位及个人的物资，按照规定给予抚恤、补助或补偿，并提供心理咨询及司法援助，妥善解决因应对突发事件引发的矛盾和纠纷。有关部门要做好疫病防治和环境污染消除工作。事发地保险监管机构要组织、督促有关保险机构及时开展查勘和理赔工作。

5.2 社会救助

各级政府要建立健全突发事件社会救济救助制度，鼓励和利用社会资源进行救济救助，逐步加大社会救助的比重。事发地市、县级政府要组织有关部门做好灾情核实、统计及上报和管理、拨发救灾款物等工作，必要时积极组织开展救灾捐助。

5.3 调查评估

履行统一领导职责的政府要及时查明突发事件的发生经过和原因，评估突发事件造成的损失，将调查与评估情况向上一级政府报告；组织参与处置的部门（单位）对应急处置工作进行复盘分析，总结经验教训，制定改进措施。特别重大突发事件的调查评估按照国家有关规定执行。重大突发事件由省有关部门进行调查评估，并向省政府报告。法律、法规对事故调查等另有规定的，从其规定。

5.4 恢复重建

按照省级统筹指导、各级广泛参与的灾后恢复重建机制，强化各级政府重建主体责任，引导开展自力更生、生产自救活动。

（1）恢复重建工作由事发地政府负责。突发事件应急处置工作结束后，事发地政府要立即组织制订恢复重建计划，并向上一级政府报告。受突发事件影响地区的政府要及时组织有关部门恢复社会秩序，尽快修复被损坏的交通、水利、通信、供水、排水、供电、供气、供热等公共设施。

（2）上级政府要根据实际情况对需要支持的下级政府提供资金、物资支持和技术指导，组织其他地区提供资金、物资和人力支援。省政府可根据突发事件影响地区遭受损失情况，制定扶持该地区经济社会和有关行业发展的优惠政策。需要国家援助的，由省政府提出请求，向国家有关部门汇报调查评估情况和受灾地区恢复重建计划。

6 应急保障

6.1 应急队伍保障

（1）国家综合性消防救援队伍是应急处置的主力军和国家队。各级政府要加强国家综合性消防救援队伍的建设和管理，提供必要支持保障。

（2）专业应急队伍是应急处置的骨干力量。县级以上网信、军民融合、工业和信息化、公安、自然资源、生态环境、交通运输、水利、住房城乡建设、农业农村、文化和旅游、卫生健康、能源、林业、气象、宣传等部门，根据职能分工和实际需要，在应急部门的统筹指导下，建设和管理本行业、本领域的专业应急救援队伍。

（3）解放军和武警部队是应急处置的突击力量。解放军和武警部队按照有关规定参加应急处置工作，建立健全军地协调联动机制，实现应急管理信息系统互联互通；按照遂行应急任务能力要求，配备必要的装备，加强针对性训练和演练。

（4）基层应急队伍是先期处置的重要力量。乡镇政府（街道办事处）及村（居）民委员会要结合当地实际，单独建立或与有关单位、社会组织共同建立基层应急队伍。

（5）社会应急队伍是应急处置的辅助力量。各地、各有关部门要制定相关政策措施，充分发挥红十字会和共青团作用，鼓励企事业单位、社会组织及公民等有序参与应急处置工作。

6.2 财政经费保障

（1）县级以上政府要将突发事件防范和应对工作所需经费纳入同级财政预算，保障各级应急指挥机构运转日常经费。应对突发事件所需财政负担的经费，按照财政事权和支出责任划分，分级负担。

（2）鼓励公民、法人或其他组织按照有关规定，为突发事件应对提供物资、装备、资金、技术支持和捐赠。

（3）建立健全灾害风险保险体系，鼓励单位和公民参加保险。县级以上政府及有关部门和单位要为专业应急救援人员购买人身意外伤害保险。

（4）各级财政和审计部门要对突发事件财政应急保障资金的使用及效果进行监督和评估。

6.3 物资装备保障

（1）应急部门会同发展改革委、财政局、粮食和储备局等部门，制定应急物资储备和应急救援装备规划并组织实施，建立健全全省重要物资应急监测网络、预警体系和应急物资生产、储备、调拨及紧急配送体系，实现共建共享。有关部门按照职能建立本系统现场救援和工程抢险装备数据库，掌握物资、装备的类型、数量、性能、存放位置等，并加强对物资、装备的维护保养。

(2) 市、县级政府根据有关法律、法规和应急预案规定，做好应急物资、装备储备工作，加强疏散避难场所建设，或与有关企业签订协议，保障应急物资、装备的生产、供给。

6.4 医疗卫生保障

卫生健康部门加强公共卫生体系建设，完善公共卫生事件监测与信息报送网络，加强医疗卫生救援队伍建设管理。研究制定应对不同类别突发事件的应急准备措施，做好医疗设施装备、药品储备工作，有机整合应急卫生资源。根据区域特点和辐射半径，合理布设和建立急救站（中心），确保有效开展现场救治、防疫防病工作。

6.5 交通运输保障

公安、交通运输、铁路、民航等部门负责交通运输保障。完善应急运输协调机制，科学配置、使用省、市、县三级应急运输力量，形成顺畅、有序、联动、高效的应急运输保障体系，确保应急物资和人员能够及时、安全送达。公安、交通运输、铁路、民航等部门根据需要和可能，组织开辟便捷应急通道，优先运送应急救援人员、物资和装备。交通运输工程设施受损时，有关部门或当地政府要迅速组织力量进行抢修。

6.6 人员防护保障

各级政府要把避难场所建设纳入经济社会发展总体规划及城市总体规划、村镇建设规划，逐步建成一批设施完备、布局科学，能够满足人员紧急疏散要求的避难基础设施，保障疏散避难人员的基本生活需要。

有关部门要为涉险人员和应急救援人员提供符合要求的安全防护装备，采取必要的防护措施，严格按照程序开展应急处置工作，确保人员安全。

6.7 治安保卫保障

公安部门负责突发事件现场的治安维护，制订不同类别、级别突发事件应急状态下维护治安、交通秩序的行动方案，加强对重点地区、场所、人群、物资设备的安全防护，依法严厉打击违法犯罪活动。必要时，依法采取有效管制措施，控制事态，维护社会秩序。事发地相关单位和个人必须积极主动配合做好治安维护工作。

6.8 应急通信保障

通信管理、广电等部门和单位负责建立健全应急通信、应急广播电视保障工作体系，加强公用通信网、卫星通信网络的应急能力建设，提升面向公众的突发事件应急信息传播能力。建立有线和无线相结合、基础电信网络和机动通信系统相配套的应急通信系统。突发事件发生后，通信管理部门要协调各基础电信运营企业、铁塔公司做好现场应急通信保障工作。

6.9 基础信息保障

气象部门负责加强灾害性天气监测、预报和预警，及时提供气象分析资料，为应急处置提供气象信息服务。

水利部门要及时开展江河、湖泊、水库水情的监测、预报和预警，为应急处置提供水文资料和信息服务。

自然资源部门要及时开展地质灾害的监测、预报和预警，为应急处置工作提供突发事件事发地遥感监测、无人机航摄等技术支持，为应急处置工作提供地图、影像等地理信息服务。

6.10 基本生活保障

供水、供电、供气、生态环境等单位要制定应急预案，对废水、废气、固体废弃物等有害物质进行监测和处理，确保应急状态下城市生命线和重要用户以及事发地的基本用水、用电、用气安全。

应急、卫生健康等部门要会同事发地政府做好受灾群众的基本生活保障工作，确保灾区群众有饭吃、有干净水喝、有衣穿、有住处、有病能得到及时医治。

6.11 科技支撑保障

各级政府及有关部门要加强应急管理领域的科技创新，积极开展预防、监测、预警、应急处置等方面的科学技术研究以及应急装备的研发。鼓励和支持有条件的单位建设科技创新平台。强化科技成果转化，推广应用先进适用技术，不断增强应急工作的科技保障能力。

各级应急及有关部门要充分利用现有政府系统办公业务资源和专业系统资源，按照国家相应标准，建立健全应急指挥平台体系，完善突发事件预警信息发布系统，实现应急决策指挥互联互通、信息共享。

6.12 区域协作保障

省政府及有关部门和单位要加强与毗邻省份的应急交流合作，不断完善应急联动机制，加强训练基地共享与应急演练联动，为应对区域性突发事件提供合作平台。

市、县级政府及有关部门和单位要加强应急管理区域协作，建立健全应急联动机制、应急资源区域共享机制。

7 预案管理

7.1 预案编制

（1）各级应急部门要会同有关部门针对本行政区域突发事件历史情况和重大风险，制定本级总体应急预案、专项应急预案和部门应急预案的编制修订工作规划。市、县级应急预案编制修订工作规划报上级应急部门备案。

（2）编制应急预案应在风险评估和应急资源调查的基础上进行，确保应急预案的可操作性。鼓励在印发前以情景构建的方式模拟突发事件场景开展桌面推演，检验应急预案各项措施的有效性。

(3) 政府及有关部门、单位在应急预案编制过程中要广泛听取有关部门、单位和专家的意见。涉及其他单位职责的，要书面征求意见。必要时，向社会公开征求意见。基层组织和单位在应急预案编制过程中要征求相关公民、法人或其他组织的意见。

7.2 预案审批

(1) 各级各类应急预案衔接遵循“下级服从上级，专项、部门服从总体，预案之间不得相互矛盾”的原则。应急部门综合协调各类应急预案衔接工作，承担本级专项应急预案、部门应急预案备案工作。

(2) 总体应急预案由应急部门组织编制，按照程序报请本级政府批准并公布实施，并报上级政府备案，抄送上级应急部门。

(3) 专项应急预案按照职责分工由相应突发事件主要牵头部门负责编制，按照程序报请本级政府批准，以政府办公厅（室）或专项指挥部名义印发实施，报上级相应部门和应急部门备案。

(4) 部门应急预案由有关部门编制，经主要负责人批准印发实施，报本级政府、应急部门和上级相应部门备案。部门应急预案印发前，应征求本级应急部门意见。

(5) 基层组织和单位的应急预案要经基层组织或单位主要负责人签发，并按照有关法律、法规要求向有关部门备案。

(6) 中央驻豫企业及省管企业集团公司总部的总体应急预案向行业主管部门、省应急厅备案，有关专项应急预案向相应突发事件主要牵头部门备案，并抄送省应急厅。重大关键基础设施应急预案向有关行业主管部门和应急部门备案。

应急预案支撑性文件的审批程序由编制单位根据实际情况确定。

7.3 预案演练

(1) 应急预案编制单位要建立应急演练制度，根据实际情况采取实战演练、桌面推演等方式，组织开展人员广泛参与、处置联动性强、形式多样、节约高效的应急演练。省级专项应急预案、部门应急预案至少每3年进行一次应急演练，省级生产安全事故类专项预案至少每2年进行一次应急演练。预案发生重大调整的，要及时按照新的预案开展演练。法律、法规对应急演练另有规定的，从其规定。

(2) 省级专项应急预案牵头部门要主动组织演练，相关部门和单位要积极配合参与。

(3) 市、县级政府及有关部门要结合本地实际，有计划、有重点地组织有关部门对应急预案进行演练，特别是对涉及领域多、需多方配合的应急预案应开展综合性演练。

（4）乡镇政府（街道办事处）、村（居）民委员会、事业单位要结合实际开展应急演练，企业要按照相关法律、法规要求定期开展应急演练。

7.4 预案评估与修订

7.4.1 预案评估

应急预案编制单位要建立定期评估制度，分析评价预案内容的针对性、实用性和可操作性，实现应急预案的动态优化和科学规范管理。

7.4.2 预案修订

有下列情形之一的，要及时修订应急预案：

（1）有关法律、法规、规章、标准、上位预案中的有关规定发生变化的；

（2）应急指挥机构及职责发生重大调整的；

（3）面临的风险发生重大变化的；

（4）重要应急资源发生重大变化的；

（5）预案中的其他重要信息发生变化的；

（6）在突发事件实际应对和应急演练中发现问题需要作出重大调整的；

（7）应急预案编制单位认为应修订的其他情况。

各级政府及部门、企事业单位、社会团体、公民等，可以向有关预案编制单位提出修订建议。

7.5 宣传培训

（1）应急、文化和旅游、广电、工业和信息化、通信管理等部门要通过图书、报刊、音像制品和电子出版物、广播、电视、网络、手机等，广泛宣传应急法律、法规和预防、避险、自救、互救、减灾等知识，增强公众的忧患意识、社会责任意识、公共安全和风险防范意识，提高全社会的避险能力和自救互救能力。

（2）各级各类学校（幼儿园）要在教育部门指导下，把应急知识教育纳入教学内容，对学生进行应急知识教育，培养学生的应急安全意识和自救互救能力。教育部门要对学校开展的应急知识教育进行指导和监督。

（3）各级政府及有关部门要建立健全突发事件应急管理培训制度，并纳入干部教育培训体系，针对本地特点定期开展突发事件应急预案宣传和教育培训工作。新闻媒体要开展突发事件预防与应急、自救与互救知识的公益宣传。企事业单位要定期开展应急管理法律法规、安全管理制度、安全操作规程以及应急知识等方面的教育与培训。

8 责任奖惩

(1) 根据有关规定，建立健全应急管理工作领导负责制和责任追究制。

(2) 公民按照各级政府要求，参加应急处置或协助维护社会秩序期间，其在本单位的工资待遇和福利不变。对在突发事件应对工作中作出突出贡献的先进集体和个人，按照国家、省有关规定给予表彰或奖励。

(3) 对迟报、谎报、瞒报和漏报突发事件重要情况，应急处置不力，或在应对工作中有其他失职、渎职行为的，依照有关规定给予处分；构成犯罪的，依法追究刑事责任。

三、《郑州市突发事件总体应急预案（试行）》

1 总则

1.1 编制目的

为进一步贯彻落实习近平总书记关于安全生产和应急管理的重要论述，提高郑州市人民政府处置突发事件的能力，最大限度地预防和减少突发事件及其造成的损害，维护公共安全和社会稳定，特制定本预案。

1.2 编制依据

《中华人民共和国突发事件应对法》、《河南省人民政府办公厅关于印发河南省突发事件应急预案管理办法的通知》（豫政办〔2017〕141 号）、《河南省突发事件总体应急预案》、《郑州市人民政府关于改革完善应急管理体系的通知》（郑政文〔2019〕84 号）等。

1.3 适用范围

本预案是市政府应对全市各类突发事件的总纲。全市各类突发事件的预防、监测与预警、应急处置与救援、恢复与重建、准备与支持等应对活动，适用本预案。

本预案所称突发事件是指突然发生，造成或者可能造成严重社会危害，需要采取应急处置措施予以应对的自然灾害、事故灾难、公共卫生事件和社会安全事件。

1.4 工作原则

坚持生命至上、安全第一。牢固树立以人民为中心的发展思想，建立健全党委领导下的应急管理行政领导负责制，把保障公众生命财产安全作为首要任务，最大限度地减轻突发事件风险、减少突发事件及其造成的人员伤亡和危害。

坚持居安思危、预防为主。增强全社会防范突发事件的意识，采取科学的预防措施，做好应对突发事件的思想准备、组织准备、物资准备等各项工作。对各类可能引发突发事件的因素要及时进行分析、预警，做到早发现、早报告、早处置。

坚持统一领导、协调联动。在市委、市政府统一领导下，行业（领域）部门分类管理、源头防控，充分发挥应急管理部门统筹协调作用，建立健全统一指挥、专常兼备、反应灵敏、上下联动、平战结合的应急管理体制。

坚持分级负责、属地为主。根据突发事件的范围、性质和危害程度，进行分级应对。县级人民政府对本行政区域内突发事件的应对工作负责。突发事件发生地县级人民政府不能消除或者不能有效控制突发事件引起的严重社会危害的，应当及时向上级人民政府报告。

坚持快速反应、高效处置。建立健全以国家综合性消防救援队伍为主力，专业应急救援队伍为协同，军队应急救援力量为突击，基层组织和单位应急救援队伍、社会应急救援力量为辅助的应急救援队伍体系，健全完善各类应急力量快速反应、联动协调机制，高效应对各类突发事件。

坚持依法依规、科技支撑。依据有关法律法规，推进突发事件应对工作规范化、制度化、法治化。加强公共安全科学研究和技术开发，充分发挥专家队伍和专业人员的作用，提高突发事件应对的科技水平和指挥能力，避免发生次生、衍生事件。

1.5 事件分类分级应对

(1) 突发事件分类

自然灾害。主要包括水旱灾害、气象灾害、地震灾害、地质灾害、生物灾害和森林火灾等。

事故灾难。主要包括工矿商贸等企业的各类安全事故、交通运输事故、公共设施和设备事故、核与辐射事故、环境污染和生态破坏事件等。

公共卫生事件。主要包括传染病疫情、群体性不明原因疾病、急性中毒事件、食品和药品安全事件、动物疫情，以及其他严重影响公众健康和生命安全的事件。

社会安全事件。主要包括恐怖袭击事件、极端暴力犯罪事件、群体性事件、油气供应中断突发事件、金融突发事件、涉外突发事件、民族宗教事件、网络与信息安全事件等。

(2) 突发事件分级

各类突发事件按照社会危害程度、影响范围等因素一般分为四级：Ⅰ级（特别重大)、Ⅱ级（重大)、Ⅲ级（较大）和Ⅳ级（一般)。法律、行政法规或者国务院另有规定的，从其规定。

(3) 突发事件应对主体

初判发生Ⅰ级（特别重大)、Ⅱ级（重大）突发事件，原则上由省政府负责应对，由市政府负责先期处置。

初判发生Ⅲ级（较大）突发事件，原则上由市政府负责应对，由区县（市）负责先期处置。

初判发生Ⅳ级（一般）突发事件，原则上由区县（市）负责应对。

1.6 应急预案体系

郑州市突发事件应急预案体系包括各级政府及其部门，基层组织和单位制定的各类突发事件应急预案，以及为应急预案提供支撑的工作手册和事件行动方案。本预案与《河南省突发事件总体应急预案》相衔接。

（1）总体应急预案

全市应急预案体系的总纲，市政府组织应对突发事件的总体制度安排。

（2）专项应急预案

市政府有关部门为应对涉及面广、情况复杂的某一类型突发事件，或针对重要目标物保护等重要专项工作而制订的涉及数个部门职责的工作方案。

（3）部门应急预案

有关部门为应对本部门（行业、领域）某一类型突发事件，或者针对应急资源保障等涉及部门工作而预先制订的工作方案。

（4）基层组织和单位应急预案

机关、企业、事业单位、社会组织和居委会、村委会等基层组织和单位，规范突发事件应对的内部工作方案。

（5）重大活动应急预案

应对大型会议、会展和文化体育等重大活动中的突发事件的工作方案。

（6）应急工作手册

预案涉及的有关部门、机关和单位对自身承担职责任务进一步分解细化的工作安排，是本机关和单位应对突发事件的工作指引。

（7）事件行动方案

参与突发事件应对的救援队伍、专家队伍等按照应急预案、工作手册或上级指挥机构要求，为执行具体任务并结合现场实际情况而制定的工作安排或现场处置方案。

2 应急组织指挥体系及职责

郑州市应急组织指挥体系由市应急救援总指挥部（以下简称总指挥部）、专项应急指挥部（以下简称专项指挥部）、现场指挥部、区县（市）应急指挥机构和专家组 5 部分组成。总指挥部是市政府成立的应对突发事件的指挥协调机构；专项指挥部是总指挥部设立的应对相关领域突发事件的指挥协调机构；现场指挥部是总指挥部或专项指挥部视情况设立的应对突发事件的现场应急指挥处置机构；区县（市）应急指挥机构负责处置本行政区域各类突发事件；专家组负责为政府和指挥部提供应急管理智力支持。

突发事件发生后，原则上由专项指挥部负责突发事件应对，必要时启动总指挥部负责应对。

2.1 总指挥部

2.1.1 总指挥部设置

市政府成立市应急救援总指挥部，总指挥部负责组织、领导各专项指挥部的工作。

总指挥长：市委副书记、市长。

副总指挥长：市政府常务副市长、郑州警备区副司令。

成员：承担突发事件防范和应急处置职责的市政府有关部门主要负责人。

办公室：总指挥部办公室设在市应急局，承担总指挥部日常工作，市应急局行政主要负责人任办公室主任。

2.1.2 总指挥部职责

2.1.2.1 总指挥部主要职责

（1）研究制定全市应对突发事件的重大决策和指导意见。

（2）审定市突发事件总体应急预案。

（3）必要时集中领导和统一指挥Ⅲ级（较大）突发事件的应急处置和Ⅰ级（特别重大）、Ⅱ级（重大）突发事件的先期处置工作。

（4）在应对突发事件工作中协调省应急救援总指挥部、驻郑部队及其他有关部门和单位的关系。

（5）向省应急救援总指挥部报告突发事件应急处置情况。

（6）审定突发事件应急处置所需的资金和物资分配计划。

（7）总结突发事件应急处置过程中的经验教训。

（8）决定对参与处置突发事件有关部门和单位、人员的奖惩。

（9）领导各专项指挥部开展应急工作。

（10）承担上级政府及其应急救援总指挥部安排的其他应急工作。

2.1.2.2 总指挥部领导主要职责

（1）总指挥长负责全市突发事件的防范和处置工作，决定启动和终止相应应急响应。

（2）副总指挥长协助总指挥长工作。

（3）副总指挥长根据工作分工，负责其分管的各专项指挥部的工作及其分管部门或联系单位的突发事件应急处置工作。

2.1.2.3 总指挥部各成员单位职责

（1）负责相关突发事件的防范和应对及应急资源支持保障工作。

（2）负责相关类别突发事件专项和部门应急预案的编制与实施。

（3）负责组织指导协调风险防控、应急准备、监测预警、应急救援、恢复重建等工作。

2.1.2.4 总指挥部办公室职责

（1）贯彻执行国家和省关于应急管理方面的法律、法规、规章、政策，拟订本市相应的法规、规章和政策。

（2）负责督促总指挥部各成员单位贯彻落实相关方针政策和决策部署。

（3）负责组织《郑州市突发事件总体应急预案》的编制和修订工作，督促专项指挥部牵头单位编制和修订相关类别专项应急预案，督促各有关部门编制和修订本部门应急预案；指导、督促区县（市）编制和修订本层级政府应急预案。

（4）承担总指挥部的日常工作。

2.2 专项指挥部

2.2.1 专项指挥部设置

总指挥部下设12个专项应急指挥部，分别是：市防汛抗旱应急指挥部、市生态环境应急指挥部、市社会安全应急指挥部、市工业安全应急指挥部、市森林防火应急指挥部、市地质灾害应急指挥部、市交通运输应急指挥部、市公共卫生应急指挥部、市食品药品应急指挥部、市消防安全应急指挥部、市安全生产应急指挥部、市抗震救灾应急指挥部。

专项指挥部在总指挥部领导、指导、协调下，承担相关领域突发事件的指导协调和组织应对工作。

各专项指挥部下设办公室，办公室设在相关行业主管部门，部门行政主要负责人任办公室主任。其具体职责详见各专项应急预案。

2.2.2 专项指挥部职责

（1）在总指挥部的领导下，承担相关领域突发事件的指导协调和组织应对工作。

（2）负责相关类别突发事件专项应急预案的编制与实施。

（3）在发生突发事件时，按专项预案规定的程序，启动和终止相应应急响应，并组织应急处置。

2.3 现场指挥部

2.3.1 现场指挥部设置

本市发生或市外发生与本市相关的较大以上突发事件，遇到下列情况时，报请市总指挥部总指挥长同意，设立现场指挥部。

（1）省政府、市政府直接参与处置的。

（2）应急处置时间较长、影响较大、情况复杂、事态有演变恶化趋势，省政府可能介入处置的。

现场指挥部指挥长由市政府指定的负责同志担任，副指挥长由市专项指挥部负责同志担任，成员由参与应急救援的各相关单位负责同志及事发地区县（市）级党委、政府负责同志担任。

市专项指挥部直接处置的突发事件，由市专项指挥部视情况参照本条款设置现场指挥部。

2.3.2 现场指挥部职责

（1）执行省委、省政府和市政府有关抢险救援处置工作的指示、要求。

（2）在市总指挥部或专项指挥部的直接领导下，全面组织领导、指挥调度、部署现场抢险救援处置工作。

（3）决定和批准抢险救援工作的重大事项。

（4）提请衔接解放军、武警部队，统筹协调消防救援、专业救援等力量参与抢险救援工作。

发生重大及以上突发事件，省委、省政府领导或指导工作组抵达事发地现场处置，现场指挥部在其统一领导下具体组织落实各项处置工作任务。

2.4 区县（市）应急指挥机构

区县（市）是处置本行政区域各类突发事件的责任主体，要明确突发事件处置的组织指挥机构；结合本地区实际建立和完善应急预案体系；完善突发事件应急机制；依法建立相关监测预警系统，建立和完善应急救援队伍体系；发生突发事件后，认真执行市总指挥部、专项指挥部、现场指挥部有关应急处置的指令。其具体职责由区县（市）编制的本级应急预案确定。

2.5 专家组

市有关部门和单位、区县（市）及其有关部门应建立应急管理专家库，突发事件发生后根据需要抽调有关专家成立专家组，开展突发事件应急处置和救援、调查评估等决策咨询服务工作。

3 监测预警

3.1 风险防控

（1）市政府及各相关部门建立突发事件风险调查和评估制度，依法对本行政区域内容易引发自然灾害、事故灾难的致灾因子、危险源、风险点，引发公共卫生事件的各类细菌、病毒，引发社会安全事件的各类社会矛盾进行调查、辨识、评估、分级并建立台账，定期进行检查、监控。责令有关单位采取安全防范措施，并建立信息共享机制，按照国家规定及时向社会公布。

市应急局、市卫健委、市公安局应于每年年底对下一年度本部门负责应对的突发事件发生发展趋势进行研判和预测分析，提出防范措施和建议报请市政府，市卫健委及市公安局的分析报告应抄送市应急局。

（2）市政府及各相关部门、区县（市）、乡镇（街道）、村（社区）要构建安全风险防控机制，落实风险管控措施，及时发现处置各类风险和隐患。对重大风险，要制定防控措施、整改方案和应急处置方案，同时做好监控和应急准备工作。当重大风险难以管控时，要立即逐级向上级政府报告，必要时可越级上报。

（3）市政府、区县（市）城乡建设规划应当充分考虑公共安全风险因素，符合预防和处置突发事件工作的需要，统筹安排应对突发事件所必需的设备和基础设施建设。要加强城乡防灾减灾能力建设；抓好以源头治理为重点的安全生产基础能力建设；完善城乡医疗救治体系和疾病预防控制为重点的公共卫生保障体系；健全利益协调机制、诉求表达机制、矛盾调处机制为重点的社会安全基础能力建设。

（4）水利水电工程、油气输送管道、油气储运设施、水上航道、铁路客运专线和干线、城市轨道交通、高压输变电工程、大中型桥梁、重要通信枢纽、支付清算系统等重大关键基础设施在选址前应进行风险评估和可行性论证，以增强防灾抗灾和风险管控能力；运营和维护单位要建立和完善日常安全和风险管理制度；市政府及有关单位要加强安全监督检查。

3.2 风险监测

（1）各类突发事件应对的牵头部门要建立健全突发事件风险监测制度，整合信息资源，完善信息资源获取和共享机制。

（2）根据突发事件的种类和特点，建立各类突发事件风险信息数据库，完善监测网络，划分监测区域，确定监测点位，明确监测项目，提供必要的设施设备，配备专职或兼职人员，对可能发生突发事件的各类风险进行动态监测。

（3）建立基层专兼职信息报告员制度，及时监测和收集突发事件风险信息。

（4）获悉可能引起突发事件信息的公民、法人或者其他组织，应及时向所在地政府报告或通过110、119、120、122报警。报警内容一般应包括：可能引发何种突发事件；发现的时间、地点；可能造成的影响（人员伤亡情况和财产损失等情况）；是否做好应急准备。

（5）各类突发事件应对的牵头部门负责相应突发事件风险监测信息集成，并对集成的信息进行研判，确保信息符合实际情况，并及时将监测到的可能引发突发事件的信息按照有关规定向当地政府报告或通报。

3.3 风险预警

预警信息是指可以预警的自然灾害、事故灾难和公共卫生事件信息。社会安全事件的预警信息发布按照相关法律、法规的规定实施。市政府及有关部门要建立健全突发事件预警制度，统筹预警信息发布，确保预警信息发布及时准确。

3.3.1 确定预警级别

各专项指挥部或各类突发事件应对的牵头部门接收到上报的自然灾害、事故灾难或公共卫生事件相关征兆信息后，应当及时汇总分析，必要时组织相关部门、专业技术人员、专家学者进行会商，对发生突发事件的可能性及其可能造成的影响进行评估，确定预警级别。按照紧急程度、发展态势和可能造成的危害程度，预警级别由高到低依次为一级、二级、三级和四级，分别用红色、橙色、黄色和蓝色标示。预警级别的具体划分按照国家和行业相关标准执行。对其他突发事件，要根据情况及时向有关方面通报提醒信息，必要时向社会公众发布安全警示。

经研判认为可能发生Ⅱ级（重大）或者Ⅰ级（特别重大）突发事件的，应立即向省政府、省政府有关部门报告，同时向郑州警备区、武警郑州支队及可能受到危害的毗邻或者相关地区的人民政府通报。

3.3.2 发布预警信息

预警信息发布工作遵循“政府主导、部门联动，分类管理、分级负责，统一发布、资源共享”的原则。

3.3.2.1 发布主体

各级政府及有关部门是预警发布责任单位，负责预警信息的发布。其他任何组织和个人不得向社会发布预警信息。

3.3.2.2 发布内容

（1）预警信息要求准确、简练，主要内容包括预警类别、预警级别、起始时间、可能影响范围、警示事项、应采取的措施和发布单位、发布时间等。

（2）上级相关部门已发布或要求市政府发布的突发事件预警信息，按上级相关部门要求执行。

（3）预警信息发布部门和单位应当根据事态发展，及时调整预警级别并重新发布。

3.3.2.3 发布方式

（1）本市行政区域内的预警信息通过市预警信息发布系统对外统一发布，市预警信息发布系统设在市气象局。预警信息通过政务外网或传真发送至发布平台，市气象局在收到预警信息后15分钟内对外发布。预警信息也可通过市政府门户网站、郑州官方公众号“郑州发布”统一发布，但不改变现有预警信息发布责任权限，不替代相关部门已有发布渠道。

（2）此外，预警信息还要通过广播、电视、报刊、通信、信息网络、警报器、宣传车、大喇叭或组织人员逐户通知等多种方式告知，对老幼病残孕等特殊人群及学校等特殊场所和警报盲区，应当采取有针对性的方式告知。承担应急处置职责的相关单位接收到预警信息后，应及时向发布预警信息的单位反馈接收结果。广播电台、电视台、报社、网站和电信运营单位应当及时、准确、无偿地向社会公众传播预警信息。

(3) 市政府授权部门发布的预警信息，应同时向市总指挥部办公室备案。

3.3.3 采取预警措施

发布预警信息后，该专项指挥部或该突发事件应对的牵头部门要根据预警级别和实际情况以及分级负责的原则，采取下列一项或多项措施：

(1) 增加观测频次，及时收集、报告有关信息。

(2) 加强与公众沟通，向社会公布信息接收和咨询电话，公告采取的有关特定措施、避免或减轻危害的建议和劝告等。

(3) 组织应急救援队伍和负有特定职责的人员进入待命状态，动员后备人员做好参加应急处置和救援工作的准备，视情况预置有关队伍、装备及物资。

(4) 调集应急处置和救援所需要的物资、设备，准备应急设施和避难场所，并确保其处于良好状态，随时可以投入正常使用。

(5) 加强对重点单位、重要部位和重要基础设施的安全保卫，维护社会治安秩序。

(6) 采取必要措施，确保交通、通信、供水、排水、供电、供气、供热等公共设施的安全和正常运行。

(7) 转移、疏散易受突发事件影响的人员并予以妥善安置。

(8) 关闭或限制使用易受突发事件危害的场所和设施，控制或限制容易导致危害扩大的公共场所的活动。

(9) 预警信息发布后，其他相邻地区或相关部门及时组织分析本地区和本部门所管辖的行业可能受到影响的范围、程度等，安排部署有关防范性措施。

3.3.4 预警解除

事实证明不可能发生突发事件或者危险已经排除的，该专项指挥部或该突发事件应对的牵头部门应当立即宣布解除警报，发布解除信息，终止预警期。

4 应急响应

4.1 响应启动

4.1.1 响应分级启动

市级应急响应一般由高到低分为四级：一级、二级、三级、四级。市级一级响应由市政府启动并指定负责同志组织指导协调；市级二级响应由市政府分管领导同志启动并组织指导协调；市级三级响应由牵头部门主要负责同志启动并组织指导协调；市级四级响应由牵头部门分管负责同志启动并组织指导协调。

响应分级标准应在相关市级专项应急预案中明确。应急响应启动后，可视突发事件事态发展情况及时调整响应级别。下级政府的响应级别不应低于上级政府的响应级别。

4.1.2 响应启动条件

初判发生Ⅲ级（较大）及以上级别突发事件，有可能造成较大社会影响时，启动一级响应；初判发生Ⅲ级（较大）突发事件，不会造成较大社会影响，但事件本身较敏感，或事态发展有扩大趋势，或发生在重点地区、重大会议活动举办期间等特殊地点、敏感时期，启动二级响应；初判发生Ⅲ级（较大）突发事件，事件社会影响小，事态发展趋势完全可控时，启动三级响应；初判发生Ⅳ级（一般）突发事件，但事件本身较敏感，或事态发展有扩大趋势，或应区县（市）请求，启动四级响应。

4.2 响应行动

（1）根据响应级别，相关负责同志立即赶赴现场。

（2）视情况成立现场指挥部，设立各相关处置小组，明确职责分工。

（3）进行现场会商、研判，制订具体应急方案。

（4）协调应急队伍、专业设备、应急专家。

（5）指导转运伤员，控制现场，疏散人员，监测环境。

（6）指导信息发布，引导舆情，进行善后处置。

具体响应行动在相关市级专项应急预案中明确。

4.3 信息报告

4.3.1 信息报告要求

（1）区县（市）级政府要创新基层网格员管理体制机制，统筹灾害信息员、群测群防员、气象信息员、网格员等资源，建立统一规范的基层网格员管理和激励制度，实现社区、村网格员全覆盖、无死角，同时承担风险隐患巡查报告、突发事件先期处置、灾情统计报告等职责。

（2）突发事件发生或发现重大风险、隐患后，基层网格员和有关社区、村、企业、社会组织及相关专业机构、监测网点等，要及时向所在地政府及其有关主管部门报告相关信息。

（3）事发地政府及其有关部门按照国家有关规定向上级政府及其有关部门报送信息。根据事态进展，及时续报事件处置等有关情况。信息报送应贯穿突发事件应急响应活动的全过程。

（4）信息报送要按照突发事件类别报有关主管部门，自然灾害类、事故灾难类突发事件信息按照《河南省应急管理厅关于切实加强事故灾难类、自然灾害类突发事件信息报告工作的通知》（豫应急办〔2019〕6号）要求报应急管理部门。公共卫生类、社会安全类突发事件信息按相关规定报卫健委、公安等部门，同时通报总指挥部办公室。

（5）有关主管部门要在相应突发事件专项应急预案中明确应急值班值守电话。市总指挥部办公室值班室24小时值守电话：0371—67710000/67887675/67888835，传真：0371－67182363。

4.3.2 信息报告内容

突发事件信息报告内容主要包括：时间、地点、状态、伤亡情况、事发单位或发生地基本情况、事件起因和性质、基本过程、影响范围、事件发展趋势、处置情况、请求事项和工作建议，以及事发现场指挥负责人的姓名、职务、联系方式等。

各单位对突发事件全面情况不清楚的，应先上报已掌握的主要情况，随后补报详细信息，不得以需要了解详细情况为借口延缓报送时间。

4.3.3 信息报告方式

突发事件信息报告除另有规定外，可采取电话、传真、电子信箱、值班会商系统、单兵音视频等方式，通过传真和电子信箱报告事件信息后必须电话确认。市政府及应急局接收和上报事件信息必须认真进行登记存档，以备调查核实。

4.3.4 其他

涉及港澳台胞、外籍人员的突发事件，需要向有关国家、地区、国际机构通报的，按照相关规定办理。

4.4 应急处置与救援

4.4.1 先期处置

（1）突发事件发生后，事发单位要立即组织本单位应急队伍和工作人员营救受害人员，疏散、撤离、安置受威胁人员；控制危险源，标明危险区域，封锁危险场所，并采取其他防止危害扩大的必要措施；迅速控制可疑的传染源，积极救治病人，组织医疗卫生人员加强个人防护；向所在地区县（市）级政府及有关部门、单位报告。对因本单位的问题引发的或主体是本单位人员的社会安全事件，有关单位要迅速派出负责人赶赴现场开展劝解、疏导工作。

（2）事发地居民委员会、村民委员会和其他组织要立即进行宣传动员，组织群众开展自救和互救，协助维护社会秩序，或按照当地政府的决定、命令组织开展突发事件应对工作。

（3）乡镇政府（街道办事处）调动应急队伍，采取措施控制事态发展，组织开展应急处置与救援工作，并及时向上级政府报告。

4.4.2 指挥协调

市政府是全市各类突发事件应急管理工作的最高领导机关。市总指挥部负责统一领导、统一组织、统一指挥、统一协调各类突发事件的应对工作。突发事件发生后，原则上先由各专项指挥部组织、指挥、协调、实施突发事件现场处置工作，必要时启动总指挥部负责应对。各专项指挥部未涵盖的突发事件的应急处置工作，由突发事件处置牵头部门依据其职责和应急处置的实际组织实施。现场指挥部由市总指挥部或专项指挥部视情况设立，在市总指挥部或专项指挥部领导下，负责突发事件的现场应急处置，并指导区县（市）开展突发事件应急救援工作。

上级组织指挥机构设立后，下级组织指挥机构按照上级组织指挥机构要求做好应急处置与救援有关工作。市级政府设立现场指挥部的，县级政府的现场指挥部应纳入市级现场指挥部。省级政府设立前方指挥部的，市县级现场指挥部要服从省前方指挥部的领导。

各级应急指挥部可视情况设立综合协调组、应急信息组、专业救援组、医疗救护组、工程抢险组、新闻宣传组、救援保障组、交通运输组、治安维护组、环境处理组、灾民安置组、专家顾问组等应急处置工作组，进行分工合作，提高应急处置效率。

4.4.3 处置措施

各应急处置工作组采取如下措施：

（1）综合协调组：由突发事件处置牵头部门牵头协调全市相关部门开展应急救援工作。

（2）应急信息组：由突发事件处置牵头部门牵头，相关部门参与，协同提供灾区（或事故影响区域）相关数据。组织现场人员、应急测绘和勘察队伍等，利用无人机、雷达、卫星等手段获取现场影像，分析研判道路、桥梁、通信、电力等基础设施和居民住房损毁情况，重要目标物、人员密集场所和人口分布等信息，提出初步评估意见，并向现场指挥部报告。

（3）专业救援组：由突发事件处置牵头部门牵头，组织综合应急救援队及各相关专项应急救援队、民兵应急力量、应急志愿者队伍等组织营救受困、受伤人员，疏散、撤离并妥善安置受到威胁的人员以及采取其他救助措施。迅速控制危险源，减轻或消除危害，标明危险区域，封锁危险场所，划定警戒区，实行交通管制以及其他控制措施。禁止或限制使用有关设备、设施，关闭或限制使用有关场所，中止人员密集的活动或可能导致危害扩大的生产经营活动等。采取防止发生次生、衍生事件的必要措施。

（4）医疗救护组：由市卫健委牵头，组织协调医疗救援机构和医疗救援力量，开展医疗救援、医疗转运和医疗救治工作。组织做好传染病疫情等公共卫生事件确诊和疑似病例隔离救治，对密切接触者实施医学观察，对易感人群采取应急接种、预防性服药措施，开展卫生防病健康教育。

(5) 工程抢险组：由市城建局牵头，市城管局、市住房保障局、市交通局、市水利局、国家电网郑州供电公司、通信发展管理办公室以及事发地政府等相关单位参与，立即抢修被损坏的交通、通信、供（排）水、供电、供热、供气等公共设施，短时间难以恢复的，要实施临时过渡方案，保障社会生产生活基本需要。

(6) 新闻宣传组：由市委宣传部牵头，应急救援总指挥部及相应专业应急机构或突发事件处置牵头部门、事发地政府等相关单位参与，做好对外新闻发布工作。

(7) 救援保障组：由市发展改革委牵头，市工信局、市市场监管局、市商务局、市民政局、行业协会以及事发地政府等相关单位参与，根据专业应急机构或突发事件处置牵头部门以及现场指挥部的要求，组织生产、配送、调拨、监管、征用各类应急物资。指导慈善组织开展救灾款物募捐活动，并对捐款物的管理和分配做好监督。

(8) 交通运输组：由市交通局牵头，有关运输公司、事发地政府等相关单位参与，组织运送救援人员、受灾人员、救援设备、救灾物资等。

(9) 治安维护组：由市公安局牵头，事发地政府、涉及的社会团体和企业参与，依法从严惩处哄抢财物、干扰破坏应急处置工作等扰乱社会秩序的行为，维护社会治安。对使用器械相互对抗或以暴力行为参与冲突的当事人实行强制隔离，妥善解决现场纠纷和争端，控制事态发展。对特定区域内的建筑物、交通工具、设备、设施以及燃料、燃气、水电的供应进行控制，必要时依法对网络、通信进行管控。封锁有关场所、道路，查验现场人员的身份证件，限制有关公共场所内的活动。在党政机关、军事机关、广播电台、电视台等单位附近设置临时警戒线，加强警卫，加强对重点敏感人员、场所、部位和标志性建筑的安全保护。严重危害社会治安秩序的突发事件发生时，立即依法出动警力，加大社会面检查、巡逻、控制力度，根据现场情况依法采取相应的强制性措施，尽快使社会秩序恢复正常。

(10) 环境处理组：由市生态环境局牵头，市公安局、市卫健委、市应急局、市城管局、市水利局、市气象局等相关单位参与，快速查明主要污染源、污染种类以及污染影响，在职责范围内及时控制污染的扩散，消除危害，并对潜在危害继续监控。

(11) 灾民安置组：由市应急局指导事发地政府、红十字会及其他志愿服务团体等做好受灾群众的基本生活保障工作，提供食品、饮用水、衣被、燃料等基本生活必需品和临时住所，确保灾区民众有饭吃、有水喝、有衣穿、有住处。

(12) 专家顾问组：由突发事件处置牵头部门牵头，相应专业应急机构或事件主管单位组织应急管理专家参与，为现场指挥部进行事件研判、决策、队伍协调等提供智力支持。

4.4.4 响应升级

(1) 响应升级的标准

①经研判，发现突发事件的实际灾情或后果超出了接到的信息报告的灾情或后果的。

②突发事件的灾情或后果进一步扩大，市级应急力量难以实施有效处置的。

③突发事件将要波及周边地区的。

(2) 请求援助

①总指挥部及时联系郑州警备区协调驻郑部队、武警郑州支队参与应急工作。

②总指挥部向省应急救援总指挥部提出应急救援申请。

③总指挥部向省应急救援总指挥部提出由省应急救援总指挥部协调周边地区参与应急救援，共同进行突发事件应急处置。

4.4.5 社会动员

市政府应当根据应对突发事件的实际需要，动员公民、法人和其他组织，配合政府及有关部门做好自救互救、道路引领、后勤保障、秩序维护等协助处置工作。

4.4.6 信息发布与舆论引导

各级应急指挥机构要制定统一的信息发布与舆论引导方案，与突发事件应对处置工作同时研究、同时部署、同步行动。

(1) 信息发布由总指挥部负责。必要时，按照国家、省信息发布的有关工作机制，由国家、省相关部门统筹协调。

(2) 总指挥部应在突发事件发生后第一时间通过郑州官方公众号“郑州发布”和权威媒体向社会发布简要信息，并及时发布初步核实情况、政府应对措施和公众防范措施等，并根据突发事件处置进展动态发布信息。

(3) 信息发布形式主要包括授权发布、提供新闻通稿、组织报道、接受记者采访、举行新闻发布会等，通过郑州市主要新闻媒体、重要新闻网站、有关政府网站、移动新媒体和手机短信等发布信息，具体按照有关规定执行。

(4) 总指挥部加强网络媒体和新媒体信息发布内容管理和舆论分析，引导网民依法、理性表达意见，形成积极健康的社会舆论。参与突发事件应急处置工作的各有关单位和个人不得擅自对外发布相关信息。任何单位和个人不得编造、传播突发事件应急处置虚假信息。

4.5 响应结束

突发事件应急处置工作结束或相关威胁和危害得到控制、消除后，遵循“谁启动、谁解除”的原则，由启动响应的履行统一领导职责的政府或应急指挥机构宣布响应结束。响应结束后，逐步停止有关应急处置措施，应急救援队伍和工作人员有序撤离。同时，采取或者继续实施必要措施，防止发生自然灾害、事故灾难、公共卫生事件的次生、衍生事件或者引发社会安全事件。现场指挥部停止运行后，通知相关方面解除应急措施，逐步恢复生产生活秩序。

5 恢复重建

5.1 善后处置

（1）根据遭受损失的情况，制订救助、补偿、抚慰、安置等善后工作方案。

（2）对突发事件中的伤亡人员、应急处置工作人员，以及紧急调集、征用的有关单位及个人的物资，按照规定给予抚恤、补助或补偿，并提供心理咨询及司法援助。

（3）妥善解决因处置突发事件引发的矛盾纠纷。

（4）做好疫病防治和环境污染消除工作。

（5）事发地保险监管机构要组织、督促有关保险机构及时开展查勘和理赔工作。

5.2 调查评估

（1）在市政府的领导下，对突发事件的原因、处置经过、损失、责任单位奖惩等做出综合调查评估，总结经验教训，制定改进措施，并及时将调查报告报送市政府。

（2）参与应急救援工作的部门应对本部门应急处置工作及时进行总结并书面报送市政府。

（3）根据调查评估报告，市政府对在处置突发事件中有重大贡献的单位和个人，给予奖励和表彰；市纪委监委对处置突发事件中瞒报、漏报、迟报信息及其他失职、渎职行为的单位和个人，追究其行政责任和党纪责任；构成犯罪的，由司法机关依法追究刑事责任。

5.3 恢复重建

（1）突发事件应急处置工作结束后，市政府要立即组织制订恢复重建计划，并向省政府报告。及时组织和协调发展改革、财政、公安、交通、工信、城建、住房保障、水利、城管等有关部门恢复社会秩序，尽快修复被损坏的交通、通信、供（排）水、供电、供气、供热等公共设施。

（2）根据实际情况对需要支持的区县（市）提供资金、物资支持和技术指导，组织其他地区提供资金、物资和人力支援。需要省政府援助的，由市政府提出请求，向省政府汇报调查评估情况和受灾地区恢复重建计划，提出解决建议或意见，制定扶持受灾地区的社会经济和有关行业发展的优惠政策。

6 应急保障

6.1 队伍保障

（1）综合性消防救援队伍。市政府要加强综合性消防救援队伍的建设和管理，提供必要的支持与保障。

（2）专业应急队伍。市应急、工信、公安、资源规划、生态环境、交通、城管、水利、文化广电和旅游、卫健、能源、林业、新闻宣传等主管部门根据需要，建设和管理本行业、本领域的专业应急救援队伍。

（3）民兵应急队伍。市政府要依法将民兵应急队伍纳入市级应急力量体系建设，统筹规划，合理布局。建立健全军地协调联动机制，按照应急任务能力要求，加强有针对性的训练和演练。

（4）基层应急队伍。乡镇（街道）、村（社区），应当单独建立或者与有关单位、社会组织共同建立基层应急队伍。

（5）社会应急队伍。各有关部门要制定相关政策措施，充分发挥市红十字会和共青团的作用，鼓励企事业单位、社会组织及公民个人等有序参与应急救援工作。

（6）应急专家队伍。市有关部门和单位、区县（市）级政府及其有关部门按照突发事件类别建立专家库，在突发事件应急处置中充分发挥专家队伍的作用。

（7）推进应急力量训练条件统建共用、开放共享，构建协调运行机制，创新组织实施模式，搭建信息服务平台，分类推进试点先行，营造良好的激励环境。

（8）建立健全应急队伍交流合作机制，鼓励、引导、组织应急救援队伍积极参与各种交流比赛，开展跨区域应急救援。

6.2 资金保障

（1）各级政府要将突发事件防范和应对工作所需经费纳入市级财政预算，保障各级应急指挥机构运转经费不出现短缺。

（2）财政和审计部门要对突发事件应急保障资金的使用及效果进行监督和评估。

（3）各级政府鼓励公民、法人或其他组织按照《中华人民共和国慈善法》《中华人民共和国公益事业捐赠法》等有关法律的规定，为突发事件应对提供物资、装备、资金、技术支持。

（4）建立健全灾害风险保险体系，鼓励单位和公民参加保险。政府及相关部门、单位安排应急救援人员参与可能发生人身危险的抢险救援行动前，应为其购买相应的人身意外伤害保险。

（5）各类突发事件应急资金保障由财政部门组织实施。

6.3 物资保障

（1）市应急局会同市发展改革委、市财政局等制定应急物资储备和应急救援装备规划并组织实施，有关部门按照职能分工加强相关类别的应急物资和装备储备，完善应急物资、装备管理协调机制。市商务局负责生活必需品市场监测和保障市场供应工作。市卫健委、市交通局、国家电网郑州供电公司、市文化广电和旅游局、市邮政管理局做好相应的医疗急救、物资装备运输、通信等保障工作。

（2）市发展改革委、市财政局、市粮食和储备局等部门按照职能分工，建立健全全市重要物资应急监测网络，预警体系和应急物资生产、储备、调拨及紧急配送体系，完善应急工作程序，确保应急所需物资和生活用品的及时供应，并加强对物资储备的监督管理，及时予以补充和更新。

（3）市政府应根据有关法律、法规和应急预案规定，做好物资和装备储备工作，加强疏散避难场所建设，或与有关企业签订协议，保障应急救援物资、生活必需品和应急处置装备的生产、供给。

6.4 通信保障

各类突发事件的应急通信保障，由通信发展管理办公室统筹协调电信、移动、联通公司，以及铁塔公司组织实施。

6.5 装备保障

（1）由市有关部门根据自身应急救援业务的需要，采取平战结合的原则配备现场救援和工程抢险装备和器材，建立相应的维护、保养和调用等制度。

（2）在对突发事件应急处置过程中，应急抢险救援需要时可依法征用、调用单位和个人所有的交通工具、设施及工程抢险装备和器材等。

（3）市应急局按照统一技术标准建立应急救援和抢险装备信息数据库并及时更新内容，确保应急指挥调度的准确、高效、灵敏、可靠。

（4）应急救援总指挥部和各专项应急指挥部可根据现场抢险工作需要，统筹全市应急资源，依法征用、调用各级各部门抢险救援装备储备。

6.6 交通运输保障

各类突发事件的交通保障和应急人员及物资运输由市交通局组织实施。由市交通局负责指挥调动各种交通工具确保突发事件应急处置需要。加强交通战备建设，建立应急联动机制。要根据需要和可能开设应急救援“绿色通道”。市交通局、市住房保障局、市城管局、市城建局等单位负责组织专业队伍，尽快恢复被毁坏的公路、交通干线及有关设施，保障交通路线的畅通。

6.7 医疗卫生保障

市卫健委负责组织全市医疗救援力量，对各类突发事件中的伤、病人员开展医疗卫生救援、医疗转运和医疗救治工作。市发展改革委、市工信局、市商务局和市市场监管局等部门负责医疗救援药品、器械、装备等应急物资保障。各类突发事件的医疗卫生救援由卫健委组织实施，卫健委应协调提供医院、医疗队伍、医疗物资的调度和保障。

6.8 治安保障

各类突发事件现场治安保障和交通管制由市公安局组织实施，在突发事件现场设立警戒区和警戒哨，做好现场控制、交通管制、疏散救助群众、维护公共秩序等工作。

较大及以上突发事件的保卫工作，由市公安局负责，对重要目标和重要设施进行保卫，严密防范和严厉打击“打、砸、抢、盗”的犯罪活动，负责保卫党政机关和重要部门。突发事件事发地区县（市）要积极发动和组织社会力量开展自救互助、群防群治，全力维护突发事件地区的稳定。

6.9 社会动员保障

在突发事件发出预警信息或发生突发事件启动应急预案时，应向社会公众发布信息，由区县（市）实施现场动员，提供有关保障，组织人员疏散、隐蔽和隔离等。

依据突发事件预警和响应等级，市政府确定社会动员的范围，由应急救援总指挥部统筹协调12个专项救援指挥部、区县（市）组织具体实施。区县（市）范围内需要进行的紧急社会动员，报请市政府批准后实施。

6.10 应急避难场所保障

市政府有关部门和区县（市）要在有条件的公园、广场、体育场（馆）、人防工程等地规划和建立突发事件紧急避难场所，并与市政工程等基础设施的建设或改造相结合。应急避难所要设立明显的标志，建立应急供水、供电系统，储备一定数量的生活物资，保证避难人员的基本生活。

6.11 技术保障

加强与高校及科研院所的合作，共同开展对突发事件发生机理、规律，以及预测预警技术、应急处置技术的研究，充分利用现有的科学技术手段全面提升郑州市对突发事件的预警、处置及善后能力。

7 预案管理

7.1 预案编制

各级各类应急预案编制，应遵循“下级服从上级，专项、部门服从总体，预案之间不得相互矛盾”的原则。

（1）市政府针对本行政区域多发易发突发事件、主要风险种类等，制定总体应急预案、专项应急预案和部门应急预案的编制修订工作规划。基层组织和单位可根据应对突发事件需要，制订本基层组织、本单位应急预案编制计划。

（2）总体应急预案由应急局负责编制；专项应急预案由市人民政府分管部门或单位牵头编制；部门应急预案由市政府有关部门负责编制；基层组织和单位应急预案由该基层组织和单位负责编制；重大活动应急预案由政府分管部门或单位牵头负责编制；应急工作手册由预案涉及的有关部门机关和单位负责编制；事件行动方案由参与突发事件应对的救援队伍及专家队伍负责编制。

（3）编制应急预案应当在风险评估和应急资源调查的基础上进行，确保应急预案的可操作性。鼓励探索在印发前以情景构建的方式模拟突发事件场景，检验应急预案各项措施的有效性。

（4）政府及其部门应急预案编制过程中应广泛听取有关部门、单位和专家的意见。涉及其他单位职责的，应当书面征求相关单位意见。必要时，向社会公开征求意见。基层组织和单位应急预案编制过程中应征求相关公民、法人或其他组织的意见。

（5）应急预案的术语使用应当与上级应急预案保持一致。应急预案的目录应当简短、全面，便于查找。

7.2 预案审批

（1）总体应急预案经市人民政府常务会议审议，以市人民政府名义印发，并在印发后20个工作日内报送省级人民政府备案。抄送省应急管理部门。

（2）专项应急预案经市人民政府审批，必要时经本级人民政府常务会议或专题会议审议，以市人民政府办公厅名义印发，并在印发后20个工作日内报送省级人民政府有关主管部门和市应急管理部门备案。

（3）部门应急预案经部门有关会议审议，以部门名义印发，必要时，可由市人民政府办公厅转发，并在印发后20个工作日内报送市人民政府备案。部门应急预案印发前，应征求市应急管理部门意见。

（4）基层组织和单位应急预案经本单位或基层组织主要负责人审批后签发，并在印发后20个工作日内报送所在地县级人民政府备案。

（5）重大活动涉及社会安全类的专项预案报送公安机关批准后实施，涉及自然灾害类和安全生产类的专项预案由应急管理部门批准后实施。

（6）工作手册经本单位主要负责人审批后实施。

（7）事件行动方案经本单位主要负责人审批后实施。

法律、行政法规、规章另有规定的从其规定。

7.3 预案评估与修订

（1）依据应急预案定期评估制度，分析评价预案内容的针对性、实用性和可操作性，实现应急预案的动态优化和科学规范管理。

（2）根据应急管理形势的变化、应急预案演练和突发事件处置中发现的问题，依据有关法律、行政法规、规章和本办法的规定，定期或适时修订应急预案，至少每3年进行一次修订。

（3）有下列情形之一的，应当及时修订应急预案：

①有关法律、法规、规章、标准、上级预案中的相关规定发生变化的；

②应急指挥机构及其职责已调整的；

③面临的风险发生重大变化的；

④重要应急资源发生重大变化的；

⑤预案中的其他重要信息过时或失效的；

⑥在突发事件实际应对和应急演练中发现问题需要作出重大调整的；

⑦应急预案制定单位认为应当修订的其他情况。

7.4 宣传培训

（1）市政府及其他应急预案制定部门或单位应当对应急预案的内容进行宣传，其中涉及公众生命安全保障的部分应当作为宣传重点。

（2）应急预案制定部门或单位要制订应急预案培训大纲或培训计划，组织有关单位和人员开展应急预案培训。

各级人民政府及其有关部门应当将应急预案培训作为应急管理培训的重要内容，纳入领导干部培训、公务员培训、应急管理干部培训日常培训内容。

7.5 预案演练

（1）应急预案编制单位应当建立应急演练制度，根据实际情况采取实战演练、桌面推演等方式，组织开展人员广泛参与、处置联动性强、形式多样、节约高效的应急演练。专项应急预案、部门应急预案每3年至少进行一次应急演练，生产安全事故类专项预案至少每2年进行一次应急演练。如预案发生重大调整，需及时按照新的预案开展演练。市应急管理部门负责预案演练的指导。

（2）地震、洪涝、滑坡、山洪、泥石流等自然灾害易发区域所在地政府，重要基础设施和城市供水、供电、供气、供热等生命线工程经营管理单位，矿山、建筑施工单位和易燃易爆物品、危险化学品、放射性物品等危险物品生产、经营、储运、使用单位，公共交通工具和机场、商场、学校、医院、影剧院等人员密集场所的经营单位或管理单位等，应当有针对性地经常组织开展应急演练。

（3）应急演练组织部门或单位应当及时开展演练评估工作，总结分析应急预案存在的问题，提出改进措施和建议，形成应急演练评估报告。鼓励委托第三方进行演练评估。

8 责任奖惩

（1）根据有关规定，建立健全应急管理工作领导负责制和责任追究制，将突发事件应对工作纳入党委和政府督查督办事项。

（2）公民按照各级政府要求，参加应急救援工作或者协助维护社会秩序期间，其在本单位的工资待遇和福利不变，可视情况给予补助。

（3）对迟报、谎报、瞒报和漏报突发事件重要情况，应急处置不力，或者应急管理工作中有其他失职、渎职行为的，依照有关规定给予处分；构成犯罪的，依法追究刑事责任。

任务二 专项应急预案

一、自然灾害应急预案

（一）案例1：青海门源地震事故案例

1. 灾害情况

2022年1月8日1时45分，在青海海北州门源回族自治县发生6.9级地震。此次地震震源深度10千米。

地震造成震中及周边地区震感强烈，门源回族自治县、祁连县、刚察县等多地受灾，大量房屋出现裂缝，部分房屋墙体倒塌，给当地居民的生命财产安全造成严重威胁。同时，地震还导致当地的交通、通信、电力等基础设施受到不同程度的损坏。

2. 应急响应机制

地震发生后，青海省立即启动地震应急Ⅱ级响应，相关部门迅速开展抗震救灾工作。应急管理部门第一时间派出工作组赶赴震区，对灾情进行实地勘查，指挥协调救援力量。

各级政府迅速组织力量对受灾群众进行转移安置。当地政府在安全地带搭建了临时安置点，为受灾群众提供帐篷、食品、饮用水、棉被等基本生活物资。比如，在门源回族自治县的一些安置点，工作人员及时发放了方便食品和饮用水，保障群众基本生活需求。

3. 多部门协同救援

（1）抢险救援队伍出动。消防救援队伍是抢险救援的先锋力量，他们携带生命探测仪、破拆工具等专业设备，迅速在震区展开搜救行动。在一些房屋倒塌的现场，消防队员争分夺秒地寻找可能存在的生命迹象，通过破拆障碍物等方式解救被困人员。同时，国家综合性消防救援队伍还与当地的矿山救护队等专业救援力量协同作战，扩大救援范围，提高救援效率。

（2）医疗队伍救援保障。医疗队伍紧急响应，包括当地医院的医护人员和周边地区赶来支援的医疗队。他们在临时医疗点对受伤群众进行救治，将重伤员及时转运。例如，在门源回族自治县医院，开辟了绿色通道接收地震伤员；医疗专家对伤员进行会诊，确保伤员得到最好的医疗救治。

（3）交通、通信和电力抢修。交通部门迅速组织力量抢修因地震受损的道路。公路养护人员对出现裂缝、塌陷的公路路段进行紧急修复，清除路面障碍物，保障救援通道畅通。通信运营商派遣应急通信保障队伍抢修通信基站，恢复通信网络。电力部门抢修人员对受损的输电线路和电力设施进行检查和修复，尽快恢复供电。例如，在一些偏远的受灾村庄，电力抢修人员克服困难，重新架设了部分供电线路，使村民们能够尽快恢复正常生活。

4. 灾害监测与预警

地震发生后，国家地震监测部门加强了对震区及周边地区的地震监测工作。通过地震监测台网，实时监测地震活动情况，为后续可能发生的余震提供及时的预警信息。相关专家对地震数据进行分析，评估地震趋势，为抗震救灾工作提供科学依据。

由于地震可能引发山体滑坡、雪崩等次生灾害，地质、气象等部门联合开展了次生灾害监测预警工作。通过卫星遥感、实地勘查等多种方式，对震区周围的山体进行监测，及时发布山体滑坡等次生灾害预警信息，组织危险区域的群众撤离。例如，在一些靠近山区的村庄，根据预警信息及时转移了处于山体滑坡隐患区域的居民，避免了可能的次生灾害伤亡。

5. 灾后恢复与重建

政府组织专业人员对受损房屋进行评估，对于严重损坏无法居住的房屋，制订了重建计划。在重建过程中，严格按照抗震标准进行设计和施工。对于受损较轻的房屋，进行加固维修，提高房屋的抗震性能。例如，一些传统的民居在加固过程中采用了增加抗震支撑等措施。

6. 基础设施恢复

对交通、通信和电力等基础设施，在抢修的基础上进行了全面的恢复和升级。公路部门对受损道路进行拓宽、加固等改造，提高道路的抗震和抗灾能力。通信运营商增加了通信基站的备份设施，提升通信网络的稳定性。电力部门更新了部分老旧的电力设备，优化电网布局，增强电力供应的可靠性。

教育和医疗等公共服务设施也得到恢复和改善。对受损的学校和医院进行修缮和重建，配备先进的教学和医疗设备，为当地居民提供更好的公共服务。

7. 心理重建与社会支持

心理专家和志愿者团队为受灾群众提供心理援助。通过开展心理咨询活动、举办心理康复讲座等方式，帮助受灾群众缓解地震带来的心理创伤。同时，社会各界纷纷伸出援手，捐赠物资和资金，支持震区的恢复重建工作。

（二）案例 2：河南郑州“7·20”特大暴雨灾害

1. 灾害情况概述

2021 年 7 月 17 日以来，河南出现持续性强降水天气，郑州、焦作、新乡等 10 个地市出现特大暴雨。2021 年 7 月 18 日 8 时至 20 日 12 时，河南全省降雨量超 400 毫米站点 43 处，超 300 毫米站点 154 处，超 200 毫米站点 467 处，超 100 毫米站点 1426 处。其中，郑州市在 7 月 20 日 8 时至 17 时出现大暴雨，局部特大暴雨，最大降水量出现在二七区的尖岗水库，为 438 毫米。7 月 20 日 16—17 时，郑州一小时降雨量达到 201.9 毫米，18—20 日三天的降雨量为 617.1 毫米，降雨强度历史罕见。灾害共造成河南省 150 个县（市、区）1478.6 万人受灾，因灾死亡失踪 398 人，其中郑州市 380 人，占全省 95.5%；直接经济损失 1200.6 亿元，其中郑州市 409 亿元，占全省 34.1%。[①]

郑州地处中原，地势相对平坦，城市排水主要依靠市政排水管网和部分河道。在短时间内雨水大量积聚，城市内涝严重，而且城市中有众多地下空间，如地铁、地下商场和地下停车场等，这些区域在暴雨中很容易被淹没。

2. 灾害过程

（1）城市内涝。由于雨水无法及时排出，街道积水迅速上涨，许多车辆被淹，交通瘫痪。例如，郑州市区的主要干道如金水路、花园路等地的积水深度达到数米，车辆在水中漂浮，行人被困在街边高处等待救援。

大量的地下空间被雨水倒灌，地铁线路受灾严重。例如，郑州地铁 5 号线沙口路站—海滩寺站区间，积水涌入车厢，车厢内乘客被困在水中，水位最高时几乎淹没乘客胸部，情况十分危急。

（2）河流洪水。贾鲁河等周边河流水位暴涨，河水漫堤。一些位于河边的村庄

---

① 徐慧，邹浩然，温家洪．推进巨灾保险，提升社会综合防灾减灾能力[J]．中国减灾，2023(1)：44－47.

和社区被洪水围困，居民房屋被浸泡，大量居民被迫转移。例如，郑州市中牟县部分靠近贾鲁河的村庄，农田被淹，房屋受损，村民的生活物资被洪水冲走。

（3）山体滑坡和泥石流（周边地区）。在郑州周边山区，由于暴雨冲刷，出现山体滑坡和泥石流现象，道路被阻断，一些山区村落与外界联系中断，增加了救援难度。

3. 应急响应过程

（1）初期响应。郑州市气象台在 7 月 20 日多次发布暴雨红色预警信号，然而预警信息在传播过程中，没有充分引起社会各界的高度重视。部分市民和单位没有及时采取有效的防范措施，如一些商户没有提前做好防汛准备，导致店铺进水后货物受损严重。

随着灾情的发展，郑州市防汛抗旱指挥部等相关部门开始启动应急指挥系统。但是在初期，指挥系统在协调各方力量方面存在一定的滞后性。例如，在调配救援物资和救援队伍到受灾最严重的区域时，由于信息沟通不畅，出现救援力量分散、物资分配不均的情况。

（2）救援行动。消防队伍是救援的主力军之一，他们携带冲锋舟、救生衣等救援设备，奔赴各个受灾点。在地铁 5 号线救援中，消防队员经过艰苦努力，破窗、排水，将被困乘客救出。武警部队也紧急出动，在被洪水围困的村庄和社区搭建临时通道，转移被困群众，搬运救灾物资。

众多志愿者自发组织起来，参与救援和物资分发。例如，一些民间救援组织带着专业的水上救援设备，在积水严重的区域寻找被困人员。同时，许多市民也积极提供帮助，有的开放自己的店铺作为临时避难所，有的为救援人员和被困群众提供食物和水。

医疗机构启动应急机制，派出急救车辆和医护人员在受灾现场和医院之间建立起救治通道。对于受伤的群众，如在洪水和内涝中受伤的人员、因长时间被困身体不适的人员等，及时进行救治。在临时安置点，医护人员还为受灾群众提供基本的医疗服务，如预防疾病传播、处理伤口等。

（3）安置与恢复。政府部门迅速设立了多个临时安置点，如学校、体育馆等场所被用作临时避难场所，并为受灾群众提供食物、水、床铺等基本生活物资。同时，安置点还提供心理疏导服务，许多群众在经历灾难后出现恐慌、焦虑等情绪，心理专家和志愿者对他们进行心理安抚。

（4）基础设施恢复。交通部门首先对受损的道路进行抢修，清理积水和淤泥，恢复交通要道的通行能力。电力和通信部门负责抢修受损的线路和基站。例如，经过抢修人员的努力，部分停电的区域在数天内就恢复了供电，保障了居民的基本生活需求和救援工作的顺利开展。

4. 经验教训

（1）预警机制方面。虽然发布了预警信息，但需要进一步加强预警信息的传播效果和针对性。可以通过多种渠道，如社区广播实时播报、手机短信精准推送，以及社交媒体全平台发布等多渠道并行的方式，将预警信息全方位覆盖至每一位居民，确保预警内容清晰、易懂，让大家充分认识到事态的严重性。同时，要加强对预警信息的解读，让公众清楚地知道应该采取何种防范措施。

（2）应急指挥协调方面。应建立更加高效、统一的应急指挥体系，明确各部门的职责，加强部门之间的信息共享和协同作战能力。例如，可以利用信息化技术建立实时的应急指挥平台，让各个救援队伍和物资调配部门能够在平台上及时沟通和协调。

（3）城市基础设施建设方面。此次灾害暴露出城市排水系统、防洪设施等基础设施的短板。在城市规划和建设中，需要加大对排水系统的投入，提高排水标准，建设更多的雨水调蓄设施。同时，地下空间的防汛措施要进一步加强，如设置防水闸、提高出入口的防水高度等。

（4）公众应急教育方面。要加强公众的应急教育和培训，提高公众的自救和互救能力。可以通过开展应急演练、社区宣传等方式，让公众熟知在灾害发生时如何避险、如何进行简单的救援等知识。例如，教会居民如何正确使用救生设备，如何在被困时发出求救信号等。

（三）自然灾害应急预案

自然灾害包括水旱灾害、气象灾害、地震灾害、地质灾害、海洋灾害、生物灾害和森林草原火灾等。不同种类的灾害所相应的应对方式存在很大区别，因此到目前为止，我国并没有出台独立的国家级《自然灾害应急预案》，但出台了许多与之相关的预案，如《国家自然灾害救助应急预案》（应急管理部牵头，针对灾后救助）、《国家防汛抗旱应急预案》（水利部、应急管理部联合制定）、《国家地震应急预案》、《国家突发地质灾害应急预案》、《气象灾害应急预案》等，这些专项预案共同构成了我国的自然灾害应急管理体系。

本书以《国家防汛抗旱应急预案》为例，此预案是我国应对洪涝和干旱灾害的专项应急预案，依据《中华人民共和国防洪法》《中华人民共和国抗旱条例》等法律法规制定，旨在规范防汛抗旱工作，最大限度减少灾害损失。该预案共分为总则、组织指挥体系及职责、预防和预警机制、应急响应、应急保障、善后工作、附则七个部分，适用于全国范围内的江河洪水、城市内涝、山洪以及干旱灾害的预防、应急处置和灾后恢复工作，强调“防抗救结合”和多部门协同联动，并与《国家自然灾害救助应急预案》有效衔接，共同构建我国自然灾害应急管理体系。

1 总则

1.1 指导思想

以习近平新时代中国特色社会主义思想为指导，深入贯彻落实习近平总书记关于防灾减灾救灾的重要论述和关于全面做好防汛抗旱工作的重要指示精神，按照党中央、国务院决策部署，立足新发展阶段，完整、准确、全面贯彻新发展理念，构建新发展格局，坚持人民至上、生命至上，统筹发展和安全，进一步完善体制机制，依法高效有序做好水旱灾害突发事件防范与处置工作，最大限度减少人员伤亡和财产损失，为经济社会持续健康发展提供坚强保证。

1.2 编制依据

《中华人民共和国防洪法》《中华人民共和国水法》《中华人民共和国防汛条例》《中华人民共和国抗旱条例》《水库大坝安全管理条例》和《国家突发公共事件总体应急预案》等。

1.3 适用范围

本预案适用于我国境内突发性水旱灾害的防范和处置。突发性水旱灾害包括：江河洪水和渍涝灾害、山洪灾害（指由降雨引发的山洪、泥石流灾害）、台风风暴潮灾害、干旱灾害、供水危机以及由洪水、风暴潮、地震等引发的水库垮坝、堤防决口、水闸倒塌、堰塞湖等次生衍生灾害。

1.4 工作原则

1.4.1 坚持统一领导、协调联动，分级负责、属地为主。防汛抗旱工作在党的领导下，实行各级人民政府行政首长负责制。各级防汛抗旱指挥机构在同级党委和政府、上级防汛抗旱指挥机构领导下，组织指挥管辖范围内防汛抗旱工作，贯彻落实同级党委和政府、上级防汛抗旱指挥机构的部署要求。

1.4.2 坚持安全第一、常备不懈，以防为主、防抗救相结合。防汛抗旱工作坚持依法防抗、科学防控，实行公众参与、专群结合、军民联防、平战结合，切实把确保人民生命安全放在第一位落到实处，保障防洪安全和城乡供水安全。

1.4.3 坚持因地制宜、城乡统筹，统一规划、局部利益服从全局利益。防汛抗旱工作要按照流域或区域统一规划，科学处理上下游左右岸之间、地区之间、部门之间、近期与长远之间等各项关系，突出重点，兼顾一般，做到服从大局、听从指挥。

1.4.4 坚持科学调度、综合治理，除害兴利、防汛抗旱统筹。在确保防洪安全的前提下，尽可能利用洪水资源。抗旱用水以水资源承载能力为基础，实行先生活、后生产，先地表、后地下，先节水、后调水，科学调度，优化配置，最大限度满足城乡生活、生态、生产用水需求。

2 组织指挥体系及职责

国务院设立国家防汛抗旱指挥机构，县级以上地方人民政府、有关流域设立防汛抗旱指挥机构，负责本区域的防汛抗旱工作。有关单位可根据需要设立防汛抗旱指挥机构，负责本单位防汛抗旱工作。

2.1 国家防汛抗旱总指挥部

国务院设立国家防汛抗旱总指挥部（以下简称国家防总），负责领导、组织全国的防汛抗旱工作，其办事机构国家防总办公室设在应急部。

2.1.1 国家防总组织机构

国家防总由国务院领导同志任总指挥，应急部、水利部主要负责同志，中央军委联合参谋部负责同志和国务院分管副秘书长任副总指挥，应急部分管副部长任秘书长，根据需要设副秘书长，中央宣传部、国家发展改革委、教育部、工业和信息化部、公安部、财政部、自然资源部、住房城乡建设部、交通运输部、水利部、农业农村部、商务部、文化和旅游部、国家卫生健康委、应急部、广电总局、中国气象局、国家粮食和储备局、国家能源局、国家铁路局、中央军委联合参谋部、中央军委国防动员部、中国红十字会总会、中国国家铁路集团有限公司、中国安能建设集团有限公司等部门和单位为国家防总成员单位。

2.1.2 国家防总职责

贯彻落实党中央、国务院关于防汛抗旱工作的决策部署，领导、组织全国防汛抗旱工作，研究拟订国家防汛抗旱政策、制度等；依法组织制定长江、黄河、淮河、海河等重要江河湖泊和重要水工程的防御洪水方案，按程序决定启用重要蓄滞洪区、弃守堤防或破堤泄洪；组织开展防汛抗旱检查，督促地方党委和政府落实主体责任，监督落实重点地区和重要工程防汛抗旱责任人，组织协调、指挥决策和指导监督重大水旱灾害应急抢险救援救灾工作，指导监督防汛抗旱重大决策部署的贯彻落实；指导地方建立健全各级防汛抗旱指挥机构，完善组织体系，建立健全与流域防汛抗旱总指挥部（以下简称流域防总）、省级防汛抗旱指挥部的应急联动、信息共享、组织协调等工作机制。

2.2 流域防汛抗旱总指挥部

长江、黄河、淮河、海河、珠江、松花江、太湖等流域设立流域防总，负责落实国家防总以及水利部防汛抗旱的有关要求，执行国家防总指令，指挥协调所管辖范围内的防汛抗旱工作。流域防总由有关省、自治区、直辖市人民政府和该流域管理机构等有关单位以及相关战区或其委托的单位负责人等组成，其办事机构（流域防总办公室）设在该流域管理机构。国家防总相关指令统一由水利部下达到各流域防总及其办事机构执行。

2.3 地方各级人民政府防汛抗旱指挥部

有防汛抗旱任务的县级以上地方人民政府设立防汛抗旱指挥部，在上级防汛抗旱指挥机构和本级人民政府的领导下，强化组织、协调、指导、督促职能，指挥本地区的防汛抗旱工作。防汛抗旱指挥部由本级人民政府和有关部门、当地解放军和武警部队等有关单位负责人组成。防汛压力大、病险水库多、抢险任务重、抗旱任务重的地方，由政府主要负责同志担任防汛抗旱指挥部指挥长。

乡镇一级人民政府根据当地实际情况明确承担防汛抗旱防台风工作的机构和人员。

2.4 其他防汛抗旱指挥机构

有防汛抗旱任务的部门和单位根据需要设立防汛抗旱机构，在本级或属地人民政府防汛抗旱指挥机构统一领导下开展工作。针对重大突发事件，可以组建临时指挥机构，具体负责应急处理工作。

3 预防和预警机制

3.1 预防预警信息

3.1.1 气象水文海洋信息

(1) 各级自然资源（海洋）、水利、气象部门应加强对当地灾害性天气的监测和预报预警，并将结果及时报送有关防汛抗旱指挥机构。

(2) 各级自然资源（海洋）、水利、气象部门应当组织对重大灾害性天气的联合监测、会商和预报，尽可能延长预见期，对重大气象、水文灾害作出评估，按规定及时发布预警信息并报送本级人民政府和防汛抗旱指挥机构。

(3) 当预报即将发生严重水旱灾害和风暴潮灾害时，当地防汛抗旱指挥机构应提早通知有关区域做好相关准备。当江河发生洪水时，水利部门应加密测验时段，及时上报测验结果，为防汛抗旱指挥机构适时指挥决策提供依据。

3.1.2 工程信息

(1) 堤防工程信息。

a. 当江河出现警戒水位以上洪水或海洋出现风暴潮黄色警戒潮位以上的高潮位时，各级堤防管理单位应加强工程监测，并将堤防、涵闸、泵站等工程设施的运行情况报同级防汛抗旱指挥机构和上级主管部门。发生洪水地区的省级防汛抗旱指挥机构应在每日9时前向国家防总报告工程出险情况和防守情况，大江大河干流重要堤防、涵闸等发生重大险情应在险情发生后4小时内报到国家防总。

b. 当堤防和涵闸、泵站等穿堤建筑物出现险情或遭遇超标准洪水袭击，以及其他不可抗拒因素而可能决口时，工程管理单位必须立即采取抢护措施，并在第一时间向预计淹没区域的有关基层人民政府和基层组织发出预警，同时向同级防汛抗旱指挥机构和上级主管部门准确报告出险部位、险情种类、抢护方案，以及处理险情的行政责任人、技术责任人、通信联络方式、除险情况，以利加强指导或作出进一步的抢险决策。

(2) 水库工程信息。

a. 当水库水位超过汛限水位时，水库管理单位应对大坝、溢洪道、输水管等关键部位加密监测，并按照批准的洪水调度方案调度，其工程运行状况应向同级防汛抗旱指挥机构和上级主管部门报告。大型和防洪重点中型水库发生的重大险情应在险情发生后 1 小时内报到国家防总办公室。

b. 当水库出现险情征兆时，水库管理单位必须立即采取抢护措施，并在第一时间向预计垮坝淹没区域的有关基层人民政府和基层组织发出预警，同时向同级防汛抗旱指挥机构和上级主管部门报告出险部位、险情种类、抢护方案以及处理险情的行政责任人、技术责任人、通信联络方式、除险情况，以进一步采取相应措施。

c. 当水库遭遇超标准洪水或其他不可抗拒因素而可能垮坝时，水库管理单位应提早向预计垮坝淹没区域的有关基层人民政府和基层组织发出预警，为群众安全转移和工程抢护争取时间。

3.1.3 洪涝灾情信息

(1) 洪涝灾情信息主要包括：灾害发生的时间、地点、范围、受灾人口、因灾死亡失踪人口、紧急转移安置人口、因灾伤病人口、需紧急生活救助人口等信息，以及居民房屋等财产、农林牧渔、交通运输、邮电通信、水利、水电气设施等方面的损失信息。

(2) 洪涝灾情发生后，有关部门应及时向防汛抗旱指挥机构和应急管理部门报告洪涝受灾情况，防汛抗旱指挥机构和应急管理部门应及时组织研判灾情和气象趋势，收集动态灾情，全面掌握受灾情况，并及时向同级人民政府、上级防汛抗旱指挥机构和应急管理部门报告。对人员伤亡和较大财产损失的灾情，应立即上报，重大灾情在灾害发生后 4 小时内将初步情况报到国家防总和应急部，并对实时灾情组织核实，核实后及时上报，为抗灾救灾提供准确依据。

(3) 地方各级人民政府、防汛抗旱指挥机构应按照水旱灾害信息报送有关制度规定上报洪涝灾情。

3.1.4 旱情信息

(1) 旱情信息主要包括：干旱发生的时间、地点、程度、受旱范围、影响人口等信息，以及对工农业生产、城乡生活、生态环境等方面造成的影响信息。

(2) 防汛抗旱指挥机构应掌握雨水情变化、当地蓄水情况、农业旱情和城乡供水等情况。水利、农业农村、气象等部门应加强旱情监测预测，并将干旱情况及时报送同级防汛抗旱指挥机构。地方各级人民政府、防汛抗旱指挥机构应按照水旱灾害信息报送有关制度规定及时上报受旱情况，遇旱情急剧发展时应及时加报。

3.2 预防预警行动

3.2.1 预防准备工作

（1）思想准备。加强宣传，增强全民预防水旱灾害和自我保护的意识，做好防大汛抗大旱的思想准备。

（2）组织准备。建立健全防汛抗旱组织指挥机构，落实防汛抗旱责任人、防汛抗旱队伍和山洪易发重点区域的监测网络及预警措施，加强防汛抗旱应急抢险救援专业队伍建设。

（3）工程准备。按时完成水毁工程修复和水源工程建设任务，对存在病险的堤防、水库、涵闸、泵站等各类防洪排涝工程设施及时除险加固；对跨汛期施工的涉水工程，要落实安全度汛责任和方案措施。

（4）预案准备。修订完善江河湖库和城市防洪排涝预案、台风风暴潮防御预案、洪水预报方案、防洪排涝工程调度规程、堤防决口和水库垮坝应急方案、堰塞湖应急处置预案、蓄滞洪区安全转移预案、山丘区防御山洪灾害预案和抗旱预案、城市抗旱预案等各类应急预案和方案。研究制订防御超标准洪水的应急方案，主动应对大洪水。针对江河堤防险工险段，要制订工程抢险方案。大江大河干流重要河段堤防决口抢险方案由流域管理机构组织审批。

（5）物资准备。按照分级负责的原则，储备必需的防汛抗旱抢险救援救灾物资。在防汛重点部位应储备一定数量的抢险物资，以应急需。

（6）通信准备。充分利用公众通信网，确保防汛通信专网、蓄滞洪区的预警反馈系统完好和畅通。健全水文、气象测报站网，确保雨情、水情、工情、灾情信息和指挥调度指令及时传递。

（7）防汛抗旱检查。实行以查组织、查工程、查预案、查物资、查通信为主要内容的分级检查制度，发现薄弱环节要明确责任、限时整改。

（8）防汛日常管理工作。加强防汛日常管理工作，对在江河、湖泊、水库、滩涂、人工水道、蓄滞洪区内建设的非防洪建设项目应当编制洪水影响评价报告，并经有审批权的水利部门审批，对未经审批并严重影响防洪的项目，依法强行拆除。

3.2.2 江河洪水预警

（1）当江河即将出现洪水时，各级水利部门应做好洪水预报和预警工作，及时向同级防汛抗旱指挥机构报告水位、流量的实测情况和洪水走势。各级气象部门应做好天气监测预报工作，及时向防汛抗旱指挥机构报告降雨实况、预报等。

（2）各级水利部门应按照分级负责原则，确定洪水预警区域、级别和洪水信息发布范围，按照权限向社会发布。

(3) 各级水利部门应跟踪分析江河洪水的发展趋势，及时滚动预报最新水情，为抗灾救灾提供基本依据和技术支撑。

3.2.3 渍涝灾害预警

(1) 城市内涝预警。当气象预报将出现强降雨，并可能发生城市内涝灾害时，各级防汛抗旱指挥机构应按照分级分部门负责原则，组织住房城乡建设、水利、应急管理、气象等部门开展联合会商，研判形势。地方住房城乡建设、水利、应急管理、气象等有关部门按任务分工及时发布有关预警信息，当地防汛抗旱指挥机构按照预案启动相应级别的应急响应。当地人民政府视情况及时组织做好人员转移、停工、停学、停业、停运和暂停户外活动等工作，对重点部位和灾害易发区提前预置抢险救援力量。

(2) 乡村渍涝预警。当气象预报将出现强降雨，村庄和农田可能发生渍涝灾害时，当地防汛抗旱指挥机构应及时组织会商，有关部门按职责及时发布预警，并按预案和分工提前采取措施减轻灾害损失。

3.2.4 山洪灾害预警

(1) 可能遭受山洪灾害威胁的地方，应根据山洪灾害的成因和特点，主动采取预防和避险措施。自然资源、水利、气象等部门应密切联系，相互配合，实现信息共享，提高预报水平，及时发布预警。

(2) 有山洪灾害防治任务的地方，水利部门应加强日常防治和监测预警。地方各级人民政府组织自然资源、水利、应急管理、气象等部门编制山洪灾害防御预案，绘制区域内山洪灾害风险图，划分并确定区域内易发生山洪灾害的地点及范围，制订安全转移方案，明确组织机构的设置及职责，指导行政村（社区）编制山洪灾害防御预案。具体工作由基层人民政府组织实施。

(3) 山洪灾害易发区应建立专业监测与群测群防相结合的监测体系，落实监测措施，汛期坚持24小时值班巡逻制度，降雨期间，加密监测、加强巡逻。每个乡镇（街道）、村（社区）、组和相关单位都要落实信号发送员，一旦发现危险征兆，立即向周边群众发出警报，实现快速转移，并报告本地防汛抗旱指挥机构，以便及时组织抗灾救灾。

3.2.5 台风风暴潮灾害预警

(1) 各级气象部门应密切监视台风动向，及时发布台风（含热带低压等）监测预警信息，做好未来趋势预报，并及时将台风中心位置、强度、移动方向、速度等信息报告同级人民政府和防汛抗旱指挥机构。自然资源（海洋）部门根据台风预报做好风暴潮监测预报预警工作。

(2) 可能遭遇台风袭击的地方，各级防汛抗旱指挥机构应加强值班，跟踪台风动向，并将有关信息及时向社会发布。

(3) 水利部门应根据台风影响的范围，及时通知有关水库、主要湖泊和河道堤防管理单位，做好防范工作。各工程管理单位应组织人员分析水情和台风带来的影响，加强工程检查，必要时实施预泄预排措施。

(4) 预报将受台风影响的沿海地区，当地防汛抗旱指挥机构应及时通知有关部门和人员做好防台风工作。

(5) 有关部门要加强对城镇危房、在建工地、仓库、交通运输、电信电缆、电力电线、户外广告牌等公用设施的检查，及时采取加固措施，组织船只回港避风和沿海养殖人员撤离工作。当地人民政府视情况及时做好人员转移、停工、停学、停业、停运和暂停户外活动等工作。

3.2.6 蓄滞洪区预警

(1) 蓄滞洪区所在地县级防汛抗旱指挥机构应组织蓄滞洪区管理单位等拟订群众安全转移方案，由所在地县级人民政府组织审批。

(2) 蓄滞洪区工程管理单位应加强工程运行监测，发现问题及时处理，并报告本级防汛抗旱指挥机构和上级主管部门。

(3) 运用蓄滞洪区，当地人民政府和防汛抗旱指挥机构应把人民群众生命安全放在第一位，迅速启动预警系统，按照群众安全转移方案实施转移。

3.2.7 干旱灾害预警

(1) 各级水利部门应加强旱情监测和管理，针对干旱灾害的成因、特点，因地制宜采取预警防范措施。

(2) 各级防汛抗旱指挥机构应及时掌握旱情灾情，根据干旱发展趋势，及时组织和督促有关部门做好抗旱减灾工作。

(3) 各级防汛抗旱指挥机构应当鼓励和支持社会力量开展抗旱减灾工作。

3.2.8 供水危机预警

当因供水水源短缺或被破坏、供水线路中断、供水设施损毁、供水水质被侵害等原因而出现供水危机，有关部门应按相关规定及时向社会发布预警信息，及时报告同级防汛抗旱指挥机构并通报水行政主管部门，居民、企事业单位应做好储备应急用水的准备，有关部门做好应急供水的准备。

3.3 预警支持系统

3.3.1 洪涝、干旱和台风风暴潮风险图

(1) 各级防汛抗旱指挥机构应组织有关部门，研究绘制本地区的城市洪涝风险图、蓄滞洪区洪水风险图、流域洪水风险图、山洪灾害风险图、水库洪水风险图、

干旱风险图、台风风暴潮风险图。

（2）防汛抗旱指挥机构应以各类洪涝、干旱和台风风暴潮风险图作为抗洪抢险救灾、群众安全转移安置和抗旱救灾决策的技术依据。

3.3.2 洪涝防御方案

（1）防汛抗旱指挥机构应根据需要，组织水行政、住房城乡建设等有关部门编制和修订防御江河洪水方案、城市排涝方案，主动应对江河洪水和城市渍涝。长江、黄河、淮河、海河等重要江河湖泊和重要水工程的防御洪水方案，由水利部组织编制，按程序报国务院批准。重要江河湖泊和重要水工程的防洪抗旱调度和应急水量调度方案由水利部流域管理机构编制，报水利部审批后组织实施。调度方案和指令须抄国家防总、应急部。

（2）水行政主管部门应根据情况变化，修订和完善洪水调度方案。

3.3.3 抗旱预案

各级水利部门应编制抗旱预案，主动应对不同等级的干旱灾害。

3.4 预警响应衔接

（1）自然资源、住房城乡建设、交通运输、水利、应急管理、气象等部门按任务分工健全预警机制，规范预警发布内容、范围、程序等。有关部门应按专群有别、规范有序的原则，科学做好预警信息发布。

（2）自然资源、住房城乡建设、交通运输、水利、应急管理、气象等部门要加强监测预报和信息共享。

（3）各级防汛抗旱指挥机构要健全多部门联合会商机制，预测可能出现致灾天气过程或有关部门发布预警时，防汛抗旱指挥机构办公室要组织联合会商，分析研判灾害风险，综合考虑可能造成的危害和影响程度，及时提出启动、调整应急响应的意见和建议。

（4）各级防汛抗旱指挥机构应急响应原则上与本级有关部门的预警挂钩，把预警纳入应急响应的启动条件。省级防汛抗旱指挥机构要指导督促下级防汛抗旱指挥机构做好相关预警与应急响应的衔接工作。

（5）预警发布部门发布预警后，要滚动预报预警，及时向本级防汛抗旱指挥机构报告。

（6）有关部门要建立预报预警评估制度，每年汛后对预报预警精确性、有效性进行评估。

4 应急响应

4.1 应急响应的总体要求

（1）按洪涝、干旱、台风、堰塞湖等灾害严重程度和范围，将应急响应行动分为一级、二级、三级、四级。一级应急响应级别最高。

（2）进入汛期、旱期，各级防汛抗旱指挥机构及有关成员单位应实行24小时值班制度，全程跟踪雨情、水情、风情、险情、灾情、旱情，并根据不同情况启动相关应急程序。国家防总成员单位启动防汛抗旱相关应急响应时，应及时通报国家防总。国家防总各成员单位应按照统一部署和任务分工开展工作并及时报告有关工作情况。

（3）当预报发生大洪水或突发险情时，水利部组织会商，应急部等部门派人员参加。涉及启用重要蓄滞洪区、弃守堤防或破堤泄洪时，由水利部提出运用方案报国家防总，按照总指挥的决定执行。重大决定按程序报国务院批准。

（4）洪涝、干旱、台风、堰塞湖等灾害发生后，由地方人民政府和防汛抗旱指挥机构负责组织实施抢险救灾和防灾减灾等方面的工作。灾害应对关键阶段，应有党政负责同志在防汛抗旱指挥机构坐镇指挥，相关负责同志根据预案和统一安排靠前指挥，确保防汛抢险救灾工作有序高效实施。

（5）洪涝、干旱、台风、堰塞湖等灾害发生后，由当地防汛抗旱指挥机构向同级人民政府和上级防汛抗旱指挥机构报告情况。造成人员伤亡的突发事件，可越级上报，并同时报上级防汛抗旱指挥机构。任何个人发现堤防、水库发生险情时，应立即向有关部门报告。

（6）对跨区域发生的上述灾害，或者突发事件将影响到临近行政区域的，在报告同级人民政府和上级防汛抗旱指挥机构的同时，应及时向受影响地区的防汛抗旱指挥机构通报情况。

（7）因上述灾害而衍生的疾病流行、水陆交通事故等次生灾害，当地防汛抗旱指挥机构应及时向同级人民政府和上级防汛抗旱指挥机构报告，并由当地人民政府组织有关部门全力抢救和处置，采取有效措施切断灾害扩大的传播链，防止次生或衍生灾害蔓延。

4.2 一级应急响应

4.2.1 出现下列情况之一者，为一级应急响应

（1）某个流域发生特大洪水；

（2）多个流域同时发生大洪水；

（3）多个省（自治区、直辖市）启动防汛抗旱一级应急响应；

（4）大江大河干流重要河段堤防发生决口；

（5）重点大型水库发生垮坝；

（6）多个省（自治区、直辖市）发生特大干旱；

（7）多座特大及以上城市发生特大干旱；

（8）其他需要启动一级应急响应的情况。

根据汛情、险情、灾情、旱情发展变化，当发生符合启动一级应急响应条件的事件时，国家防总办公室提出启动一级应急响应的建议，由副总指挥审核后，报总指挥批准；遇紧急情况，由总指挥决定。必要时，国务院直接决定启动一级应急响应。

4.2.2 一级应急响应行动

（1）由国家防总总指挥或党中央、国务院指定的负责同志主持会商，统一指挥调度，国家防总成员参加。视情况启动经国务院批准的防御特大洪水方案，作出防汛抗旱应急工作部署，加强工作指导，并将情况上报党中央、国务院。应急响应期内，根据汛情、险情、灾情、旱情发展变化，可由副总指挥主持，有关成员单位参加，随时滚动会商，并将情况上报总指挥。按照党中央、国务院安排派出工作组赴一线指导防汛抗旱工作。国家防总加强值守，密切监视汛情、险情、灾情、旱情，做好预测预报，做好重点工程调度，并在8小时内派出由国家防总领导或成员带队的工作组、专家组赴一线指导防汛抗旱工作，及时在中央主要媒体及新媒体通报有关情况，报道汛（旱）情及抗洪抢险、抗旱减灾工作。财政部为灾区及时提供资金帮助。国家粮食和储备局按照国家防总办公室要求为灾区紧急调运防汛抗旱物资；铁路、交通运输、民航部门为防汛抗旱物资提供运输保障。水利部做好汛情旱情预测预报，做好重点工程调度和防汛抢险技术支撑。应急部组织协调水旱灾害抢险和应急救援工作，转移安置受洪水威胁人员，及时救助受灾群众。国家卫生健康委根据需要，及时派出卫生应急队伍或专家赴灾区协助开展紧急医学救援、灾后卫生防疫和应急心理干预等工作。国家防总其他成员单位按照任务分工，全力做好有关工作。

（2）有关流域防汛抗旱指挥机构按照权限调度水利、防洪工程，为国家防总和水利部提供调度参谋意见。派出工作组、专家组，支援地方抗洪抢险和抗旱减灾。

（3）有关省、自治区、直辖市的防汛抗旱指挥机构启动一级应急响应，可依法宣布本地区进入紧急防汛期或紧急抗旱期，按照《中华人民共和国防洪法》和突发事件应对相关法律的规定行使权力。同时，增加值班人员，加强值班，由防汛抗旱指挥机构的主要负责同志主持会商，动员部署防汛抗旱工作；按照权限组织调度水利、防洪工程；根据预案转移危险地区群众，组织强化巡堤查险和堤防防守，及时控制险情或组织强化抗旱工作。受灾地区的各级防汛抗旱指挥机构负责人、成员单位负责人，应按照职责到分管的区域组织指挥防汛抗旱工作，或驻点具体帮助重灾区做好防汛抗旱工作。有关省、自治区、直辖市的防汛抗旱指挥机构应将工作情况上报当地人民政府、国家防总及流域防汛抗旱指挥机构。有关省、自治区、直辖市的防汛抗旱指挥机构成员单位按任务分工全力配合做好防汛抗旱和抗灾救灾工作。

4.3 二级应急响应

4.3.1 出现下列情况之一者，为二级应急响应

（1）一个流域发生大洪水；

（2）多个省（自治区、直辖市）启动防汛抗旱二级或以上应急响应；

（3）大江大河干流一般河段及主要支流堤防发生决口；

（4）多个省（自治区、直辖市）发生严重洪涝灾害；

（5）一般大中型水库发生垮坝；

（6）预报超强台风登陆或严重影响我国；

（7）正在发生大范围强降雨过程，中央气象台发布暴雨红色预警，会商研判有两个以上省（自治区、直辖市）大部地区可能发生严重洪涝灾害；

（8）同一时间发生两个以上极高风险的堰塞湖；

（9）一省（自治区、直辖市）发生特大干旱或多个省（自治区、直辖市）发生严重干旱；

（10）多个大城市发生严重干旱；

（11）其他需要启动二级应急响应的情况。

根据汛情、险情、灾情、旱情发展变化，当发生符合启动二级应急响应条件的事件时，国家防总办公室提出启动二级应急响应的建议，由国家防总秘书长审核后，报副总指挥批准；遇紧急情况，由副总指挥决定。

4.3.2 二级应急响应行动

（1）国家防总副总指挥主持会商，国家防总成员单位派员参加会商，作出相应工作部署，加强防汛抗旱工作的指导，在2小时内将情况上报国务院领导同志并通报国家防总成员单位。应急响应期内，根据汛情、险情、灾情、旱情发展变化，可由国家防总秘书长主持，随时滚动会商。国家防总加强值班力量，密切监视汛情、险情、灾情、旱情，做好预测预报，做好重点工程调度，并在12小时内派出由成员单位组成的联合工作组、专家组赴一线指导防汛抗旱工作。水利部密切监视汛情、旱情、工情发展变化，做好汛情、旱情预测预报预警，做好重点工程调度和抗洪应急抢险技术支撑。国家防总组织协调有关方面不定期在中央主要媒体及新媒体平台通报有关情况。根据灾区请求及时调派抢险救援队伍、调拨防汛抗旱物资支援地方抢险救灾。国家防总各成员单位按照任务分工做好有关工作。

（2）有关流域防汛抗旱指挥机构密切监视汛情、险情、灾情、旱情发展变化，做好洪水预测预报，派出工作组、专家组，支援地方抗洪抢险救援和抗旱救灾；按照权限调度水利、防洪工程；为国家防总和水利部提供调度参谋意见。

(3) 有关省、自治区、直辖市防汛抗旱指挥机构可根据情况，依法宣布本地区进入紧急防汛期或紧急抗旱期，按照《中华人民共和国防洪法》和突发事件应对相关法律的规定行使相关权力。同时，增加值班人员，加强值班。有关省级防汛抗旱指挥机构应将工作情况上报当地人民政府主要负责同志、国家防总及流域防汛抗旱指挥机构。有关省、自治区、直辖市的防汛抗旱指挥机构成员单位按任务分工全力配合做好防汛抗旱和抗灾救灾工作。

4.4 三级应急响应

4.4.1 出现下列情况之一者，为三级应急响应

(1) 多个省（自治区、直辖市）同时发生洪涝灾害；

(2) 一省（自治区、直辖市）发生较大洪水；

(3) 多个省（自治区、直辖市）启动防汛抗旱三级或以上应急响应；

(4) 大江大河干流堤防出现重大险情；

(5) 大中型水库出现严重险情或小型水库发生垮坝；

(6) 预报强台风登陆或严重影响我国；

(7) 正在发生大范围强降雨过程，中央气象台发布暴雨橙色预警，会商研判有两个以上省（自治区、直辖市）大部地区可能发生较重洪涝灾害；

(8) 发生极高风险的堰塞湖；

(9) 多个省（自治区、直辖市）同时发生中度干旱；

(10) 多座中等以上城市同时发生中度干旱或一座大城市发生严重干旱；

(11) 其他需要启动三级应急响应的情况。

根据汛情、险情、灾情、旱情发展变化，当发生符合启动三级应急响应条件的事件时，国家防总办公室提出启动三级应急响应的建议，报国家防总秘书长批准；遇紧急情况，由国家防总秘书长决定。

4.4.2 三级应急响应行动

(1) 国家防总秘书长主持会商，中国气象局、水利部、自然资源部等国家防总有关成员单位参加，作出相应工作安排，加强防汛抗旱工作的指导，有关情况及时上报国务院并通报国家防总成员单位。水利部密切监视汛情、旱情发展变化。国家防总办公室在18小时内派出由司局级领导带队的工作组、专家组赴一线指导防汛抗旱工作。

(2) 有关流域防汛抗旱指挥机构加强汛（旱）情监视，加强洪水预测预报，做好相关工程调度，派出工作组、专家组到一线协助防汛抗旱。

(3) 有关省、自治区、直辖市的防汛抗旱指挥机构，由防汛抗旱指挥机构负责同志主持会商，具体安排防汛抗旱工作；按照权限调度水利、防洪工程；根据预案组织防汛抢险或组织抗旱，派出工作组、专家组，并将防汛抗旱的工作情况上报当

地人民政府分管负责同志、国家防总及流域防总。省级防汛抗旱指挥机构在省级主要媒体及新媒体平台发布防汛抗旱有关情况。省级防汛抗旱指挥机构各成员单位按照任务分工做好有关工作。

4.5 四级应急响应

4.5.1 出现下列情况之一者，为四级应急响应

(1) 多个省（自治区、直辖市）启动防汛抗旱四级或以上应急响应；

(2) 多个省（自治区、直辖市）同时发生一般洪水；

(3) 大江大河干流堤防出现险情；

(4) 大中型水库出现险情；

(5) 预报热带风暴、强热带风暴、台风登陆或影响我国；

(6) 预测或正在发生大范围强降雨过程，中央气象台发布暴雨黄色预警，会商研判有两个以上省（自治区、直辖市）可能发生洪涝灾害；

(7) 发生高风险的堰塞湖；

(8) 多个省（自治区、直辖市）同时发生轻度干旱；

(9) 多座中等以上城市同时因旱影响正常供水；

(10) 其他需要启动四级应急响应的情况。

根据汛情、险情、灾情、旱情发展变化，当发生符合启动四级应急响应条件的事件时，国家防总办公室主任决定并宣布启动四级应急响应。

4.5.2 四级应急响应行动

(1) 国家防总办公室负责同志主持会商，中国气象局、水利部、自然资源部等国家防总有关成员单位参加，分析防汛抗旱形势，作出相应工作安排，加强对汛（旱）情的监视，在24小时内派出由司局级领导带队的工作组、专家组赴一线指导防汛抗旱工作，将情况上报国务院并通报国家防总成员单位。

(2) 有关流域防总加强汛情、旱情监视，做好洪水预测预报，并将情况及时报国家防总办公室。

(3) 有关省、自治区、直辖市的防汛抗旱指挥机构由防汛抗旱指挥机构负责同志主持会商，具体安排防汛抗旱工作；按照权限调度水利、防洪工程；按照预案采取相应防守措施或组织抗旱；派出工作组、专家组赴一线指导防汛抗旱工作；将防汛抗旱的工作情况上报当地人民政府和国家防总办公室。

4.6 不同灾害的应急响应措施

4.6.1 江河洪水

(1) 当江河水位超过警戒水位时，当地防汛抗旱指挥机构应按照经批准的防洪预案和防汛责任制的要求，组织专业和群众防汛队伍巡堤查险，严密布防，必要时

动用解放军和武警部队、民兵参加重要堤段、重点工程的防守或突击抢险。

（2）当江河水位继续上涨，危及重点保护对象时，各级防汛抗旱指挥机构和承担防汛任务的部门、单位，应根据江河水情和洪水预报，按照规定的权限和防御洪水方案、洪水调度方案，适时调度运用防洪工程，调节水库拦洪错峰，开启节制闸泄洪，启动泵站抢排，启用分洪河道、蓄滞洪区行蓄洪水，清除河道阻水障碍物、临时抢护加高堤防增加河道泄洪能力等。

（3）在实施蓄滞洪区调度运用时，根据洪水预报和经批准的洪水调度方案，由防汛抗旱指挥机构决定做好蓄滞洪区启用的准备工作，主要包括：组织蓄滞洪区内人员转移、安置，分洪设施的启用和无闸分洪口门爆破准备。当江河水情达到洪水调度方案规定的条件时，按照启用程序和管理权限由相应的防汛抗旱指挥机构批准下达命令实施分洪。

（4）在紧急情况下，按照《中华人民共和国防洪法》有关规定，有关县级以上人民政府防汛抗旱指挥机构可以宣布进入紧急防汛期，并行使相关权力、采取特殊措施，保障抗洪抢险的顺利实施。

4.6.2 渍涝灾害

渍涝灾害应急处置工作由当地防汛抗旱指挥机构组织实施。各级防汛抗旱指挥机构要加强组织协调，督促指导有关部门做好排涝工作。

（1）城市内涝。住房城乡建设、交通运输、水利等有关部门以及铁路等有关单位按任务分工全面排查城市易涝风险点，要突出抓好轨道交通、市政道路隧道、立交桥、地下空间、下沉式建筑、在建工程基坑等易涝积水点（区）隐患排查，并逐项整治消险。对主要易涝点要按照“一点一案”制订应急处置方案，明确责任人、队伍和物资，落实应急措施。

当出现城市内涝灾害时，当地防汛抗旱指挥机构应根据应急预案，及时组织有关部门和力量转移安置危险区域人员；对低洼积水等危险区域、路段，有关部门要及时采取警戒、管控等措施，避免人员伤亡。要及时通过广播、电视、新媒体等对灾害信息进行滚动预警；情况危急时，停止有关生产和社会活动。

住房城乡建设、水利等部门应加强协调和配合，科学调度防洪排涝工程、正确处理外洪内涝关系，确保防洪防涝安全。交通运输、电力、通信、燃气、供水等有关部门和单位应保障城市生命线工程和其他重要基础设施安全，保证城市正常运行。

（2）当村庄和农田发生渍涝灾害时，有关部门要及时组织专业人员和设备抢排涝水，尽快恢复生产和生活，减少灾害损失。

4.6.3 山洪灾害

（1）山洪灾害日常防治和监测预警工作由水利部门负责，应急处置和抢险救灾工作由应急管理部门负责，具体工作由基层人民政府组织实施。各级防汛抗旱指挥机构要加强组织协调，指导自然资源、生态环境、住房城乡建设、水利、应急管理、消防、气象等各有关部门按任务分工做好相关工作。

(2) 当山洪灾害易发区观测到降雨量达到预警阈值时，水利等有关部门应及时发出预警，基层人民政府及时按预案组织受威胁人员安全撤离。

(3) 转移受威胁地区的群众，应本着就近、迅速、安全、有序的原则进行，先人员后财产，先老幼病残后其他人员，先转移危险区人员和警戒区人员，防止出现道路堵塞和发生意外事件。

(4) 当发生山洪灾害时，当地防汛抗旱指挥机构应组织自然资源、水利、应急管理、气象等有关部门的专家和技术人员，及时赶赴现场，加强观测，采取应急措施，防止造成更大损失。

(5) 发生山洪灾害后，若导致人员伤亡，应立即组织国家综合性消防救援队伍、民兵、抢险突击队紧急抢救，必要时向当地解放军和武警部队及上级人民政府请求救援。

(6) 如山洪、泥石流、滑坡体堵塞河道，当地防汛抗旱指挥机构应召集有关部门、专家研究处理方案，尽快采取应急措施，避免发生更大的灾害。

4.6.4 台风风暴潮灾害

(1) 台风风暴潮（含热带低压）灾害应急处理由当地人民政府防汛抗旱指挥机构负责。

(2) 发布台风蓝色、黄色预警阶段。

a. 气象部门对台风发展趋势提出具体的分析和预报意见，并立即报告同级人民政府及防汛抗旱指挥机构。

b. 自然资源（海洋）部门根据台风动向，分析、预报风暴潮，并及时报告同级人民政府及防汛抗旱指挥机构。

c. 沿海地区各级防汛抗旱指挥机构负责同志及水利工程防汛负责人应根据台风预警上岗到位值班，并部署防御台风的各项准备工作。

d. 防汛抗旱指挥机构督促有关地区和部门组织力量加强巡查，督促对病险堤防、水库、涵闸进行抢护或采取必要的紧急处置措施。台风可能明显影响的地区，超汛限水位的水库应将水位降到汛限水位，平原河网水位高的应适当预排。水利部门做好洪水测报的各项准备。做好受台风威胁地区群众的安全转移准备工作。

e. 海上作业单位通知出海渔船回港避风，提醒商船落实避风措施。自然资源（海洋）、渔业、海运、海上安全等部门检查归港船只锚固情况，敦促沿海地区做好建设工地、滩涂养殖、网箱加固及渔排上人员安全转移、港口大型机械加固、人员避险、货物避水等工作。

f. 新闻媒体及时播发台风预警信息和防汛抗旱指挥机构的防御部署情况。

（3）发布台风橙色、红色预警阶段。

a. 台风可能影响的地区，各级防汛抗旱指挥机构负责同志及水利工程防汛负责人应立即上岗到位值班，根据当地防御洪水（台风）方案进一步检查各项防御措施落实情况。对台风可能登陆地区和可能严重影响的地区，当地县级以上人民政府应发布防台风动员令，组织防台风工作，派出工作组深入第一线，做好宣传发动工作，落实防台风措施和群众安全转移措施，指挥防台风和抢险工作。

b. 气象部门应作出台风可能登陆地点、时间以及台风暴雨量级和雨区的预报。自然资源（海洋）部门应作出风暴潮预报。水利部门应根据气象部门的降雨预报，提早作出江河洪水的预报。

c. 海上作业单位应检查船只进港情况，尚未回港的应采取应急措施。对停港避风的船只应落实防撞等保安措施。

d. 水利工程管理单位应做好工程的保安工作，并根据降雨量、洪水预报，控制运用水库、水闸及江河洪水调度运行，落实蓄滞洪区分洪的各项准备。抢险人员加强对工程的巡查。

e. 洪水预报将要受淹的地区，做好人员、物资的转移。山洪灾害易发地区提高警惕，落实应急措施。

f. 台风将登陆影响和台风中心可能经过的地区，居住在危房的人员应及时转移；成熟的农作物、食盐、渔业产品应组织抢收抢护；高空作业设施做好防护工作；建设工地做好大型临时设施固结和工程结构防护等工作；电力、通信部门应做好抢修准备，保障供电和通信畅通；住房城乡建设（园林绿化）部门应按职责做好市区树木的保护工作；卫生健康部门做好抢救伤员的应急处置方案。

g. 新闻媒体应增加对台风预报和防台风措施的播放和刊载。

h. 国家综合性消防救援队伍、驻地解放军和武警部队、民兵根据抢险救灾预案做好各项准备，一旦有任务即迅速赶往现场。卫生健康部门根据实际需要，组织卫生应急队伍集结待命。公安机关做好社会治安工作。

i. 各级防汛抗旱指挥机构应及时向上一级防汛抗旱指挥机构汇报防台风行动情况。

4.6.5 堤防决口、水闸垮塌、水库（水电站）垮坝

（1）当出现堤防决口、水闸垮塌、水库（水电站）垮坝征兆时，防汛责任单位要迅速调集人力、物力全力组织抢险，尽可能控制险情，第一时间向预计淹没区域的有关基层人民政府和基层组织发出警报，并及时向当地防汛抗旱指挥机构和上级

主管部门报告。大江大河干流堤防决口、水闸垮塌和大型水库（水电站）垮坝等事件应立即报告国家防总办公室。

（2）堤防决口、水闸垮塌、水库（水电站）垮坝的应急处理，由当地防汛抗旱指挥机构负责，水利部门提供技术支撑。首先应迅速组织受影响群众转移，并视情况抢筑二道防线，控制洪水影响范围，尽可能减少灾害损失。必要时，向上级防汛抗旱指挥机构提出援助请求。

（3）当地防汛抗旱指挥机构视情况在适当时机组织实施堤防堵口，按照权限调度有关水利工程，为实施堤防堵口创造条件，并应明确堵口、抢护的行政，以及技术责任人，启动堵口、抢护应急预案，及时调集人力、物力迅速实施堵口、抢护。上级防汛抗旱指挥机构负责同志应立即带领专家赶赴现场指导。

4.6.6 干旱灾害

县级以上防汛抗旱指挥机构根据本地区实际情况，按特大、严重、中度、轻度4个干旱等级，制定相应的应急抗旱措施，并负责组织抗旱工作。

（1）特大干旱。

a. 强化地方行政首长抗旱责任制，确保城乡居民生活和重点企业用水安全，维护灾区社会稳定。

b. 防汛抗旱指挥机构强化抗旱工作的统一指挥和组织协调，加强会商。水利部门强化抗旱水源的科学调度和用水管理。各有关部门按照防汛抗旱指挥机构的统一指挥部署，协调联动，全面做好抗旱工作。

c. 启动相关抗旱预案，并报上级指挥机构备案。必要时经省级人民政府批准，省级防汛抗旱指挥机构可依法宣布进入紧急抗旱期，启动各项特殊应急抗旱措施，如应急开源、应急限水、应急调水、应急送水，条件许可时及时开展人工增雨等。

d. 水利、农业农村等有关部门要及时向防汛抗旱指挥机构和应急管理部门报告旱情、灾情及抗旱工作；防汛抗旱指挥机构要加强会商，密切跟踪旱情灾情发展变化趋势及抗旱工作情况，及时分析旱情灾情对经济社会发展的影响，适时向社会通报旱灾信息。

e. 及时动员社会各方面力量支援抗旱救灾工作。

f. 加强旱情灾情及抗旱工作的宣传。

（2）严重干旱。

a. 有关部门加强旱情监测和分析预报工作，及时向防汛抗旱指挥机构报告旱情灾情及其发展变化趋势，及时通报旱情信息和抗旱情况。

b. 防汛抗旱指挥机构及时组织抗旱会商，研究部署抗旱工作。

c. 适时启动相关抗旱预案，并报上级防汛抗旱指挥机构备案。

d. 督促防汛抗旱指挥机构各成员单位落实抗旱职责，做好抗旱水源的统一管理和调度，落实应急抗旱资金和抗旱物资。

e. 做好抗旱工作的宣传。

(3) 中度干旱。

a. 有关部门要加强旱情监测，密切注视旱情的发展情况，及时向防汛抗旱指挥机构报告旱情信息和抗旱情况。

b. 防汛抗旱指挥机构要加强会商，分析研判旱情发展变化趋势，及时分析预测水量供求变化形势。

c. 及时上报、通报旱情信息和抗旱情况。

d. 关注水量供求变化，组织做好抗旱调度。

e. 根据旱情发展趋势，动员部署抗旱工作。

(4) 轻度干旱。

a. 有关部门及时做好旱情监测、预报工作。

b. 及时掌握旱情变化情况，分析了解社会各方面的用水需求。

c. 协调有关部门做好抗旱水源的管理调度工作。

4.6.7 供水危机

(1) 当发生供水危机时，有关防汛抗旱指挥机构应指导和督促有关部门采取有效措施，做好应急供水工作，最大限度保证城乡居民生活和重点单位用水安全。

(2) 针对供水危机出现的原因，组织有关部门采取措施尽快恢复供水水源，保障供水量和水质正常。

4.7 信息报送和处理

(1) 汛情、险情、灾情、旱情等防汛抗旱信息按任务分工实行分级上报，归口处理，同级共享。

(2) 防汛抗旱信息的报送和处理，应快速、准确、翔实，重要信息应立即上报，因客观原因一时难以准确掌握的信息，应及时报告基本情况，同时抓紧跟踪了解，尽快补报详情。

(3) 属一般性汛情、险情、灾情、旱情，按分管权限，分别报送本级防汛抗旱指挥机构和水利、应急管理部门。凡因险情、灾情较重，按分管权限上报一时难以处理，需上级帮助、指导处理的，经本级防汛抗旱指挥机构负责同志审批后，可向上一级防汛抗旱指挥机构和水利、应急管理部门报告。

(4) 凡经本级或上级防汛抗旱指挥机构采用和发布的水旱灾害、工程抢险等信息，水利、应急管理等有关部门应立即核查，对存在的问题，及时采取措施，切实加以解决。

（5）洪涝灾害人员伤亡、重大险情及影响范围、处置措施等关键信息，必须严格按照国家防总相关规定和灾害统计报告制度报送，不得虚报、瞒报、漏报、迟报。

（6）国家防总办公室接到特别重大、重大的汛情、险情、灾情、旱情报告后应立即报告国务院，并及时续报。

4.8 指挥和调度

（1）出现水旱灾害后，事发地防汛抗旱指挥机构应立即启动应急预案，并根据需要成立现场指挥部。在采取紧急措施的同时，向上一级防汛抗旱指挥机构报告。根据现场情况，及时收集、掌握相关信息，判明事件性质和危害程度，并及时上报事态发展变化情况。

（2）事发地防汛抗旱指挥机构负责人应迅速上岗到位，分析事件的性质，预测事态发展趋势和可能造成的危害程度，并按规定的处置程序，组织指挥有关部门和单位按照任务分工，迅速采取处置措施，控制事态发展。

（3）发生重大水旱灾害后，上一级防汛抗旱指挥机构应派出由有关负责同志带队的工作组赶赴现场，加强指导，必要时成立前线指挥部。

4.9 抢险救灾

（1）出现水旱灾害或防洪工程发生重大险情后，事发地防汛抗旱指挥机构应根据事件的性质，迅速对事件进行监控、追踪，按照预案立即提出紧急处置措施，统一指挥各部门和单位按照任务分工，各司其职，团结协作，快速反应，高效处置，最大限度减少损失。

（2）在汛期，河道、水库、水电站、闸坝等水工程管理单位必须按照规定对水工程进行巡查，发现险情，必须立即采取抢护措施，第一时间向预计淹没区域的有关基层人民政府和基层组织发出预警，并及时向防汛抗旱指挥机构和上级主管部门报告相关信息。

电力、交通、通信、石油、化工等工程设施因暴雨、洪水、内涝和台风发生险情时，工程管理单位应当立即采取抢护措施，并及时向其行业主管等有关部门报告；行业主管部门应当立即组织抢险，并将险情及抢险行动情况报告同级防汛抗旱指挥机构。

当江河湖泊达到警戒水位并继续上涨时，应急管理部门应组织指导有关地方提前落实抢险队伍、抢险物资，视情况开展巡查值守，做好应急抢险和人员转移准备。

洪水灾害发生后，水利部门按照防汛抗旱指挥机构部署，派出水利技术专家组，协助应急管理部门开展险情处置，提供技术支持。

（3）大江大河干流堤防决口的堵复、水库（水电站）重大险情的抢护应按照事先制定的抢险预案进行，并由防汛专业抢险队伍或抗洪抢险专业部队等实施。

(4) 必要时协调解放军和武警部队增援，提请上级防汛抗旱指挥机构提供帮助。

4.10 安全防护和医疗救护

(1) 各级人民政府和防汛抗旱指挥机构应高度重视应急救援人员的安全，调集和储备必要的防护器材、消毒药品、备用电源和抢救伤员必备的器械等，以备随时应用。

(2) 抢险人员进入和撤出现场由防汛抗旱指挥机构视情况作出决定。抢险人员进入受威胁的现场前，应采取防护措施以保证自身安全。参加一线抗洪抢险的人员，必须穿救生衣，携带必要的安全防护器具。当现场受到污染时，应按要求为抢险人员配备防护设施，撤离时应进行消毒、去污处理。

(3) 出现水旱灾害后，事发地防汛抗旱指挥机构应及时做好群众的救援、转移和疏散工作。

(4) 事发地防汛抗旱指挥机构应按照当地人民政府和上级领导机构的指令，及时发布通告，防止人、畜进入危险区域或饮用被污染的水源。

(5) 当地人民政府负责妥善安置受灾群众，提供紧急避难场所，保证基本生活。要加强管理，防止转移群众擅自返回。

(6) 出现水旱灾害后，事发地人民政府和防汛抗旱指挥机构应组织卫生健康部门加强受影响地区的传染病和突发公共卫生事件监测、报告工作，落实各项防控措施，必要时派出卫生应急小分队，设立现场医疗点，开展紧急医学救援、灾后卫生防疫和应急心理干预等工作。

4.11 社会力量动员与参与

(1) 出现水旱灾害后，事发地防汛抗旱指挥机构可根据事件的性质和危害程度，报经当地人民政府批准，对重点地区和重点部位实施紧急控制，防止事态及其危害进一步扩大。

(2) 必要时可通过当地人民政府广泛调动社会力量积极参与应急突发事件处置，紧急情况下可依法征用、调用交通工具、物资、人员等，全力投入抗洪抢险和抗灾救灾。

4.12 信息发布

(1) 防汛抗旱的信息发布应当及时、准确、客观、全面。对雨情、汛情、旱情、灾情描述要科学严谨，未经论证不得使用“千年一遇”“万年一遇”等用语，在防汛救灾中也不得使用“战时状态”等表述。

(2) 汛情、旱情由水利部门发布，灾情及防汛抗旱工作情况由各级防汛抗旱指挥机构统一审核和发布。

(3) 信息发布形式主要包括授权发布、编发新闻稿、组织报道、接受记者采访、举行新闻发布会等。

4.13 应急终止

(1) 当洪水灾害、极度缺水得到有效控制时，事发地防汛抗旱指挥机构可视汛情旱情，宣布终止紧急防汛期或紧急抗旱期。

(2) 依照有关紧急防汛期、抗旱期规定征用调用的物资、设备、交通运输工具等，在汛期、旱期结束后应当及时归还；造成损坏或者无法归还的，按照国务院有关规定给予适当补偿或者作其他处理。取土占地、砍伐林木的，在汛期结束后依法向有关部门补办手续；有关地方人民政府对取土后的土地组织复垦，对砍伐的林木组织补种。

(3) 紧急处置工作结束后，事发地防汛抗旱指挥机构应协助当地人民政府进一步恢复正常生产生活秩序，指导有关部门修复水毁基础设施，尽可能减少突发事件带来的损失和影响。

5 应急保障

5.1 通信与信息保障

(1) 任何通信运营单位都有依法保障防汛抗旱信息畅通的责任。

(2) 防汛抗旱指挥机构应按照以公用通信网为主的原则，合理利用专用通信网络，防汛抗旱工程管理单位必须配备通信设施，确保信息畅通。

(3) 防汛抗旱指挥机构应协调通信主管部门，按照防汛抗旱实际需要，将有关要求纳入通信保障应急预案。出现突发事件后，通信主管部门应根据通信保障应急预案，调度应急通信队伍、装备，为防汛抗旱通信和现场指挥提供通信保障，迅速调集力量抢修损坏的通信设施，努力保证防汛抗旱通信畅通。

(4) 在紧急情况下，应充分利用广播、电视和新媒体以及手机短信等手段及时发布防汛抗旱防台风预警预报信息，通知群众快速撤离，确保人民生命安全。公共广播、电视、有关政府网站等媒体以及基础电信企业应按主管部门要求发布防汛抗旱防台风预警预报等信息。

5.2 应急支援与装备保障

(1) 现场救援和工程抢险保障

①对重点险工险段或易出险的水利工程设施，水利部门应提前编制工程应急抢险预案，以备紧急情况下因险施策；当出现新的险情后，水利部门应派工程技术人员赶赴现场，研究优化除险方案，并由防汛抗旱行政首长负责组织实施。

②防汛抗旱指挥机构和防洪工程管理单位以及受洪水威胁的其他单位储备的常规抢险机械、抗旱设备、物资和救生器材，应能满足抢险急需。

（2）应急队伍保障

①防汛队伍。

a. 任何单位和个人都有依法参加防汛抗洪的义务。

b. 防汛抢险队伍分为专业抢险队伍和非专业抢险队伍。国家综合性消防救援队伍、解放军和武警部队抗洪抢险应急专业力量和年度重点准备任务部队、民兵应急专业救援队伍、部门和地方以及中央企业组建的专业抢险队伍作为常备力量或突击力量，主要完成急、难、险、重的抢险任务；非专业抢险队伍主要为抢险提供劳动力，完成对抢险技术设备要求不高的抢险任务。

c. 调动防汛抢险队伍程序：一是本级防汛抗旱指挥机构管理的防汛抢险队伍，由本级防汛抗旱指挥机构负责调动。二是上级防汛抗旱指挥机构管理的防汛抢险队伍，由本级防汛抗旱指挥机构向上级防汛抗旱指挥机构提出调动申请，由上级防汛抗旱指挥机构批准。三是同级其他区域防汛抗旱指挥机构管理的防汛抢险队伍，由本级防汛抗旱指挥机构向上级防汛抗旱指挥机构提出调动申请，上级防汛抗旱指挥机构协商调动。国家综合性消防救援队伍调动按应急部有关规定执行。

②抗旱队伍。

a. 在抗旱期间，地方各级人民政府和防汛抗旱指挥机构应组织动员社会公众力量投入抗旱救灾工作。

b. 抗旱服务组织是农业社会化服务体系的重要组成部分，在干旱时期应直接为受旱地区农民提供流动灌溉、生活用水，维修保养抗旱机具，租赁、销售抗旱物资，提供抗旱信息和技术咨询等方面的服务。

c. 必要时，可申请动用国家综合性消防救援队伍等力量进行抗旱救灾。

（3）供电保障

电力管理部门主要负责抗洪抢险、抢排渍涝、抗旱救灾、生命线工程运行等方面的供电保障和应急救援现场的临时供电。

（4）交通运输保障

交通运输部门主要负责优先保证防汛抢险人员、防汛抗旱救灾物资运输；蓄滞洪区分洪时，负责群众安全转移所需车辆、船舶的调配；负责分泄大洪水时河道航行安全；负责大洪水时用于抢险、救灾车辆、船舶的及时调配；负责防御台风海上搜救有关工作。

（5）医学救援保障

卫生健康部门主要负责水旱灾区疾病防治的业务技术指导；组织卫生应急队伍或专家赴灾区，开展伤病人员救治，指导灾区开展卫生防疫和应急心理干预等工作。

(6) 治安保障

公安机关依法做好水旱灾区治安管理、交通秩序维护工作，依法查处扰乱抗灾救灾秩序、危害工程设施安全等违法犯罪行为；组织实施防汛抢险、分洪爆破时的警戒守护、交通管制以及受灾群众集中安置点等重点部位的安全保卫工作。

(7) 物资保障

财政、应急管理、粮食和储备部门应按国家有关规定依照各自职责，加强衔接配合，做好防汛抗旱物资规划计划、资金保障、储备管理、调拨使用等工作，优化收储轮换及日常管理，提高物资使用效率。

①物资储备。

a. 国家粮食和储备局负责中央防汛抗旱物资的收储、轮换和日常管理，根据国家防总办公室的动用指令承担调出和运送任务。重点防洪工程管理单位以及受洪水威胁的其他单位应按规范储备防汛抢险物资。各级防汛抗旱指挥机构要做好应急抢险物资储备和保障有关工作，了解掌握新材料、新设备、新技术、新工艺的更新换代情况，及时调整储备物资品种，提高科技含量。

b. 中央防汛抗旱物资主要用于解决遭受特大洪水和特大干旱灾害地区防汛抢险和抗旱应急物资不足，保障大江大河（湖）及其重要支流、重要防洪设施抗洪抢险、防汛救灾以及严重干旱地区抗旱减灾需要。

c. 洪涝灾害频繁地区可通过政府购买服务方式解决空中、水上应急抢险救援大型设备（装备）需求，承接主体应当具有国家相关专业资质。

d. 地方各级防汛抗旱指挥机构根据规范储备的防汛抢险物资品种和数量，由各级防汛抗旱指挥机构结合本地抗洪抢险具体情况确定。

e. 抗旱物资储备。干旱频繁发生地区县级以上地方人民政府应当储备一定数量的抗旱物资，由本级防汛抗旱指挥机构负责调用。

f. 抗旱水源储备。严重缺水城市应当建立应急供水机制，建设应急供水备用水源。

②物资调拨。

a. 中央防汛抗旱物资调拨在坚持就近调拨和保证抢险需求的同时，应优先调用周边仓库接近储备年限的物资，尽量避免或减少物资报废。当有多处申请调用中央防汛抗旱物资时，应优先保证重点地区的防汛抗旱抢险应急物资需求。

b. 中央防汛抗旱物资调拨程序：中央防汛抗旱物资的调用，由流域防总或省级防汛抗旱指挥机构向国家防总提出申请，经批准后，由国家防总办公室向国家粮食和储备局下达调令。

c. 当储备物资消耗过多，不能满足抗洪抢险和抗旱需要时，应及时启动防汛抗旱物资生产流程和生产能力储备，紧急调运、生产所需物资，必要时可向社会公开征集。

（8）资金保障

中央财政安排资金补助地方政府、新疆生产建设兵团以及流域管理机构防汛抗旱工作。省、自治区、直辖市人民政府应当在本级财政预算中安排资金，用于本行政区域内的防汛抗旱工作。

（9）社会动员保障

①防汛抗旱是社会公益性事业，任何单位和个人都有保护防汛抗旱工程设施和防汛抗旱的责任。

②汛期或旱期，各级防汛抗旱指挥机构应根据水旱灾害的发展，做好动员工作，组织社会力量投入防汛抗旱。

③各级防汛抗旱指挥机构的成员单位，在严重水旱灾害期间，应按照分工，特事特办，急事急办，解决防汛抗旱实际问题，同时充分调动本系统力量，全力支持抗灾救灾和灾后重建工作。

④各级人民政府应加强对防汛抗旱工作的统一领导，组织有关部门和单位，动员全社会力量，做好防汛抗旱工作。在防汛抗旱关键时刻，各级防汛抗旱行政首长应靠前指挥，组织广大干部群众奋力抗灾减灾。

⑤国家制定政策措施，鼓励社会专业队伍参与抗洪抢险救援和抗旱救灾工作。

5.3 技术保障

（1）信息技术支撑

①加强防汛抗旱信息化建设。国家防总办公室在充分利用各成员单位既有成果的基础上，组织加强信息化建设，促进互联互通，建立信息共享机制。

②完善协同配合和衔接机制。应急部会同自然资源部、住房城乡建设部、水利部、中国气象局等有关部门建立统一的应急管理信息平台。自然资源部、住房城乡建设部、水利部、应急部、中国气象局等部门建立定期会商和信息共享机制，共同分析研判汛情旱情和险情灾情，实时共享相关监测预报预警和重要调度信息。

（2）专家支撑

各级防汛抗旱指挥机构应建立专家库，当发生水旱灾害时，由防汛抗旱指挥机构统一调度，派出专家组指导防汛抗旱工作。水利部门承担防汛抗旱抢险技术支撑工作。

5.4 宣传

（1）各级防汛抗旱指挥机构要重视宣传舆论引导工作。防汛抗旱指挥机构办公室要把防汛抗旱宣传工作纳入议事日程，建立宣传工作机制，指定专人负责，加强与有关宣传机构的协作配合。

（2）各级防汛抗旱指挥机构要及时准确向社会通报防汛抗旱工作情况及水旱灾害信息。汛情、旱情形势严峻时期要加强防汛抗旱宣传工作力度，建立舆情监测机制，加强舆情引导和正面宣传，及时澄清虚假信息，为防汛抗旱工作营造良好氛围。

（3）发生重特大水旱（台风）灾害时，防汛抗旱指挥机构要按有关规定及时向社会和媒体通报情况，并根据事态发展及时召开新闻发布会，发布有关情况；对防汛形势、抢险救援、人员伤亡、经济损失、灾区秩序、群众生活等社会普遍关注的热点问题，要主动回应社会关切。对防汛救灾专业知识，要组织专家科学解读，有针对性地解疑释惑。

5.5 培训和演练

（1）培训

①按照分级负责的原则，各级防汛抗旱指挥机构组织实施防汛抗旱知识与技能培训。省级防汛抗旱指挥机构负责市、县级防汛抗旱指挥机构负责人及其办公室工作人员、防汛抢险专业队伍负责人和防汛抢险技术骨干的培训；市、县级防汛抗旱指挥机构负责乡镇（街道）、村（社区）防汛抗旱负责人、防汛抢险技术人员的培训。

②培训工作应做到合理规范课程、严格考核、分类指导，保证培训工作质量。

③培训工作应结合实际，采取多种组织形式，定期与不定期相结合，每年汛前至少组织一次培训。

（2）演练

①各级防汛抗旱指挥机构应定期举行不同类型的应急演练，以检验、改善和强化应急准备和应急响应能力。

②专业抢险队伍必须针对当地易发生的各类险情有针对性地每年进行抗洪抢险演练。

③多个部门联合进行的专业演练，一般2~3年举行一次，由省级防汛抗旱指挥机构负责组织。

6 善后工作

发生水旱灾害地区的地方人民政府应组织有关部门做好灾区生活供给、卫生防疫、救灾物资供应、治安管理、学校复课、水毁修复、恢复生产和重建家园等善后工作。

6.1 救灾

（1）发生重大灾情时，灾区人民政府负责灾害救助的组织、协调和指挥工作。

（2）应急管理部门负责受灾群众基本生活救助，会同有关部门及时调拨救灾款物，组织安置受灾群众，保障受灾群众基本生活，做好因灾倒损民房的恢复重建，组织开展救灾捐赠，保证受灾群众有饭吃、有衣穿、有干净水喝、有临时安全住处、有医疗服务。

（3）卫生健康部门负责调配卫生应急力量，开展灾区伤病人员医疗救治，指导对污染源进行消毒处理，指导落实灾后各项卫生防疫措施，严防灾区传染病疫情发生。

（4）当地人民政府应组织对可能造成环境污染的污染物进行清除。

6.2 防汛抗旱物资补充

针对当年防汛抢险及抗旱物资消耗情况，按照分级管理的原则，及时补充到位。

6.3 水毁工程修复

（1）对影响当年防洪安全和城乡供水安全的水毁工程，应尽快修复。防洪工程应力争在下次洪水到来之前，做到恢复主体功能；抗旱水源工程应尽快恢复功能。

（2）遭到毁坏的交通、电力、通信、水文以及防汛专用通信设施，应尽快组织修复，恢复功能。

6.4 蓄滞洪区运用补偿

国家蓄滞洪区分洪运用后，按照《蓄滞洪区运用补偿暂行办法》进行补偿。其他蓄滞洪区由地方人民政府参照《蓄滞洪区运用补偿暂行办法》补偿。

6.5 灾后重建

各有关部门应尽快组织灾后重建工作。灾后重建原则上按原标准恢复，在条件允许情况下，可提高标准重建。

6.6 工作评价与灾害评估

每年各级防汛抗旱指挥机构应针对防汛抗旱工作各方面和环节组织应急管理等有关部门进行定性和定量总结、分析，总结经验，查找问题，改进工作。总结情况要及时报上一级防汛抗旱指挥机构。

应急部按照有关规定组织开展重特大水旱灾害调查评估工作。

7 附则

7.1 名词术语定义

（1）洪水风险图：是融合地理、社会经济、洪水特征信息，通过资料调查、洪水计算和成果整理，以地图形式直观反映某一地区发生洪水后可能淹没的范围和水深，用以分析和预评估不同量级洪水可能造成的风险和危害的工具。

（2）干旱风险图：是融合地理、社会经济、水资源特征信息，通过资料调查、水资源计算和成果整理，以地图形式直观反映某一地区发生干旱后可能影响的范围，用以分析和预评估不同干旱等级造成的风险和危害的工具。

（3）台风风暴潮风险图：是融合地理、社会经济、台风风暴潮特征信息，通过资料调查、台风风暴潮计算和成果整理，以地图形式直观反映某一地区发生台风风暴潮后可能影响的范围，用以分析和预评估不同级别台风风暴潮造成的风险和危害的工具。

（4）防御洪水方案：是对有防汛抗洪任务的县级以上地方人民政府根据流域综合规划、防洪工程实际状况和国家规定的防洪标准，制定的防御江河洪水（包括特大洪水）、山洪灾害（指由降雨引发的山洪、泥石流灾害）、台风风暴潮灾害等方案的统称。长江、黄河、淮河、海河等重要江河湖泊和重要水工程的防御洪水方案，由水利部组织编制，按程序报国务院批准；跨省、自治区、直辖市的其他江河的防御洪水方案，由有关流域管理机构会同有关省、自治区、直辖市人民政府制定，报国务院或者国务院授权的有关部门批准。防御洪水方案经批准后，有关地方人民政府必须执行。各级防汛抗旱指挥机构和承担防汛抗洪任务的部门和单位，必须根据防御洪水方案做好防汛抗洪准备工作。

（5）抗旱预案：是在现有工程设施条件和抗旱能力下，针对不同等级、程度的干旱，而预先制定的对策和措施，是各级防汛抗旱指挥机构实施指挥决策的依据。

（6）抗旱服务组织：是由水利部门组建的事业性服务实体，以抗旱减灾为宗旨，围绕群众饮水安全、粮食用水安全、经济发展用水安全和生态环境用水安全开展抗旱服务工作。其业务工作受同级水利部门领导和上一级抗旱服务组织的指导。国家支持和鼓励社会力量兴办各种形式的抗旱社会化服务组织。

（7）生命线工程：根据《破坏性地震应急条例》，生命线工程是指对社会生活、生产有重大影响的交通、通信、供水、排水、供电、供气、输油等工程系统。

（8）洪水等级：

根据《水文情报预报规范》（GB/T 22482—2008）：

小洪水：洪水要素重现期小于5年的洪水。

中洪水：洪水要素重现期为5~20年的洪水。

大洪水：洪水要素重现期为20~50年的洪水。

特大洪水：洪水要素重现期大于50年的洪水。

（9）热带气旋等级：

根据《热带气旋等级》（GB/T 19201—2006）：

热带低压：热带气旋底层中心附近最大平均风速达到10.8~17.1m/s（风力6~7级）。

热带风暴：热带气旋底层中心附近最大平均风速达到17.2~24.4m/s（风力8

~9 级）。

强热带风暴：热带气旋底层中心附近最大平均风速达到 24.5 ~ 32.6m/s（风力 10 ~ 11 级）。

台风：热带气旋底层中心附近最大平均风速达到 32.7 ~ 41.4m/s（风力 12 ~ 13 级）。

强台风：热带气旋底层中心附近最大平均风速达到 41.5 ~ 50.9m/s（风力 14 ~ 15 级）。

超强台风：热带气旋底层中心附近最大平均风速达到或大于 51.0m/s（风力 16 级或以上）。

（10）堰塞湖风险等级：

堰塞体危险性判别、堰塞湖淹没和溃决损失严重性、堰塞湖风险等级划分参照《堰塞湖风险等级划分与应急处置技术规范》（SL/T 450—2021）。

（11）干旱等级：

区域农业旱情等级、区域牧业旱情等级、区域农牧业旱情等级、区域因旱饮水困难等级、城市旱情等级划分参照《区域旱情等级》（GB/T 32135—2015）。

（12）关于城市规模的规定参照《国务院关于调整城市规模划分标准的通知》（国发〔2014〕51 号）。

（13）紧急防汛期：根据《中华人民共和国防洪法》规定，当江河、湖泊的水情接近保证水位或者安全流量，水库水位接近设计洪水位，或者防洪工程设施发生重大险情时，有关县级以上人民政府防汛指挥机构可以宣布进入紧急防汛期。在紧急防汛期，国家防汛指挥机构或者其授权的流域、省、自治区、直辖市防汛指挥机构有权对壅水、阻水严重的桥梁、引道、码头和其他跨河工程设施作出紧急处置。防汛指挥机构根据防汛抗洪的需要，有权在其管辖范围内调用物资、设备、交通运输工具和人力，决定采取取土占地、砍伐林木、清除阻水障碍物和其他必要的紧急措施；必要时，公安、交通等有关部门按照防汛指挥机构的决定，依法实施陆地和水面交通管制。

本预案有关数量的表述中，除有特殊说明外，“以上”含本数，“以下”不含本数。

7.2 预案管理与更新

本预案按照国务院办公厅印发的《突发事件应急预案管理办法》相关规定进行管理与更新。

7.3 国际沟通与协作

按照国家外事纪律的有关规定，积极开展防汛抗旱减灾国际交流，借鉴发达国家防汛抗旱减灾工作的经验，进一步做好我国水旱灾害突发事件防范与处置工作。

7.4 奖励与责任追究

对防汛抢险和抗旱工作作出突出贡献的劳动模范、先进集体和个人，由人力资源社会保障部、国家防总联合表彰；对防汛抢险和抗旱工作中英勇献身的人员，按有关规定追认为烈士；对防汛抗旱工作中玩忽职守造成损失的，依据《中华人民共和国防洪法》《中华人民共和国公务员法》《中华人民共和国防汛条例》追究当事人的责任，并予以处罚，构成犯罪的，依法追究其刑事责任。

7.5 预案解释部门

本预案由国家防总办公室负责解释。

7.6 预案实施时间

本预案自印发之日起实施①

二、事故灾难应急预案

（一）案例1：上海地铁11号线路遭吊车侵入事故案例分析

1. 事故情况

2024年12月22日8时许，上海地铁11号线马陆至武威路站区间，由于外部一施工工地的履带吊车倒塌侵入，造成地铁线路设备和一列正常运行的地铁局部受损，但未造成人员伤亡。

2. 应急响应与救援措施

（1）应急响应启动。上海地铁运营控制中心在事故发生的第一时间，通过监控系统察觉到线路异常，立即启动内部应急响应机制。值班调度员迅速核实情况，按照既定预案流程，一方面向地铁公司高层管理人员汇报，另一方面向上海市应急管理局、交通委等相关部门通报事故详情，请求外部支援。

上海市应急管理局接报后，迅速协调公安、消防、医疗、住建等多部门联动响应。各部门按照应急预案职责分工，快速集结力量奔赴事故现场。公安部门迅速出动警力，在周边区域实施交通管制，疏散围观群众，维护现场治安秩序，防止无关人员进入危险区域；消防救援队伍紧急调配多辆消防车，携带专业破拆救援装备赶赴现场，准备解救被困乘客；医疗急救队伍携带急救设备、药品，在附近空旷地带搭建临时医疗救治点，随时待命救治伤员；住建部门组织专家赶赴现场，对涉事建

① 国务院办公厅. 国务院办公厅关于印发国家防汛抗旱应急预案的通知：国办函〔2022〕48号[EB/OL]. https://www.gov.cn/zhengce/content/2022-07/06/content_5699501.htm.

筑工地及周边建筑结构的稳定性进行评估，排查潜在安全隐患。

（2）救援行动展开。消防救援人员抵达现场后，迅速分为多个小组展开救援行动。一组利用热成像仪、生命探测仪等设备，透过浓烟和废墟，精准定位被困乘客位置；另一组携带液压破拆工具、无齿锯等专业器械，对变形的车厢门、车身进行破拆，开辟救援通道，确保被困乘客能够安全撤离。在救援过程中，他们不断安抚乘客情绪，避免因恐慌造成二次伤害。

公安干警全力配合消防救援工作，一方面，协助疏散周边群众，引导交通，保障救援车辆顺利通行；另一方面，深入现场排查可能存在的危险因素，如对受损的吊车进行固定，防止其进一步倾倒引发二次事故，对现场进行细致勘查，收集事故相关证据，为后续事故调查提供依据。

地铁公司内部应急抢修队伍同步行动，全力抢修受损的轨道、供电系统和通信系统。技术人员利用专业工具对变形的轨道进行复位，更换受损部件，尽快恢复轨道通行能力；电力工人紧急排查供电线路故障，修复扯断的线缆，重启变电站，恢复供电；通信工程师抢修受损的通信设备，重新建立起指挥中心与事故现场、各车站之间的通信联络，确保信息畅通，为救援行动提供有力保障。

3. 基础设施修复

（1）轨道修复。地铁运营部门组织专业施工队伍，对受损的轨道进行全面修复。首先，运用高精度测量仪器对轨道变形情况进行精确测量，制订详细的修复方案。其次，采用综合起吊设备、轨道调整装置等专业工具，将变形的轨道梁吊起，矫正其几何形状，更换受损的轨枕、扣件，重新铺设无缝钢轨，确保轨道的平整度、轨距等参数符合安全运营标准。最后，对轨道周边的道床进行加固处理，增强轨道结构的稳定性。

（2）供电与通信系统修复。电力工人将被扯断的电缆重新敷设、接续，修复受损的变电站设备，进行严格的电气测试，确保供电系统安全可靠；通信技术人员更换受损的光缆、通信基站设备，调试通信网络，恢复车站与控制中心、列车之间的实时通信，保障地铁运营指挥的顺畅。

（3）车辆修复。将受损的地铁列车拖回车辆段，由专业维修人员进行全面检修。对车头碰撞受损部位进行结构修复，更换损坏的零部件，对脱轨的车厢进行复位，检查车轮、转向架等关键部件，修复车厢内部设施，如座椅、扶手、照明系统等，确保受损列车恢复到正常运行状态。

4. 安全评估与优化

（1）线路安全评估。邀请轨道交通领域专家，对事故发生区间段及周边线路进行全面的安全评估。专家通过现场勘查、数据分析等手段，评估轨道结构稳定性、周边地质条件、建筑设施对地铁线路的影响等因素，提出具有针对性的改进建议。例如，对事故现场附近的软弱地层进行加固处理，增设防护桩，防止类似地层塌陷事故再次发生影响地铁运行。

（2）运营流程优化。地铁公司对运营流程进行深入反思，优化应急处置流程、行车调度规则、车站客流组织等环节。制定更加严格的列车运行监控机制，增加人工瞭望与自动化监测设备的联动，确保在第一时间发现线路异常；完善车站应急疏散预案，明确各岗位工作人员职责，定期组织演练，提高车站应对突发事件的能力，保障乘客安全高效地疏散。

5. 公众信心重建

（1）信息公开与沟通。上海市相关部门通过官方网站、社交媒体、新闻发布会等多元渠道，及时、准确、透明地向公众发布事故处理进展、灾后重建动态等信息。地铁公司设立24小时客服热线，安排专业人员耐心解答乘客疑问，积极回应社会关切，让公众切实了解地铁运营部门为恢复正常运营付出的努力，打消公众的担忧与疑虑。

（2）服务质量提升。地铁运营部门在灾后加大服务质量提升投入，增加车站工作人员数量，强化对乘客的引导与服务；优化车站环境，更新设施设备，如增设自动扶梯、无障碍通道等，改善乘客出行体验，重新赢得公众对地铁系统的信任。

6. 经验总结

（1）应急准备方面。上海市构建了完善的应急管理组织体系，在此次事故中，各部门职责清晰，协同高效。应急管理局作为牵头协调部门，能够迅速整合资源，调动公安、消防、医疗、住建等多部门力量；地铁公司内部应急指挥体系健全，运营控制中心、抢修队伍、车站工作人员等各环节分工明确，确保在事故发生时能够快速响应。然而，仍需进一步细化各部门在复杂事故场景下的协作流程，避免出现职责交叉或空白区域。

各救援部门配备了较为齐全的救援物资与专业装备。消防救援队伍拥有先进的破拆、救生、排烟等设备，能够满足复杂救援环境的需求；地铁公司储备了充足的轨道维修工具、供电和通信抢修器材，保障了基础设施抢修的及时性。但是，随着技术发展和事故复杂性增加，应持续更新升级物资装备，引入更先进的智能化检测、修复工具，提高救援与抢修效率。

（2）预警与监测方面，对于建筑工地的吊运作业等高危环节，应实施更严格的安全监管措施。建立实时远程监控系统，对吊车等综合机械设备的运行状态、操作人员的行为进行24小时不间断监测，及时发现并纠正违规操作行为，从源头上预防类似事故发生。

完善地铁线路周边环境监测网络，运用传感器、卫星定位、无人机航拍等技术手段，对周边建筑施工、地质变化、自然灾害等因素进行实时监测。通过数据分析，提前预警可能影响地铁运行的安全隐患，如发现周边建筑有沉降趋势、地质结构不稳定等情况，及时采取防范措施，保障地铁线路安全。

（3）应急指挥与协调方面。进一步升级上海市应急指挥平台，实现各部门信息系统的深度融合。将地铁运营监控系统、公安指挥系统、消防救援指挥系统等接入统一平台，实时共享事故现场图像、人员位置、物资调配等信息，提高指挥决策的科学性和及时性。

加强各部门之间的日常沟通与协作机制，定期召开联席会议，交流工作经验，解决协同工作中存在的问题。在事故应急响应过程中，建立快速协调机制，遇到问题能够迅速协商解决，形成无缝对接的救援合力。

（4）公众教育与参与方面。通过电视、广播、地铁车厢内宣传海报、社交媒体等多种渠道，广泛宣传地铁安全知识，提高公众的安全意识和自我保护能力。制作通俗易懂的安全宣传资料，如科普短视频、漫画等，向公众普及地铁紧急制动按钮的使用方法、车厢内安全设备的位置及使用技巧、在列车事故中如何正确避险等知识，让公众在乘坐地铁遇到突发情况时能够冷静应对。

设立举报热线、网络平台等举报渠道，对公众举报的安全隐患及时进行核实处理，并对举报人给予适当奖励，充分调动公众参与安全生产监督的积极性，形成全社会共同关注地铁安全的良好氛围。

（二）案例2：广东深圳宝安区一工地发生路面坍塌

1. 灾害情况

2024年12月4日23时许，位于广东深圳市宝安区航城街道洲石路的深江铁路5标段施工现场突发地面坍塌。①

由于事发突然，13名现场作业人员根本来不及做出有效反应，便被卷入坍塌区域，与外界瞬间失去联系。周边的道路、路灯及部分市政管线也受到牵连，道路出现裂缝、扭曲，路灯歪斜倒下，地下的通信、电力和给排水管线不同程度受损，导致附近区域出现通信中断、电力供应不稳定及自来水渗漏等问题，也给周边居民的生活和出行带来极大不便。

---

① 广东深圳宝安区一工地发生路面坍塌　应急管理部调度救援处置工作　派出工作组赶赴现场[EB/OL].(2024-12-06)[2025-02-21]. https://www.mem.pe.org.cn/news/show-86883.html.

2. 应急响应与救援措施

（1）应急响应启动。接到施工单位报告后，深圳市、宝安区两级政府的应急管理部门迅速进入应急状态。值班人员第一时间核实信息，按照应急预案流程，逐级上报事故情况。深圳市应急管理局局长立即赶赴指挥中心，统筹协调各方面资源，启动市级应急响应机制，联动公安、消防、医疗、交通、住建等多个部门，组建现场应急救援指挥部。

应急管理部部长王祥喜在得知消息后，第一时间展开行动，视频连线广东省应急管理厅与消防救援总队，实时了解现场情况，对救援处置工作提出专业指导意见，并紧急派出工作组赶赴深圳，为救援行动提供更高层面的支持与监督。广东省委书记黄坤明、省委副书记、省长王伟中接报后即刻作出指示批示，要求不惜一切代价全力救援失联人员，确保周边群众生命财产安全，并于次日清晨赶赴事发现场，亲自指挥应急调度工作。

（2）救援行动展开。消防救援队伍冲锋在前，59 辆消防车、219 名消防救援人员迅速抵达现场。他们根据坍塌现场的地形和结构特点，制定了分层、分区的搜救策略。首先，利用无人机进行高空侦察，获取坍塌区域的全景图像，标记出可能存在生命迹象的重点部位。其次，救援人员携带生命探测仪、热成像仪等先进设备，深入废墟展开地毯式搜寻。一旦探测到生命迹象，就立即采用人工挖掘、小型破拆工具相结合的方式，小心翼翼地清理障碍，避免对被困人员造成二次伤害。

武警部队紧急出动，协助维持现场秩序，疏散周边居民。他们在坍塌区域周围拉起警戒线，设置警戒区，劝导围观群众远离危险地带，防止发生意外事故。同时，配合交警部门对周边道路进行交通管制，确保救援车辆和物资运输车辆畅通无阻。

医疗急救队伍在现场待命，随时准备救治被救出的伤员。他们在距离坍塌现场较近的空旷地带搭建了临时医疗救治点，配备了齐全的急救设备和药品，包括心电监护仪、氧气瓶、止血药品等。一旦有伤员被救出，就立即进行现场急救处理，稳定伤员生命体征后，迅速送往附近医院进一步救治。

住建、地质等专家团队也迅速到位，为救援行动提供技术支持。他们对坍塌现场的地质条件、建筑结构进行勘查分析，评估二次坍塌的风险，为救援方案的制订和调整提供科学依据。例如，根据专家建议，救援人员在关键部位搭建了临时支撑结构，增强了废墟的稳定性，降低了救援风险。

3. 基础设施修复

（1）道路修复。对坍塌受损的洲石路路段，交通部门组织专业施工队伍，采用先进的道路修复技术。首先，对坍塌坑洞进行回填，选用高强度、压实性好的土石材料分层夯实，确保路基稳固。其次，重新铺设路面，使用新型沥青混凝土，提高路面的耐磨性和抗滑性。最后，对道路周边的排水系统进行优化，增设雨水口和排水管道，增强道路的排水能力，防止积水再次引发路面问题。

（2）地下管线修复。通信、电力、燃气等管线单位协同作战，对受损的地下管线进行全面排查和抢修。利用专业的管线探测设备，精准定位受损管线的位置和破损程度。对于轻微破损的管线，采用修补、加固的方式进行修复；对于严重受损的管线进行更换。在修复过程中，注重管线的布局优化，预留一定的安全余量，提高管线的抗灾能力。修复完成后，进行严格的压力测试和功能检测，确保管线恢复正常运行。

4. 生态环境修复

（1）土壤修复。由于坍塌事故导致大量泥土、石块混杂，部分土壤受到污染，环保部门启动土壤修复计划。采用物理、化学和生物相结合的方法，对受污染土壤进行治理。例如，利用物理筛分技术去除土壤中的石块和杂物，通过化学淋洗法去除重金属污染物，投放微生物菌剂促进土壤生态系统的恢复，使土壤达到适宜植被生长的标准。

（2）植被恢复。园林部门根据当地的生态环境特点，制订植被恢复方案。选择适合本地生长的乡土植物品种，如榕树、簕杜鹃等，在坍塌区域及周边种植。通过合理的植被布局，构建乔、灌、草相结合的多层次植被群落，提高区域的生物多样性。同时，加强植被养护管理，定期浇水、施肥、修剪，确保植被茁壮成长，美化环境，改善生态功能。

5. 社会心理重建

（1）心理援助。组织专业的心理救援团队深入受灾社区，为受灾群众、救援人员及家属提供心理援助服务。通过开展心理讲座、团体辅导、一对一心理咨询等多种形式，帮助他们缓解焦虑、恐惧、悲伤等负面情绪，树立积极的生活态度。例如，每周定期在社区举办心理讲座，邀请知名心理学家讲解应对灾难后的心理调适方法；为救援人员安排一对一心理咨询，帮助他们排解工作压力，预防心理创伤。

（2）社区凝聚力建设。社区工作人员积极引导居民参与社区重建活动，增强社区凝聚力。组织志愿者服务活动，如帮助受灾居民清理家园、修缮房屋等，让居民在互助中感受到社区的温暖。

6. 经验总结

（1）预警与监测方面。施工单位应建立完善的施工现场监测系统，运用传感器、卫星定位、无人机航拍等技术手段，对地质条件、地下水位、建筑结构变形等关键指标进行24小时不间断监测。通过实时数据传输与分析，提前发现潜在的安全隐患，及时发出预警信号，为采取预防措施争取时间。例如，在此次事故发生前，若能通过高精度的位移传感器监测到地面微小的下沉趋势，就能提前预警，避免事故的发生。

气象部门与施工单位、应急管理部门之间应建立紧密的预警联动机制。气象部门及时将灾害天气预报信息，如暴雨、台风等极端天气预警传递给施工单位和应急管理部门。施工单位根据天气预警提前调整施工计划，采取相应的防护措施，如加固脚手架、清理排水渠道等；应急管理部门提前做好应急准备，调配救援资源，确保在灾害发生时能够迅速响应。

（2）应急指挥与协调方面。进一步完善市、区、街道三级应急指挥体系，明确各层级的职责与权限，避免在应急响应过程中出现指挥混乱、职责不清的情况。建立高效的信息沟通机制，利用现代信息技术，如应急指挥平台、视频会议系统等，实现各级指挥中心之间、指挥中心与救援现场之间的实时信息共享，确保指挥决策的科学性和及时性。例如，在此次事故救援中，若能通过应急指挥平台实时掌握救援人员的位置、物资调配情况等信息，就能更精准地指挥救援行动。

加强公安、消防、医疗、住建、交通等部门之间的协同配合，定期开展联合应急演练，熟悉彼此的工作职责和流程，提高在实际救援中的默契程度。建立跨部门协调机制，在应急救援过程中，遇到问题能够迅速协调解决，形成强大的救援合力。比如，在交通管制、伤员救治、建筑结构评估等方面，各部门协同作战，确保救援工作顺利进行。

（3）施工安全管理方面。建设单位在项目开工前，应组织专家对施工方案进行严格审查，确保施工方案的科学性、合理性和安全性。特别是涉及深基坑、隧道、地下工程等高危施工项目，要重点审查其地质勘察资料、支护设计、排水措施等内容，杜绝因施工方案不完善导致事故发生。例如，在深江铁路5标段项目中，若在施工前对复杂的地质条件进行更深入的勘察，并依据勘察结果优化施工方案，就可能会降低坍塌风险。

定期组织安全知识讲座、技能培训课程、应急演练等活动，让施工人员熟悉施工过程中的安全风险及应对措施，严格按照操作规程施工，杜绝违规作业行为。比如，通过模拟事故场景的应急演练，让施工人员掌握在坍塌事故发生时的自救互救技能。

（4）公众参与与教育方面。通过多种传播渠道，广泛宣传安全知识，提高公众对各类事故灾难的认知度和防范意识。制作通俗易懂的安全宣传资料，如科普短视频、漫画、宣传手册等，向公众普及如何识别身边的安全隐患、在灾害发生时如何正确避险等知识，让公众在日常生活中养成关注安全的习惯。例如，制作关于建筑施工周边安全的科普短视频，在社交媒体上广泛传播，提醒市民在路过施工场地时注意安全。

建立健全公众参与监督机制，鼓励公众对身边的施工项目、安全生产情况进行监督举报。设立举报热线、网络平台等举报渠道，对公众举报的安全隐患及时进行核实处理，并对举报人给予适当奖励，充分调动公众参与安全生产监督的积极性，形成全社会共同关注安全的良好氛围。

（三）事故灾难应急预案

事故灾难主要包括工矿商贸等企业的各类安全事故、交通运输事故、公共设施和设备事故、环境污染和生态破坏事件等。目前，我国发生的事故灾难多为安全生产事故。因此，本节以《国家安全生产事故灾难应急预案》为例。该预案是中国政府为应对重大安全生产事故制定的国家级专项预案，旨在规范应急响应流程，明确各部门职责，最大限度减少事故损失。

该预案包含了总则、组织体系及相关机构职责、预警预防机制、应急响应、后期处置、保障措施、附则七部分内容，确立了“统一领导、分级负责、属地为主”的工作原则，按照事故等级启动相应响应机制，涵盖预警监测、应急指挥、救援处置、后期评估等全流程，并强化多部门协同和资源保障，为安全生产事故救援提供系统性指导。该预案与相关法律法规配套实施，构成中国安全生产应急管理体系的核心框架。

1 总则

1.1 编制目的

规范安全生产事故灾难的应急管理和应急响应程序，及时有效地实施应急救援工作，最大限度地减少人员伤亡、财产损失，维护人民群众的生命安全和社会稳定。

1.2 编制依据

依据《中华人民共和国安全生产法》《国家突发公共事件总体应急预案》和《国务院关于进一步加强安全生产工作的决定》等法律法规及有关规定，制定本预案。

1.3 适用范围

本预案适用于下列安全生产事故灾难的应对工作：

(1) 造成30人以上死亡（含失踪），或危及30人以上生命安全，或者100人以上中毒（重伤），或者需要紧急转移安置10万人以上，或者直接经济损失1亿元以上的特别重大安全生产事故灾难。

(2) 超出省（区、市）人民政府应急处置能力，或者跨省级行政区、跨多个领域（行业和部门）的安全生产事故灾难。

（3）需要国务院安全生产委员会（以下简称国务院安委会）处置的安全生产事故灾难。

1.4 工作原则

（1）以人为本，安全第一。把保障人民群众的生命安全和身体健康、最大限度地预防和减少安全生产事故灾难造成的人员伤亡作为首要任务。切实加强应急救援人员的安全防护。充分发挥人的主观能动性，充分发挥专业救援力量的骨干作用和人民群众的基础作用。

（2）统一领导，分级负责。在国务院统一领导和国务院安委会组织协调下，各省（区、市）人民政府和国务院有关部门按照各自职责和权限，负责有关安全生产事故灾难的应急管理和应急处置工作。企业要认真履行安全生产责任主体的职责，建立安全生产应急预案和应急机制。

（3）条块结合，属地为主。安全生产事故灾难现场应急处置的领导和指挥以地方人民政府为主，实行地方各级人民政府行政首长负责制。有关部门应当与地方人民政府密切配合，充分发挥指导和协调作用。

（4）依靠科学，依法规范。采用先进技术，充分发挥专家作用，实行科学民主决策。采用先进的救援装备和技术，增强应急救援能力。依法规范应急救援工作，确保应急预案的科学性、权威性和可操作性。

（5）预防为主，平战结合。贯彻落实“安全第一，预防为主”的方针，坚持事故灾难应急与预防工作相结合。做好预防、预测、预警和预报工作，做好常态下的风险评估、物资储备、队伍建设、完善装备、预案演练等工作。

2 组织体系及相关机构职责

2.1 组织体系

全国安全生产事故灾难应急救援组织体系由国务院安委会、国务院有关部门、地方各级人民政府安全生产事故灾难应急领导机构、综合协调指挥机构、专业协调指挥机构、应急支持保障部门、应急救援队伍和生产经营单位组成。

国家安全生产事故灾难应急领导机构为国务院安委会，综合协调指挥机构为国务院安委会办公室，国家安全生产应急救援指挥中心具体承担安全生产事故灾难应急管理工作，专业协调指挥机构为国务院有关部门管理的专业领域应急救援指挥机构。

地方各级人民政府的安全生产事故灾难应急机构由地方政府确定。

应急救援队伍主要包括消防部队、专业应急救援队伍、生产经营单位的应急救援队伍、社会力量、志愿者队伍及有关国际救援力量等。

国务院安委会各成员单位按照职责履行本部门的安全生产事故灾难应急救援和保障方面的职责，负责制定、管理并实施有关应急预案。

2.2 现场应急救援指挥部及职责

现场应急救援指挥以属地为主，事发地省（区、市）人民政府成立现场应急救援指挥部。现场应急救援指挥部负责指挥所有参与应急救援的队伍和人员，及时向国务院报告事故灾难事态发展及救援情况，同时抄送国务院安委会办公室。

涉及多个领域、跨省级行政区或影响特别重大的事故灾难，根据需要由国务院安委会或者国务院有关部门组织成立现场应急救援指挥部，负责应急救援协调指挥工作。

3 预警预防机制

3.1 事故灾难监控与信息报告

国务院有关部门和省（区、市）人民政府应当加强对重大危险源的监控，对可能引发特别重大事故的险情，或者其他灾害、灾难可能引发安全生产事故灾难的重要信息应及时上报。

特别重大安全生产事故灾难发生后，事故现场有关人员应当立即报告单位负责人，单位负责人接到报告后，应当立即报告当地人民政府和上级主管部门。中央企业在上报当地政府的同时应当上报企业总部。当地人民政府接到报告后应当立即报告上级政府，国务院有关部门、单位、中央企业和事故灾难发生地的省（区、市）人民政府应当在接到报告后2小时内，向国务院报告，同时抄送国务院安委会办公室。

自然灾害、公共卫生和社会安全方面的突发事件可能引发安全生产事故灾难的信息，有关各级、各类应急指挥机构均应及时通报同级安全生产事故灾难应急救援指挥机构，安全生产事故灾难应急救援指挥机构应当及时分析处理，并按照分级管理的程序逐级上报，紧急情况下，可越级上报。

发生安全生产事故灾难的有关部门、单位要及时、主动向国务院安委会办公室、国务院有关部门提供与事故应急救援有关的资料。事故灾难发生地安全监管部门提供事故前监督检查的有关资料，为国务院安委会办公室、国务院有关部门研究制订救援方案提供参考。

3.2 预警行动

各级、各部门安全生产事故灾难应急机构接到可能导致安全生产事故灾难的信息后，按照应急预案及时研究确定应对方案，并通知有关部门、单位采取相应行动预防事故发生。

4 应急响应

4.1 分级响应

Ⅰ级应急响应行动（具体标准见1.3）由国务院安委会办公室或国务院有关部

门组织实施。当国务院安委会办公室或国务院有关部门进行Ⅰ级应急响应行动时，事发地各级人民政府应当按照相应的预案全力以赴组织救援，并及时向国务院及国务院安委会办公室、国务院有关部门报告救援工作进展情况。

Ⅱ级及以下应急响应行动的组织实施由省级人民政府决定。地方各级人民政府根据事故灾难或险情的严重程度启动相应的应急预案，超出其应急救援处置能力时，及时报请上一级应急救援指挥机构，启动上一级应急预案实施救援。

（1）国务院有关部门的响应

Ⅰ级应急响应时，国务院有关部门启动并实施本部门相关的应急预案，组织应急救援，并及时向国务院及国务院安委会办公室报告救援工作进展情况。需要其他部门应急力量支援时，及时提出请求。

根据发生的安全生产事故灾难的类别，国务院有关部门按照其职责和预案进行响应。

（2）国务院安委会办公室的响应

①及时向国务院报告安全生产事故灾难基本情况、事态发展和救援进展情况。

②开通与事故灾难发生地的省级应急救援指挥机构、现场应急救援指挥部、相关专业应急救援指挥机构的通信联系，随时掌握事态发展情况。

③根据有关部门和专家的建议，通知相关应急救援指挥机构随时待命，为地方或专业应急救援指挥机构提供技术支持。

④派出有关人员和专家赶赴现场参加、指导现场应急救援，必要时协调专业应急力量增援。

⑤对可能或者已经引发自然灾害、公共卫生和社会安全突发事件的，国务院安委会办公室要及时上报国务院，同时负责通报相关领域的应急救援指挥机构。

⑥组织协调特别重大安全生产事故灾难应急救援工作。

⑦协调落实其他有关事项。

4.2 指挥和协调

进入Ⅰ级应急响应后，国务院有关部门及其专业应急救援指挥机构立即按照预案组织相关应急救援力量，配合地方政府组织实施应急救援。

国务院安委会办公室根据事故灾难的情况开展应急救援协调工作。通知有关部门及其应急机构、救援队伍和事发地毗邻省（区、市）人民政府应急救援指挥机构，相关机构按照各自应急预案提供增援或保障。有关应急队伍在现场应急救援指挥部统一指挥下，密切配合，共同实施抢险救援和紧急处置行动。

现场应急救援指挥部负责现场应急救援的指挥，现场应急救援指挥部成立前，事发单位和先期到达的应急救援队伍必须迅速、有效地实施先期处置，事故灾难发生地人民政府负责协调，全力控制事故灾难发展态势，防止次生、衍生和耦合事故（事件）发生，果断控制或切断事故灾害链。

中央企业发生事故灾难时，其总部应全力调动相关资源，有效开展应急救援工作。

4.3 紧急处置

现场处置主要依靠本行政区域内的应急处置力量。事故灾难发生后，发生事故的单位和当地人民政府按照应急预案迅速采取措施。

根据事态发展变化情况，出现急剧恶化的特殊险情时，现场应急救援指挥部在充分考虑专家和有关方面意见的基础上，依法及时采取紧急处置措施。

4.4 医疗卫生救助

事发地卫生行政主管部门负责组织开展紧急医疗救护和现场卫生处置工作。

卫生部或国务院安委会办公室根据地方人民政府的请求，及时协调有关专业医疗救护机构和专科医院派出有关专家、提供特种药品和特种救治装备进行支援。

事故灾难发生地疾病控制中心根据事故类型，按照专业规程进行现场防疫工作。

4.5 应急人员的安全防护

现场应急救援人员应根据需要携带相应的专业防护装备，采取安全防护措施，严格执行应急救援人员进入和离开事故现场的相关规定。

现场应急救援指挥部根据需要具体协调、调集相应的安全防护装备。

4.6 群众的安全防护

现场应急救援指挥部负责组织群众的安全防护工作，主要工作内容如下：

（1）企业应当与当地政府、社区建立应急互动机制，确定保护群众安全需要采取的防护措施。

（2）决定应急状态下群众疏散、转移和安置的方式、范围、路线、程序。

（3）指定有关部门负责实施疏散、转移。

（4）启用应急避难场所。

（5）开展医疗防疫和疾病控制工作。

（6）负责治安管理。

4.7 社会力量的动员与参与

现场应急救援指挥部组织调动本行政区域社会力量参与应急救援工作。

超出事发地省级人民政府处置能力时，省级人民政府向国务院申请本行政区域外的社会力量支援，国务院办公厅协调有关省级人民政府、国务院有关部门组织社会力量进行支援。

4.8 现场检测与评估

根据需要，现场应急救援指挥部成立事故现场检测、鉴定与评估小组，综合分析和评价检测数据，查找事故原因，评估事故发展趋势，预测事故后果，为制订现场抢救方案和事故调查提供参考。检测与评估报告要及时上报。

4.9 信息发布

国务院安委会办公室会同有关部门具体负责特别重大安全生产事故灾难信息的发布工作。

4.10 应急结束

当遇险人员全部得救，事故现场得以控制，环境符合有关标准，导致次生、衍生事故隐患消除后，经现场应急救援指挥部确认和批准，现场应急处置工作结束，应急救援队伍撤离现场。由事故发生地省级人民政府宣布应急结束。

5 后期处置

5.1 善后处置

省级人民政府会同相关部门（单位）负责组织特别重大安全生产事故灾难的善后处置工作，包括人员安置、补偿，征用物资补偿，灾后重建，污染物收集、清理与处理等事项。尽快消除事故影响，妥善安置和慰问受害及受影响人员，保证社会稳定，尽快恢复正常秩序。

5.2 保险

安全生产事故灾难发生后，保险机构及时开展应急救援人员保险受理和受灾人员保险理赔工作。

5.3 事故灾难调查报告、经验教训总结及改进建议

特别重大安全生产事故灾难由国务院安全生产监督管理部门负责组成调查组进行调查；必要时，国务院直接组成调查组或者授权有关部门组成调查组。

安全生产事故灾难善后处置工作结束后，现场应急救援指挥部分析总结应急救援经验教训，提出改进应急救援工作的建议，完成应急救援总结报告并及时上报。

6 保障措施

6.1 通信与信息保障

建立健全国家安全生产事故灾难应急救援综合信息网络系统和重大安全生产事故灾难信息报告系统；建立完善救援力量和资源信息数据库；规范信息获取、分析、发布、报送格式和程序，保证应急机构之间的信息资源共享，为应急决策提供相关信息支持。

有关部门应急救援指挥机构和省级应急救援指挥机构负责本部门、本地区相关信息收集、分析和处理，定期向国务院安委会办公室报送有关信息，重要信息和变更信息要及时报送，国务院安委会办公室负责收集、分析和处理全国安全生产事故灾难应急救援有关信息。

6.2 应急支援与保障

(1) 救援装备保障

各专业应急救援队伍和企业根据实际情况和需要配备必要的应急救援装备。专业应急救援指挥机构应当掌握本专业的特种救援装备情况，各专业队伍按规程配备救援装备。

(2) 应急队伍保障

矿山、危险化学品、交通运输等行业或领域的企业应当依法组建和完善救援队伍。各级、各行业安全生产应急救援机构负责检查并掌握相关应急救援力量的建设和准备情况。

(3) 交通运输保障

发生特别重大安全生产事故灾难后，国务院安委会办公室或有关部门根据救援需要及时协调民航、交通和铁路等行政主管部门提供交通运输保障。地方人民政府有关部门对事故现场进行道路交通管制，根据需要开设应急救援特别通道，道路受损时应迅速组织抢修，确保救灾物资、器材和人员运送及时到位，满足应急处置工作需要。

(4) 医疗卫生保障

县级以上各级人民政府应当加强急救医疗服务网络的建设，配备相应的医疗救治药物、技术、设备和人员，提高医疗卫生机构应对安全生产事故灾难的救治能力。

(5) 物资保障

国务院有关部门和县级以上人民政府及其有关部门、企业，应当建立应急救援设施、设备、救治药品和医疗器械等储备制度，储备必要的应急物资和装备。

各专业应急救援机构根据实际情况，负责监督应急物资的储备情况、掌握应急物资的生产加工能力储备情况。

(6) 资金保障

生产经营单位应当做好事故应急救援必要的资金准备。安全生产事故灾难应急救援资金首先由事故责任单位承担，事故责任单位暂时无力承担的，由当地政府协调解决。国家处置安全生产事故灾难所需工作经费按照《财政应急保障预案》的规定解决。

(7) 社会动员保障

地方各级人民政府根据需要动员和组织社会力量参与安全生产事故灾难的应急救援。国务院安委会办公室协调调用事发地以外的有关社会应急力量参与增援时，地方人民政府要为其提供各种必要保障。

(8) 应急避难场所保障

直辖市、省会城市和大城市人民政府负责提供特别重大事故灾难发生时人员避难需要的场所。

6.3 技术储备与保障

国务院安委会办公室成立安全生产事故灾难应急救援专家组，为应急救援提供技术支持和保障。要充分利用安全生产技术支撑体系的专家和机构，研究安全生产应急救援重大问题，开发应急技术和装备。

6.4 宣传、培训和演习

（1）公众信息交流

国务院安委会办公室和有关部门组织应急法律法规和事故预防、避险、避灾、自救、互救常识的宣传工作，各种媒体提供相关支持。

地方各级人民政府结合本地实际，负责本地相关宣传、教育工作，提高全民的危机意识。

企业与所在地政府、社区建立互动机制，向周边群众宣传相关应急知识。

（2）培训

有关部门组织各级应急管理机构以及专业救援队伍的相关人员进行上岗前培训和业务培训。

有关部门、单位可根据自身实际情况，做好兼职应急救援队伍的培训，积极组织社会志愿者的培训，提高公众自救、互救能力。

地方各级人民政府将突发公共事件应急管理内容列入行政干部培训的课程。

（3）演习

各专业应急机构每年至少组织一次安全生产事故灾难应急救援演习。国务院安委会办公室每两年至少组织一次联合演习。各企事业单位应当根据自身特点，定期组织本单位的应急救援演习。演习结束后应及时进行总结。

6.5 监督检查

国务院安委会办公室对安全生产事故灾难应急预案实施的全过程进行监督检查。

7 附则

7.1 预案管理与更新

随着应急救援相关法律法规的制定、修改和完善，部门职责或应急资源发生变化，以及实施过程中发现存在问题或出现新的情况，应及时修订完善本预案。

7.2 奖励与责任追究

（1）奖励

在安全生产事故灾难应急救援工作中有下列表现之一的单位和个人，应依据有关规定给予奖励：

①出色完成应急处置任务，成绩显著的。

②防止或抢救事故灾难有功，使国家、集体和人民群众的财产免受损失或者减少损失的。

③对应急救援工作提出重大建议，实施效果显著的。

④有其他特殊贡献的。

（2）责任追究

在安全生产事故灾难应急救援工作中有下列行为之一的，按照法律、法规及有关规定，对有关责任人员视情节和危害后果，由其所在单位或者上级机关给予行政处分。其中，对国家公务员和国家行政机关任命的其他人员，分别由任免机关或者监察机关给予行政处分；属于违反治安管理行为的，由公安机关依照有关法律法规的规定予以处罚；构成犯罪的，由司法机关依法追究刑事责任。

①不按照规定制定事故应急预案，拒绝履行应急准备义务的。

②不按照规定报告、通报事故灾难真实情况的。

③拒不执行安全生产事故灾难应急预案，不服从命令和指挥，或者在应急响应时临阵脱逃的。

④盗窃、挪用、贪污应急工作资金或者物资的。

⑤阻碍应急工作人员依法执行任务或者进行破坏活动的。

⑥散布谣言，扰乱社会秩序的。

⑦有其他危害应急工作行为的。

7.3 国际沟通与协作

国务院安委会办公室和有关部门积极建立与国际应急机构的联系，组织参加国际救援活动，开展国际交流与合作。

7.4 预案实施时间

本预案自印发之日起施行[①]。

三、公共卫生应急预案

（一）案例1：2009年甲型H1N1流感

1. 灾害过程

2009年，甲型H1N1流感在全球范围迅速传播，引发广泛关注。最初，该流感病毒在墨西哥被发现，短时间内感染病例数量急剧攀升，随后迅速蔓延至美国等多个国家。随着国际人员往来频繁，病毒如同无形的火种，通过航空运输、旅游等途

① 国家安全生产事故灾难应急预案[EB/OL]. https://www.gov.cn/yjgl/2006-01/23/content_21262.htm.

径在全球各大洲点燃疫情之火。在各国境内，社区传播成为主要模式，学校、工厂、商场等人员密集场所沦为重灾区，人们在毫无防备之下，大量出现发热、咳嗽、咽痛等流感样症状，医院发热门诊人满为患，日常医疗秩序受到严重冲击。

2. 应急响应与救援措施

（1）全球层面。世界卫生组织（WHO）迅速拉响警报，逐步提升甲型 H1N1 流感大流行警戒级别，实时向各国通报疫情动态，协调全球科研力量开展病毒研究，共享基因序列信息，为各国诊断试剂开发、疫苗研制提供关键支撑。同时，组织专家奔赴疫情严重地区，指导疫情防控工作。

（2）国家层面。各国政府纷纷启动应急机制，卫生部门身先士卒。一方面，紧急调配医疗资源，增加口罩、防护服、抗病毒药物等物资储备，确保一线医护人员防护到位，患者有药可用；另一方面，建立哨点监测系统，对发热病例、流感样病例进行严密监测，及时掌握疫情走势。例如，美国利用先进的医疗信息系统，快速整合各地数据，为决策提供依据。教育部门也积极行动，多国采取停课措施，减少学生聚集感染风险，同时通过线上教学保障学生学业进度。

（3）社区与基层。社区工作人员挨家挨户排查发热人员，宣传防疫知识，发放防疫物资，设置隔离点对疑似患者进行隔离观察，切断社区内传播链条；基层医疗机构承担起初筛重任，对轻症患者进行就地治疗，缓解大医院压力，构筑起疫情防控的第一道防线。

3. 灾后重建与恢复

（1）医疗体系修复。疫情缓解后，各国对医疗体系进行复盘与强化。医院补充损耗的医疗物资，更新负压病房等传染病救治设施；加强医护人员传染病救治培训，提升应急救治能力，许多医院还建立了与公共卫生部门的常态化联动机制，以便在未来有疫情来袭时能快速响应。

（2）社会秩序恢复。学校逐步复课，按照防疫要求改造校园环境，如增加洗手设施，调整教室布局以保持社交距离；企业恢复生产，政府出台扶持政策，帮助受疫情冲击严重的行业渡过难关，同时引导企业完善员工健康管理体系，将防疫融入日常运营。社区重拾活力，公共活动场所重新开放，民众在持续的防疫宣传下养成良好卫生习惯，成为社会防疫常态化的基石。

4. 灾害处理过程中的问题

（1）疫苗供应滞后。疫苗研发虽然在疫情推动下加速，但大规模生产、配送环节仍问题重重。生产工艺复杂、原材料供应受限，导致前期疫苗产量远不能满足全球需求，且冷链运输体系不完善，部分地区疫苗在配送途中效力受损，延误接种时机。

（2）信息传播混乱。初期，社交媒体上谣言纷飞，真假疫情信息混杂，引发民众恐慌，部分不实信息干扰政府防控决策；官方信息发布渠道未能得到及时整合，不同部门发声不一致，削弱公众信任，影响防控措施落地效率。

（3）医疗资源分配不均。发达国家凭借雄厚财力与技术优势，快速囤积医疗物资，垄断疫苗采购，而发展中国家面临物资短缺、检测能力不足等困境，跨国医疗援助协调困难，加剧全球疫情防控不平衡态势。

5. 经验总结

（1）强化全球合作。疫情无国界，从病毒监测、科研攻关到物资调配，各国须打破壁垒，构建紧密协作的全球公共卫生网络，确保信息、资源在全球顺畅流通，共同应对传染病威胁。

（2）优化应急决策机制。政府部门应建立跨部门高效协同决策体系，整合卫生、交通、教育等多部门力量，依据精准疫情数据，快速、科学地制定防控策略，避免部门间推诿扯皮、决策延误。

（3）提升公众科学素养。平时加强科普教育，培养民众科学甄别信息的能力，让公众理解防疫政策的科学性，主动配合防控措施，形成全民抗疫合力，这对应对未来灾害至关重要。

（二）案例 2：2019 年新冠疫情

1. 灾害过程

2019 年末，新冠病毒悄然在湖北武汉出现，起初以不明原因肺炎病例引发关注。随着病毒的快速传播，感染人数急剧上升，且呈现出无症状感染、人传人等复杂特征。疫情迅速蔓延至全国，春节期间大规模的人口流动更是加剧了病毒的扩散，各地陆续出现确诊病例。病毒不仅对人们的生命健康构成巨大威胁，还严重冲击了社会经济秩序，停工停产、封城封路成为阻断疫情传播的无奈之举。全球范围内多个国家和地区也相继沦陷，演变成一场百年未有之全球性公共卫生危机。

2. 应急响应与救援措施

（1）信息通报与防控部署。中国政府在疫情初期迅速行动，武汉卫健委及时向社会通报不明原因的肺炎情况，国家层面快速组建专家组奔赴武汉调查病因，短时间内确定病原体为新型冠状病毒，并启动重大突发公共卫生事件一级响应。各地依据中央统一部署，层层落实防控措施，构建联防联控机制。

（2）医疗资源调配。全国一盘棋，集中力量办大事。各地医疗队伍紧急驰援湖北，数万名医护人员逆行出征，携带大量医疗物资、设备奔赴抗疫一线；火速建设方舱医院，如武汉火神山、雷神山医院短时间内拔地而起，快速扩充床位，实现轻症患者应收尽收，有效缓解医疗资源挤兑情况。

（3）科研攻关助力。科研机构与企业携手加快疫苗研发进程，多条技术路线并行推进；同时开展药物临床试验，筛选出一批有效治疗药物，为临床救治提供有力支撑；中医也深度介入，中西医结合疗法在提高治愈率、降低病亡率上发挥显著功效。

3. 灾后重建与恢复

（1）经济复苏举措。政府出台系列稳定经济政策，如税费减免、财政补贴，助力中小微企业渡过难关；推动新基建投资，5G 基站、大数据中心等项目的建设提速，激发经济新动能；鼓励地摊经济、夜间经济，吸纳就业，促进消费市场回暖。

（2）社会秩序重构。有序推进复学复工复产，制定严格的防疫指南，保障校园、工厂等场所安全；社区强化基层治理，完善公共卫生服务体系常态化运行机制，加强日常健康监测与环境卫生整治，让居民生活逐步回归正轨。

4. 灾害处理过程中的问题和短板

（1）早期预警机制有待完善。疫情初期，信息传递与认知存在一定的滞后性，从发现病例到明确病毒人传人特性的耗时稍长，导致疫情在局部地区扩散而未能及时遏制。

（2）基层防疫物资储备不足。疫情突发，部分基层社区、乡镇防疫物资如口罩、防护服等储备短缺，前期应急供应紧张，影响一线防疫工作开展。

（3）公共卫生人才队伍建设短板。专业的公共卫生人才数量相对不足，尤其在基层偏远地区，面对突发疫情，人才匮乏问题凸显，影响防控精细化程度提升。

5. 经验总结

（1）制度优势彰显。中国在特色社会主义制度优势下，能够迅速凝聚各方力量，统一指挥、统一行动，从中央到地方政令畅通，为疫情防控争取了宝贵时间，展现出强大的动员能力与资源调配效率。

（2）科技赋能抗疫。大数据、人工智能等新技术被广泛应用，如健康码精准追踪人员流动轨迹，助力精准防控；远程医疗实现专家远程会诊，打破地域限制，提升救治效率。

（3）公众参与共克时艰。志愿者踊跃投身抗疫战斗，物资捐赠、社区服务中处处有他们的身影；民众自觉遵守防疫规定，居家隔离、戴口罩、勤洗手成为社会共识，形成群防群控坚固防线。

（三）公共卫生应急预案

公共卫生事件主要包括传染病疫情、群体性不明原因疾病、食品安全和职业危害、动物疫情，以及其他严重影响公众健康和生命安全的事件。本节以《国家突发公共卫生事件应急预案》为例，该预案由国务院于2006年颁布并经过2017年修订完善，是我国应对突发公共卫生事件的纲领性文件，是我国公共卫生应急管理体系的核心组成部分。其确立了“统一领导、分级负责、科学防控”的工作原则，将突发公共卫生事件划分为四个等级［Ⅰ级（特别重大）至Ⅳ级（一般）］，并系统规范了从监测预警、信息报告到应急响应和后期评估的全流程处置机制。该预案在非典、H1N1流感和新冠病毒等重大疫情防控中发挥了关键作用，不仅为快速响应和科学决策提供了制度保障，也推动了我国公共卫生应急管理能力的持续提升，对维护公众健康安全和社会稳定具有重要意义。

1 总则

1.1 编制目的

有效预防、及时控制和消除突发公共卫生事件及其危害，指导和规范各类突发公共卫生事件的应急处理工作，最大限度地减少突发公共卫生事件对公众健康造成的危害，保障公众身心健康与生命安全。

1.2 编制依据

依据《中华人民共和国传染病防治法》《中华人民共和国食品卫生法》《中华人民共和国职业病防治法》《中华人民共和国国境卫生检疫法》《突发公共卫生事件应急条例》《国内交通卫生检疫条例》和《国家突发公共事件总体应急预案》，制定本预案。

1.3 突发公共卫生事件的分级

根据突发公共卫生事件性质、危害程度、涉及范围，突发公共卫生事件划分为特别重大（Ⅰ级）、重大（Ⅱ级）、较大（Ⅲ级）和一般（Ⅳ级）四级。

其中，特别重大突发公共卫生事件主要包括：

（1）肺鼠疫、肺炭疽在大、中城市发生并有扩散趋势，或肺鼠疫、肺炭疽疫情波及2个以上的省份，并有进一步扩散趋势。

（2）发生传染性非典型肺炎、人感染高致病性禽流感病例，并有扩散趋势。

（3）涉及多个省份的群体性不明原因疾病，并有扩散趋势。

（4）发生新传染病或我国尚未发现的传染病发生或传入，并有扩散趋势，或发现我国已消灭的传染病重新流行。

（5）发生烈性病菌株、毒株、致病因子等丢失事件。

（6）周边以及与我国通航的国家和地区发生特大传染病疫情，并出现输入性病例，严重危及我国公共卫生安全的事件。

(7) 国务院卫生行政部门认定的其他特别重大突发公共卫生事件。

1.4 适用范围

本预案适用于突然发生，造成或者可能造成社会公众身心健康严重损害的重大传染病、群体性不明原因疾病、重大食物和职业中毒以及因自然灾害、事故灾难或社会安全等事件引起的严重影响公众身心健康的公共卫生事件的应急处理工作。

其他突发公共事件中涉及的应急医疗救援工作，另行制定有关预案。

1.5 工作原则

(1) 预防为主，常备不懈。提高全社会对突发公共卫生事件的防范意识，落实各项防范措施，做好人员、技术、物资和设备的应急储备工作。对各类可能引发突发公共卫生事件的情况要及时进行分析、预警，做到早发现、早报告、早处理。

(2) 统一领导，分级负责。根据突发公共卫生事件的范围、性质和危害程度，对突发公共卫生事件实行分级管理。各级人民政府负责突发公共卫生事件应急处理的统一领导和指挥，各有关部门按照预案规定，在各自的职责范围内做好突发公共卫生事件应急处理的有关工作。

(3) 依法规范，措施果断。地方各级人民政府和卫生行政部门要按照相关法律、法规和规章的规定，完善突发公共卫生事件应急体系，建立健全系统、规范的突发公共卫生事件应急处理工作制度，对突发公共卫生事件和可能发生的公共卫生事件做出快速反应，及时、有效开展监测、报告和处理工作。

(4) 依靠科学，加强合作。突发公共卫生事件应急工作要充分尊重和依靠科学，要重视开展防范和处理突发公共卫生事件的科研和培训，为突发公共卫生事件应急处理提供科技保障。各有关部门和单位要通力合作、资源共享，有效应对突发公共卫生事件。要广泛组织、动员公众参与突发公共卫生事件的应急处理。

2 应急组织体系及职责

2.1 应急指挥机构

卫生部依照职责和本预案的规定，在国务院统一领导下，负责组织、协调全国突发公共卫生事件应急处理工作，并根据突发公共卫生事件应急处理工作的实际需要，提出成立全国突发公共卫生事件应急指挥部。

地方各级人民政府卫生行政部门依照职责和本预案的规定，在本级人民政府统一领导下，负责组织、协调本行政区域内突发公共卫生事件应急处理工作，并根据突发公共卫生事件应急处理工作的实际需要，向本级人民政府提出成立地方突发公共卫生事件应急指挥部的建议。

各级人民政府根据本级人民政府卫生行政部门的建议和实际工作需要，决定是否成立国家和地方应急指挥部。

地方各级人民政府及有关部门和单位要按照属地管理的原则，切实做好本行政区域内突发公共卫生事件应急处理工作。

2.1.1 全国突发公共卫生事件应急指挥部的组成和职责

全国突发公共卫生事件应急指挥部负责对特别重大突发公共卫生事件的统一领导、统一指挥，作出处理突发公共卫生事件的重大决策。指挥部成员单位根据突发公共卫生事件的性质和应急处理的需要确定。

2.1.2 省级突发公共卫生事件应急指挥部的组成和职责

省级突发公共卫生事件应急指挥部由省级人民政府有关部门组成，实行属地管理的原则，负责对本行政区域内突发公共卫生事件应急处理的协调和指挥，作出处理本行政区域内突发公共卫生事件的决策，决定要采取的措施。

2.2 日常管理机构

国务院卫生行政部门设立卫生应急办公室（突发公共卫生事件应急指挥中心），负责全国突发公共卫生事件应急处理的日常管理工作。

各省、自治区、直辖市人民政府卫生行政部门及军队、武警系统要参照国务院卫生行政部门突发公共卫生事件日常管理机构的设置及职责，结合各自实际情况，指定突发公共卫生事件的日常管理机构，负责本行政区域或本系统内突发公共卫生事件应急的协调、管理工作。

各市（地）级、县级卫生行政部门要指定机构负责本行政区域内突发公共卫生事件应急的日常管理工作。

2.3 专家咨询委员会

国务院卫生行政部门和省级卫生行政部门负责组建突发公共卫生事件专家咨询委员会。

市（地）级和县级卫生行政部门可根据本行政区域内突发公共卫生事件应急工作需要，组建突发公共卫生事件应急处理专家咨询委员会。

2.4 应急处理专业技术机构

医疗机构、疾病预防控制机构、卫生监督机构、出入境检验检疫机构是突发公共卫生事件应急处理的专业技术机构。应急处理专业技术机构要结合本单位职责开展专业技术人员处理突发公共卫生事件能力培训，提高快速应对能力和技术水平，在发生突发公共卫生事件时，要服从卫生行政部门的统一指挥和安排，开展应急处理工作。

3 突发公共卫生事件的监测、预警与报告

3.1 监测

国家建立统一的突发公共卫生事件监测、预警与报告网络体系。各级医疗、疾病预防控制、卫生监督和出入境检疫机构负责开展突发公共卫生事件的日常监测工作。

省级人民政府卫生行政部门要按照国家统一规定和要求，结合实际，组织开展重点传染病和突发公共卫生事件的主动监测。

国务院卫生行政部门和地方各级人民政府卫生行政部门要加强对监测工作的管理和监督，保证监测质量。

3.2 预警

各级人民政府卫生行政部门根据医疗机构、疾病预防控制机构、卫生监督机构提供的监测信息，按照公共卫生事件的发生、发展规律和特点，及时分析其对公众身心健康的危害程度、可能的发展趋势，及时做出预警。

3.3 报告

任何单位和个人都有权向国务院卫生行政部门和地方各级人民政府及其有关部门报告突发公共卫生事件及其隐患，也有权向上级政府部门举报不履行或者不按照规定履行突发公共卫生事件应急处理职责的部门、单位及个人。

县级以上各级人民政府卫生行政部门指定的突发公共卫生事件监测机构、各级各类医疗卫生机构、卫生行政部门、县级以上地方人民政府和检验检疫机构、食品药品监督管理机构、环境保护监测机构、教育机构等有关单位为突发公共卫生事件的责任报告单位。执行职务的各级各类医疗卫生机构的医疗卫生人员、个体开业医生为突发公共卫生事件的责任报告人。

突发公共卫生事件责任报告单位要按照有关规定及时、准确地报告突发公共卫生事件及其处置情况。

4 突发公共卫生事件的应急反应和终止

4.1 应急反应原则

发生突发公共卫生事件时，事发地的县级、市（地）级、省级人民政府及其有关部门按照分级响应的原则，做出相应级别应急反应。同时，要遵循突发公共卫生事件发生发展的客观规律，结合实际情况和预防控制工作的需要，及时调整预警和反应级别，以有效控制事件，减少危害和影响。要根据不同类别突发公共卫生事件的性质和特点，注重分析事件的发展趋势，对事态和影响不断扩大的事件，应及时升级预警和反应级别；对范围局限、不会进一步扩散的事件，应相应降低反应级别，及时撤销预警。

国务院有关部门和地方各级人民政府及有关部门对在学校、区域性或全国性重要活动期间等发生的突发公共卫生事件，要高度重视，可相应提高报告和反应级别，确保迅速、有效控制突发公共卫生事件，维护社会稳定。

突发公共卫生事件应急处理要采取边调查、边处理、边抢救、边核实的方式，以有效措施控制事态发展。

事发地之外的地方各级人民政府卫生行政部门接到突发公共卫生事件情况通报后，要及时通知相应的医疗卫生机构，组织做好应急处理所需的人员与物资准备，采取必要的预防控制措施，防止突发公共卫生事件在本行政区域内发生，并服从上一级人民政府卫生行政部门的统一指挥和调度，支援突发公共卫生事件发生地区的应急处理工作。

4.2 应急反应措施

4.2.1 各级人民政府

（1）组织协调有关部门参与突发公共卫生事件的处理。

（2）根据突发公共卫生事件处理需要，调集本行政区域内各类人员、物资、交通工具和相关设施、设备参加应急处理工作。涉及危险化学品管理和运输安全的，有关部门要严格执行相关规定，防止事故发生。

（3）划定控制区域：甲类、乙类传染病暴发、流行时，县级以上地方人民政府报经上一级地方人民政府决定，可以宣布疫区范围；经省、自治区、直辖市人民政府决定，可以对本行政区域内甲类传染病疫区实施封锁；封锁大、中城市的疫区或者封锁跨省（区、市）的疫区，以及封锁疫区导致中断干线交通或者封锁国境的，由国务院决定。对重大食物中毒和职业中毒事故，根据污染食品扩散和职业危害因素波及的范围，划定控制区域。

（4）疫情控制措施：当地人民政府可以在本行政区域内采取限制或者停止集市、集会、影剧院演出，以及其他人群聚集的活动，停工、停业、停课，封闭或者封存被传染病病原体污染的公共饮用水源、食品以及相关物品等紧急措施；临时征用房屋、交通工具以及相关设施和设备。

（5）流动人口管理：对流动人口采取预防工作，落实控制措施，对传染病病人、疑似病人采取就地隔离、就地观察、就地治疗的措施，对密切接触者根据情况采取集中或居家医学观察。

（6）实施交通卫生检疫：组织铁路、交通、民航、质检等部门在交通站点和出入境口岸设置临时交通卫生检疫站，对出入境、进出疫区和运行中的交通工具及其乘运人员和物资、宿主动物进行检疫查验，对病人、疑似病人及其密切接触者实施临时隔离、留验和向地方卫生行政部门指定的机构移交。

（7）信息发布：突发公共卫生事件发生后，有关部门要按照有关规定做好信息发布工作，信息发布要及时主动、准确把握，实事求是，正确引导舆论，注重社会效果。

（8）开展群防群治：街道、乡（镇）以及居委会、村委会协助卫生行政部门和其他部门、医疗机构，做好疫情信息的收集、报告、人员分散隔离及公共卫生措施的实施工作。

（9）维护社会稳定：组织有关部门保障商品供应，平抑物价，防止哄抢；严厉打击造谣传谣、哄抬物价、囤积居奇、制假售假等违法犯罪和扰乱社会治安的行为。

4.2.2 卫生行政部门

（1）组织医疗机构、疾病预防控制机构和卫生监督机构开展突发公共卫生事件的调查与处理。

（2）组织突发公共卫生事件专家咨询委员会对突发公共卫生事件进行评估，提出启动突发公共卫生事件应急处理的级别。

（3）应急控制措施：根据需要组织开展应急疫苗接种、预防服药。

（4）督导检查：国务院卫生行政部门组织对全国或重点地区的突发公共卫生事件应急处理工作进行督导和检查。省、市（地）级以及县级卫生行政部门负责对本行政区域内的应急处理工作进行督察和指导。

（5）发布信息与通报：国务院卫生行政部门或经授权的省、自治区、直辖市人民政府卫生行政部门及时向社会发布突发公共卫生事件的信息或公告。国务院卫生行政部门及时向国务院各有关部门和各省、自治区、直辖市卫生行政部门以及军队有关部门通报突发公共卫生事件情况。对涉及跨境的疫情线索，由国务院卫生行政部门向有关国家和地区通报情况。

（6）制定技术标准和规范：国务院卫生行政部门对新发现的突发传染病、不明原因的群体性疾病、重大中毒事件，组织力量制定技术标准和规范，及时组织全国培训。地方各级卫生行政部门开展相应的培训工作。

（7）普及卫生知识：针对事件性质，有针对性地开展卫生知识宣教，提高公众健康意识和自我防护能力，消除公众心理障碍，开展心理危机干预工作。

（8）进行事件评估：组织专家对突发公共卫生事件的处理情况进行综合评估，包括事件概况、现场调查处理概况、病人救治情况、所采取的措施、效果评价等。

4.2.3 医疗机构

（1）开展病人接诊、收治和转运工作，实行重症和普通病人分开管理，对疑似病人及时排除或确诊。

（2）协助疾控机构人员开展标本的采集、流行病学调查工作。

（3）做好医院内现场控制、消毒隔离、个人防护、医疗垃圾和污水处理工作，防止院内交叉感染和污染。

（4）做好传染病和中毒病人的报告。对因突发公共卫生事件而引起身体伤害的病人，任何医疗机构不得拒绝接诊。

(5) 对群体性不明原因疾病和新发传染病做好病例分析与总结，积累诊断治疗的经验。重大中毒事件，按照现场救援、病人转运、后续治疗相结合的原则进行处置。

(6) 开展科研与国际交流：开展与突发事件相关的诊断试剂、药品、防护用品等方面的研究。开展国际合作，加快病源查寻和病因诊断。

4.2.4 疾病预防控制机构

(1) 突发公共卫生事件信息报告：国家、省、市（地）、县级疾控机构做好突发公共卫生事件的信息收集、报告与分析工作。

(2) 开展流行病学调查：疾控机构人员到达现场后，尽快制订流行病学调查计划和方案，地方专业技术人员按照计划和方案，开展对突发事件累及人群的发病情况、分布特点进行调查分析，提出并实施有针对性的预防控制措施；对传染病病人、疑似病人、病原携带者及其密切接触者进行追踪调查，查明传播链，并向相关地方疾病预防控制机构通报情况。

(3) 实验室检测：中国疾病预防控制中心和省级疾病预防控制机构指定的专业技术机构在地方专业机构的配合下，按有关技术规范采集足量、足够的标本，分送省级和国家应急处理功能网络实验室检测，查找致病原因。

(4) 开展科研与国际交流：开展与突发事件相关的诊断试剂、疫苗、消毒方法、医疗卫生防护用品等方面的研究。开展国际合作，加快病源查寻和病因诊断。

(5) 制定技术标准和规范：中国疾病预防控制中心协助卫生行政部门制定全国新发现的突发传染病、不明原因的群体性疾病、重大中毒事件的技术标准和规范。

(6) 开展技术培训：中国疾病预防控制中心具体负责全国省级疾病预防控制中心突发公共卫生事件应急处理专业技术人员的应急培训。各省级疾病预防控制中心负责县级以上疾病预防控制机构专业技术人员的培训工作。

4.2.5 卫生监督机构

(1) 在卫生行政部门的领导下，开展对医疗机构、疾病预防控制机构突发公共卫生事件应急处理各项措施落实情况的督导、检查。

(2) 围绕突发公共卫生事件应急处理工作，开展食品卫生、环境卫生、职业卫生等的卫生监督和执法稽查。

(3) 协助卫生行政部门依据《突发公共卫生事件应急条例》和有关法律法规，调查处理突发公共卫生事件应急工作中的违法行为。

4.2.6 出入境检验检疫机构

(1) 突发公共卫生事件发生时，调动出入境检验检疫机构技术力量，配合当地卫生行政部门做好口岸的应急处理工作。

(2) 及时上报口岸突发公共卫生事件信息和情况变化。

4.2.7 非事件发生地区的应急反应措施

未发生突发公共卫生事件的地区应根据其他地区发生事件的性质、特点、发生区域和发展趋势，分析本地区受波及的可能性和程度，重点做好以下工作：

(1) 密切保持与事件发生地区的联系，及时获取相关信息。

(2) 组织做好本行政区域应急处理所需的人员与物资准备。

(3) 加强相关疾病与健康监测和报告工作，必要时，建立专门报告制度。

(4) 开展重点人群、重点场所和重点环节的监测和预防控制工作，防患未然。

(5) 开展防治知识宣传和健康教育，提高公众自我保护意识和能力。

(6) 根据上级人民政府及其有关部门的决定，开展交通卫生检疫等。

4.3 突发公共卫生事件的分级反应

特别重大突发公共卫生事件（具体标准见1.3）应急处理工作由国务院或国务院卫生行政部门和有关部门组织实施，开展突发公共卫生事件的医疗卫生应急、信息发布、宣传教育、科研攻关、国际交流与合作、应急物资与设备的调集、后勤保障以及督导检查等工作。国务院可根据突发公共卫生事件性质和应急处置工作，成立全国突发公共卫生事件应急处理指挥部，协调指挥应急处置工作。事发地省级人民政府应按照国务院或国务院有关部门的统一部署，结合本地区实际情况，组织协调市（地）、县（市）人民政府开展突发公共事件的应急处理工作。

特别重大级别以下的突发公共卫生事件应急处理工作由地方各级人民政府负责组织实施。超出本级应急处置能力时，地方各级人民政府要及时报请上级人民政府和有关部门提供指导和支持。

4.4 突发公共卫生事件应急反应的终止

突发公共卫生事件应急反应的终止需符合以下条件：突发公共卫生事件隐患或相关危险因素消除，或末例传染病病例发生后经过最长潜伏期无新的病例出现。

特别重大突发公共卫生事件由国务院卫生行政部门组织有关专家进行分析论证，提出终止应急反应的建议，报国务院或全国突发公共卫生事件应急指挥部批准后实施。

特别重大以下突发公共卫生事件由地方各级人民政府卫生行政部门组织专家进行分析论证，提出终止应急反应的建议，报本级人民政府批准后实施，并向上一级人民政府卫生行政部门报告。

上级人民政府卫生行政部门要根据下级人民政府卫生行政部门的请求，及时组织专家对突发公共卫生事件应急反应的终止的分析论证提供技术指导和支持。

5 善后处理

5.1 后期评估

突发公共卫生事件结束后，各级卫生行政部门应在本级人民政府的领导下，组织有关人员对突发公共卫生事件的处理情况进行评估。评估内容主要包括事件概况、现场调查处理概况、病人救治情况、所采取措施的效果评价、应急处理过程中存在的问题和取得的经验及改进建议。评估报告上报本级人民政府和上一级人民政府卫生行政部门。

5.2 奖励

县级以上人民政府人事部门和卫生行政部门对参加突发公共卫生事件应急处理作出贡献的先进集体和个人进行联合表彰；民政部门对在突发公共卫生事件应急处理工作中英勇献身的人员，按有关规定追认为烈士。

5.3 责任

对在突发公共卫生事件的预防、报告、调查、控制和处理过程中，有玩忽职守、失职、渎职等行为的，依据《突发公共卫生事件应急条例》及有关法律法规追究当事人的责任。

5.4 抚恤和补助

地方各级人民政府要组织有关部门对因参与应急处理工作致病、致残、死亡的人员，按照国家有关规定，给予相应的补助和抚恤；对参加应急处理一线工作的专业技术人员应根据工作需要制定合理的补助标准，给予补助。

5.5 征用物资、劳务的补偿

突发公共卫生事件应急工作结束后，地方各级人民政府应组织有关部门对应急处理期间紧急调集、征用有关单位、企业、个人的物资和劳务进行合理评估，给予补偿。

6 突发公共卫生事件应急处置的保障

突发公共卫生事件应急处理应坚持预防为主，平战结合，国务院有关部门、地方各级人民政府和卫生行政部门应加强突发公共卫生事件的组织建设，组织开展突发公共卫生事件的监测和预警工作，加强突发公共卫生事件应急处理队伍建设和技术研究，建立健全国家统一的突发公共卫生事件预防控制体系，保证突发公共卫生事件应急处理工作的顺利开展。

6.1 技术保障

6.1.1 信息系统

国家建立突发公共卫生事件应急决策指挥系统的信息、技术平台，承担突发公共卫生事件及相关信息收集、处理、分析、发布和传递等工作，采取分级负责的方式进行实施。

要在充分利用现有资源的基础上建设医疗救治信息网络，实现卫生行政部门、医疗救治机构与疾病预防控制机构之间的信息共享。

6.1.2 疾病预防控制体系

国家建立统一的疾病预防控制体系。各省（区、市）、市（地）、县（市）要加快疾病预防控制机构和基层预防保健组织建设，强化医疗卫生机构疾病预防控制的责任；建立功能完善、反应迅速、运转协调的突发公共卫生事件应急机制；健全覆盖城乡、灵敏高效、快速畅通的疫情信息网络；改善疾病预防控制机构基础设施和实验室设备条件；加强疾病控制专业队伍建设，提高流行病学调查、现场处置和实验室检测检验能力。

6.1.3 应急医疗救治体系

按照“中央指导、地方负责、统筹兼顾、平战结合、因地制宜、合理布局”的原则，逐步在全国范围内建成包括急救机构、传染病救治机构和化学中毒与核辐射救治基地在内的，符合国情、覆盖城乡、功能完善、反应灵敏、运转协调、持续发展的医疗救治体系。

6.1.4 卫生执法监督体系

国家建立统一的卫生执法监督体系。各级卫生行政部门要明确职能，落实责任，规范执法监督行为，加强卫生执法监督队伍建设。对卫生监督人员实行资格准入制度和在岗培训制度，全面提高卫生执法监督的能力和水平。

6.1.5 应急卫生救治队伍

各级人民政府卫生行政部门按照“平战结合、因地制宜，分类管理、分级负责，统一管理、协调运转”的原则建立突发公共卫生事件应急救治队伍，并加强管理和培训。

6.1.6 演练

各级人民政府卫生行政部门要按照“统一规划、分类实施、分级负责、突出重点、适应需求”的原则，采取定期和不定期相结合的形式，组织开展突发公共卫生事件的应急演练。

6.1.7 科研和国际交流

国家有计划地开展应对突发公共卫生事件相关的防治科学研究，包括现场流行病学调查方法、实验室病因检测技术、药物治疗、疫苗和应急反应装备、中医药及中西医结合防治等，尤其是开展新发、罕见传染病快速诊断方法、诊断试剂以及相关的疫苗研究，做到技术上有所储备。同时，开展应对突发公共卫生事件应急处理技术的国际交流与合作，引进国外的先进技术、装备和方法，提高我国应对突发公共卫生事件的整体水平。

6.2 物资、经费保障

6.2.1 物资储备

各级人民政府要建立处理突发公共卫生事件的物资和生产能力储备。发生突发公共卫生事件时，应根据应急处理工作需要调用储备物资。卫生应急储备物资使用后要及时补充。

6.2.2 经费保障

应保障突发公共卫生事件应急基础设施项目建设经费，按规定落实对突发公共卫生事件应急处理专业技术机构的财政补助政策和突发公共卫生事件应急处理经费。应根据需要对边远贫困地区突发公共卫生事件应急工作给予经费支持。国务院有关部门和地方各级人民政府应积极通过国际、国内等多渠道筹集资金，用于突发公共卫生事件应急处理工作。

6.3 通信与交通保障

各级应急医疗卫生救治队伍要根据实际工作需要配备通信设备和交通工具。

6.4 法律保障

国务院有关部门应根据突发公共卫生事件应急处理过程中出现的新问题、新情况，加强调查研究，起草和制定并不断完善应对突发公共卫生事件的法律、法规和规章制度，形成科学、完整的突发公共卫生事件应急法律和规章体系。

国务院有关部门和地方各级人民政府及有关部门要严格执行《突发公共卫生事件应急条例》等规定，根据本预案要求，严格履行职责，实行责任制。对履行职责不力，造成工作损失的，要追究有关当事人的责任。

6.5 社会公众的宣传教育

县级以上人民政府要组织有关部门利用广播、影视、报刊、互联网、手册等多种形式对社会公众广泛开展突发公共卫生事件应急知识的普及教育，宣传卫生科普知识，指导群众以科学的行为和方式对待突发公共卫生事件。要充分发挥有关社会团体在普及卫生应急知识和卫生科普知识方面的作用。

7 预案管理与更新

根据突发公共卫生事件的形势变化和实施中发现的问题及时更新、修订和补充预案。

国务院有关部门根据需要和本预案的规定，制定本部门职责范围内的具体工作预案。

县级以上地方人民政府根据《突发公共卫生事件应急条例》的规定，参照本预案并结合本地区实际情况，组织制定本地区突发公共卫生事件应急预案。

8 附则

8.1 名词术语

重大传染病疫情是指某种传染病在短时间内发生、波及范围广泛，出现大量的病人或死亡病例，其发病率远远超过常年的发病率水平的情况。

群体性不明原因疾病是指在短时间内，某个相对集中的区域内同时或者相继出现具有共同临床表现病人，且病例不断增加，范围不断扩大，又暂时不能明确诊断的疾病。

重大食物和职业中毒是指由于食品污染和职业危害的原因而造成的人数众多或者伤亡较重的中毒事件。

新发传染病是指全球首次发现的传染病。

我国尚未发现传染病是指埃博拉、猴痘、黄热病、人变异型克雅氏病等在其他国家和地区已经发现，在我国尚未发现过的传染病。

我国已消灭传染病是指天花、脊髓灰质炎等传染病。

8.2 预案实施时间

本预案自印发之日起实施①。

四、社会安全应急预案

（一）案例："11·11"珠海男子驾车撞人逃逸案

1. 灾害过程

2024 年 11 月 11 日 19 时 48 分，犯罪嫌疑人樊某因婚姻破裂、生活失意且不满离婚财产分割结果，驾驶小型越野车闯闸，强行进入珠海市香洲区体育中心，冲撞正在体育中心内部道路锻炼的市民，撞倒多名行人后逃逸，案件致 35 人经抢救无效死亡、43 人受伤住院治疗。

2. 应急响应与救援措施

（1）医疗救护。案件发生后，广东省和珠海市迅速调派数百名救援人员对事件现场的伤员开展紧急救治，省内先后调度 8 组共 30 多名专家赶赴珠海市指导救治。国家卫生健康委员会也立即派出医疗应急工作有关负责人带领国家级专家团队 11 人赶赴珠海。珠海集中全市最优医疗资源，全市 5 家医院 300 多名医护人员全力投入抢救工作，共调派救护车 36 辆。急救人员第一时间到达现场迅速开展检伤分类，并将全部伤者送往医疗机构救治。

---

① 国家突发公共卫生事件应急预案[EB/OL]. https://www.gov.cn/gzdt/2006-02/28/content_213129.htm.

（2）公安行动。珠海市公安局香洲分局接到报警后迅速派人员到现场处置，在樊某驾车逃跑时将其当场控制，发现其在车上持刀自残，立即制止并送往医院救治。公安机关对樊某涉嫌以危险方法危害公共安全罪立案侦查，并依法对其予以刑事拘留。后经检察院批准逮捕，法院公开审理并判处樊某死刑，剥夺政治权利终身。

3. 灾后重建与恢复

主要集中在对伤亡人员及家属的安抚善后工作上，用心用情办好伤害赔偿、困难救助等事宜，给予家属心理慰藉。同时，对受伤人员进行持续治疗和心理疏导，帮助他们身体康复和心理创伤恢复。此外，社会各界也在努力修复事件带来的社会心理创伤，加强公共安全宣传教育等。

4. 灾害处理过程中的问题

（1）安全防控漏洞。体育中心入口处未能有效阻拦闯闸车辆，反映出安保设施和管理流程存在漏洞，未能在危险发生前阻止犯罪嫌疑人进入人员密集区域。

（2）应急心理干预滞后。在事件发生后，对于大量受伤人员和家属，以及受到事件冲击的市民，心理应急干预启动时间相对滞后，未能在第一时间全面满足民众的心理疏导需求。

5. 经验总结

（1）加强重点场所安保。对人员密集的公共场所如体育中心、公园等，要升级安保设施，优化管理流程，严格把控人员和车辆进出，防止类似危险事件发生。

（2）完善应急救援体系。进一步强化医疗、公安等多部门协同救援机制，确保在突发事件中能够快速响应、高效配合。同时，要提前制定针对不同类型突发暴力事件的应急预案，并定期演练。

（3）重视心理救援。将心理应急救援纳入应急体系建设，培养专业的心理救援队伍，确保在灾害发生后，能够及时对受影响人群开展心理评估和干预，降低事件带来的心理创伤。

（二）案例 2：2016 年武汉砍人事件，1 人遇难、7 人受伤

1. 事故过程

2016 年 1 月 24 日上午 9 时 40 分左右，在武汉市江汉区唐蔡路，35 岁的李某（化名）——一位患有间歇性精神疾病的男子，从随身携带的布袋里掏出一把锋利的长刀，朝着身边的人群疯狂挥舞，最终导致 1 人遇难、7 人受伤。

2. 应急响应与救援措施

（1）医疗救护。武汉市急救中心在接到指令后 3 分钟内派出急救车辆，车内配

备专业急救设备和医护人员。周边医院启动紧急救治绿色通道，提前做好伤员接收准备，根据伤员的伤势轻重进行分类救治，确保重伤员优先得到救治，最大限度地提高伤员生存率。

（2）公安行动。公安部门闻警而动，迅速增派大量警力奔赴现场及周边区域。巡警在接到报警后 5 分钟内到达现场周边，迅速对现场进行封锁，防止嫌疑人逃脱，疏散围观群众，为后续警力到来争取时间。特警携带精良装备，10 分钟内抵达现场，与巡警协同作战，对嫌疑人实施抓捕。若嫌疑人持有凶器、负隅顽抗，则采用专业战术进行制伏，确保自身及周围群众安全。刑警同步开展现场勘查，收集证据，包括血迹、凶器、脚印、监控录像等，对嫌疑人的逃跑路线进行追踪，排查嫌疑人身份等背景信息。

（3）后勤保障。公安后勤部门迅速调配警车、通信设备、防护用具等物资送往现场，保障公安部门的行动顺利进行。政府相关部门组织力量提供食品、饮用水、帐篷等物资，满足救援人员及现场群众基本需求。

（4）舆情应对。舆情应对组第一时间关注各大网络平台、媒体报道，及时发现不实信息并予以澄清。通过官方渠道，如武汉公安官方微博、微信公众号等，每 30 分钟发布一次事件最新进展情况，包括伤亡情况、嫌疑人抓捕情况等，稳定公众情绪，避免恐慌蔓延。

3. 善后处理与应急保障

（1）善后处理。政府相关部门负责组织协调受伤人员的救治、康复和心理疏导工作，对受害者家属进行安抚和慰问，做好伤亡人员的善后处理和赔偿工作。

（2）应急保障。

①人员保障。加强公安、医疗等应急救援队伍建设，定期开展培训和演练，提高应急处置能力。

②物资保障。配备必要的警用装备、医疗救援设备和物资，如防暴盾牌、警棍、急救药品、担架等，并定期进行检查和维护，确保装备物资处于良好状态。

③通信保障。建立健全应急通信保障体系，确保应急指挥中心与现场指挥部、各应急救援队伍之间的通信畅通。

（3）调查评估。政府部门通过新闻发布会、官方网站、社交媒体等多种渠道，及时、准确、透明地公布事故调查进展、救援和善后工作情况，回应社会关切，消除公众疑虑。事件处置结束后，由公安机关牵头会同相关部门组成调查组，对事件的起因、经过、处置过程等进行全面调查，总结经验教训，评估应急处置工作的成效与不足，提出改进措施和建议，形成调查报告。

4. 灾害处理过程中的问题

（1）预警与前期预防缺失。从事件本身来看，犯罪嫌疑人李某患有间歇性精神疾病，在其病情波动，可能产生危险行为前，社区、医疗等相关部门并未提前察觉并采取有效措施。社区未能建立完善的精神疾病患者跟踪机制，未能及时掌握李某近期的精神状态变化；医疗机构在患者复诊、病情监控方面也存在漏洞，没能做到早发现、早干预，致使危险行为发生时毫无预警。

（2）警力调配与现场应对瑕疵。尽管警方反应迅速，在接到报警后快速到达现场，但警力在初期略显不足。当面对情绪极度激动、疯狂挥舞长刀的李某时，有限的警力在控制现场和疏散群众上存在一定压力。此外，现场指挥在初期也不够顺畅，各警种之间的协同配合不够默契。比如，负责控制嫌疑人的民警与疏散群众的民警之间信息传递延迟，导致行动效率受到影响。部分民警在应对此类暴力事件时，战术运用不够灵活，在狭窄街道环境下，没有迅速根据地形调整战术，使得初期制服嫌疑人的行动受阻。

（3）医疗救援衔接问题。120 急救中心虽及时赶到现场，但与警方的现场沟通存在不足。在救援过程中，急救人员对于现场危险状况预估不足，在警方没有完全控制嫌疑人的情况下贸然进入现场，在一定程度上造成了救援秩序的短暂混乱。而且，医疗救援资源的调配也存在问题。事发突然，周边医院的应急床位、医护人员储备不足，7 名伤者被送至医院后，出现了医护人员人手紧张、部分急救设备暂时短缺的情况，影响了救治效率。

（4）舆情应对与公众沟通短板。在事件发生后，官方信息发布延迟，导致网络上出现了各种不实猜测和谣言。一些自媒体为博眼球，发布未经证实的消息，如编造犯罪嫌疑人的虚假身份和作案动机，引发了公众的恐慌情绪。政府部门和警方在舆情监测和引导方面缺乏经验，没有及时通过官方渠道发布权威信息，回应公众关切，使得不实信息在网络上迅速传播，造成了不良的社会影响。

5. 风险分析

（1）人员因素。

①精神疾病患者监管漏洞。犯罪嫌疑人患有间歇性精神疾病，病情波动时易失去理智，产生暴力行为。本次事件中，相关部门对其监管存在疏忽，未能及时掌握其病情变化，导致危险发生。社区、医疗机构等若无法建立有效的跟踪机制，此类人员就可能成为社会安全隐患。

②公众应急能力不足。事发时，许多群众惊慌失措，不知如何应对，甚至有人因慌乱做出错误举动，增加了自身和他人受伤风险。这反映出公众在面对突发暴力

事件时，缺乏基本的自我保护和应急处置能力。

（2）社会管理因素。

①治安防控体系薄弱。事件发生突然，暴露出当地治安防控体系存在漏洞。在人员密集的街道未能及时发现和阻止犯罪行为，说明治安巡逻力度不足、监控设备覆盖不全，无法对潜在危险做到早发现、早干预。

②精神卫生服务体系不完善。对精神疾病患者的治疗、康复和监管缺乏完善的体系。患者家庭难以独自承担监管责任，而社会在提供专业支持、跟踪服务方面存在缺失，容易导致患者因病情失控引发危险。

6. 经验总结

（1）构建一体化响应机制。建立涵盖消防、医疗、公安、工程等多部门的“一体化”应急指挥平台，统一指挥调度，规范信息传递流程，实现各部门之间的实时信息共享，确保在事件发生时，能够迅速、精准地协同作战，提升救援效率。

①快速响应机制。警方在接到报警后，几分钟内迅速抵达现场，有效遏制了事态恶化，为后续处置争取了宝贵时间。在未来的应急管理体系建设中，各应急部门都应将这种高效的出警速度作为基本要求，通过优化调度流程、合理布局警力等措施，确保在突发事件发生时能够第一时间响应。

②协同配合机制。此次事件暴露出不同应急部门间协同配合的不足。后续应加强各部门间的协作训练，制定联合行动预案，明确各部门在突发事件现场的职责与任务，建立高效的信息沟通渠道，确保在面对复杂情况时能够紧密配合，形成强大的应急处置合力。

③现场处置策略。现场民警在控制嫌疑人过程中，初期形成僵持局面，后期通过灵活调整战术成功制服。这表明，面对暴力事件，执法人员须具备灵活应变的能力和丰富的战术运用经验。因此，应定期开展针对不同场景、不同类型暴力犯罪的模拟演练，提升一线执法人员的实战能力和应对复杂局面的水平。

（2）强化社会管理。

①特殊人群管理体系。犯罪嫌疑人是间歇性精神疾病患者，其病情波动引发此次暴力事件，凸显出社会对特殊人群管理存在漏洞。社区、医疗机构、民政等部门应建立健全联动机制，对精神疾病患者等特殊人群进行定期走访、评估和治疗跟踪，确保其病情稳定。同时，为患者家庭提供心理辅导、经济援助等支持，共同做好特殊人群的监管与帮扶工作。

②公众安全教育。本次事件中，公众应急能力不足，反映出安全教育的缺失。政府和社会组织应通过社区宣传、学校教育、线上课程等多种渠道，广泛普及应对暴力事件的基本知识和技能，如紧急避险、自救互救、正确疏散逃生等，提高公众

的自我保护意识和应急处置能力。

（3）加强舆情应对。

①信息公开机制。事件发生后，由于官方信息发布延迟，导致不实信息在网络上迅速传播，引发公众恐慌。在今后的突发事件应对中，政府部门应建立第一时间发布权威信息的机制，通过官方网站、社交媒体平台、新闻发布会等多种途径，及时、准确地向公众通报事件进展和处置情况，回应社会关注。

②舆情监测与引导。应加强舆情监测和引导能力建设，组建专业的舆情应对团队，运用大数据分析等技术手段，实时掌握舆情动态。及时发现并纠正不实信息，通过正面宣传和引导，稳定公众情绪，避免谣言对社会秩序造成破坏。

（三）社会安全应急预案

社会安全事件包括但不限于：重大群体性事件（如聚众围堵、非法集会）、恐怖袭击事件、重大刑事案件（如恶性暴力犯罪）、网络与信息安全事件等。我国已经建立了国家级的社会安全事件应急管理体系，但相关预案的公开程度和表现形式与其他类型应急预案有所不同。社会安全事件敏感性强，处置存在特殊性，因此预案详细内容属于“国家秘密”或“工作秘密”，依据《保守国家秘密法》和《反恐怖主义法》一般不予公开。

实际上，针对反恐、群体性事件、网络安全等各类社会安全风险，国家已制定多项专项应急预案，如《国家大规模群体性事件应急预案》《国家处置大规模恐怖袭击事件应急预案》《国家网络与信息安全事件应急预案》《国家涉外突发事件应急预案》等。采取分级授权机制，实行“属地管理＋垂直指导”模式，具体操作预案由地方政府根据中央精神制定。

为了解社会安全事件预案所包含的具体内容，本书以深圳市应急管理局所发布公开的《广东省大规模群体性事件应急预案》为例。该预案共分为总则、大规模群体性事件分级、组织指挥体系、预防预警机制、分级响应、信息报送和处理、应急保障以及附则八大部分。

1 总则

1.1 编制目的

建立健全广东省大规模群体性事件应急处置机制，推进应急处置工作的法制化、科学化、制度化建设，提高处置能力，最大限度地预防和减少大规模群体性事件的发生，降低事件造成的危害和影响，切实维护国家安全和广东省社会稳定。

1.2 编制依据

依据《中华人民共和国刑法》《中华人民共和国集会游行示威法》《中华人民共和国治安管理处罚法》《中华人民共和国突发事件应对法》《中华人民共和国集会游

行示威法实施条例》《广东省突发公共事件总体应急预案》等法律法规和有关规定，制定本预案。

1.3 适用范围

本预案适用于广东省大规模群体性事件的应急处置工作。涉及暴乱、动乱或严重骚乱的应对工作，按照有关法律法规和党中央、国务院的有关规定办理。大规模群体性事件主要是指严重危害人民群众生命财产安全、扰乱社会治安秩序的群体性行为，以及造成重大社会影响的群体性行为。

1.4 工作原则

（1）统一指挥，分级负责。在党中央、国务院的统一领导下，省人民政府对发生在广东省行政区域内大规模群体性事件的处置工作负总责。具体处置过程中，坚持“分级响应、条块结合、属地管理”和“谁主管、谁负责”的原则，落实岗位责任制。

（2）预防为主，化解矛盾。坚持预防为主的工作方针，落实科学发展观和正确政绩观，正确处理改革发展稳定的关系，在充分考虑最广大人民群众的根本利益、取得人民群众理解和支持的基础上制定和出台政策措施，加强并规范信访工作，从源头上防止涉及人民群众切身利益的大规模群体性事件发生。建立健全社会利益协调机制和社会稳定的预警工作机制，做到早发现、早报告、早预防、早控制、早解决。

（3）依法处置，防止激化。切实维护法律法规的权威性和政策的严肃性。注意工作方法和策略，综合运用法律、行政、经济等手段和宣传、协商、调解等方法，加强对人民群众的说服教育，引导人民群众以理性、合法的方式表达利益诉求，防止矛盾激化和事态扩大。

（4）快速反应，相互配合。大规模群体性事件发生后，各级人民政府及时启动应急预案，严格落实应急处置工作责任制，省有关单位及时给予配合和支持。地级以上市人民政府和省有关单位要相互协作、相互配合，并确保信息收集、情况报告、指挥处置等各个环节的紧密衔接，在最短的时间内控制事态；切实加强沟通和交流，实现信息资源共享，为科学决策提供可靠依据。

（5）加强教育，正确引导。预防和处置群体性事件，要将法制宣传、教育疏导工作贯穿整个过程。要通过新闻媒体、现场广播、印发通告等方式，广泛宣传有关法律法规和政策，教育人民群众遵守法律法规，依法维护自身合法权益，通过合法、正当渠道和方式反映问题。对境内外的歪曲性报道或谣言应及时予以驳斥和澄清，正确引导舆论。

2 大规模群体性事件分级

根据事件的紧急程度、形成的规模、行为方式和激烈程度、可能造成的危害、可能发展蔓延的趋势等划分为特别重大（Ⅰ级）、重大（Ⅱ级）、较大（Ⅲ级）三个等级。

3 组织指挥体系

3.1 省处置大规模群体性事件应急总指挥部

(1) 在大规模群体性事件发生后，省委、省政府根据工作需要成立省处置大规模群体性事件应急总指挥部（以下简称省应急指挥部），在省社会安全事件应急领导小组直接领导下，统一组织、指挥、协调事件的处置工作。

(2) 省应急指挥部办公室。

省应急指挥部办公室设在省公安厅，负责日常工作。办公室根据工作需要，视情况下设综合组、情报信息组、行动处置组、后勤保障组，并按职责分工开展工作。

(3) 有关应急支持保障单位。

各有关应急支持保障单位根据各自职责，积极参与处置工作。

3.2 地级以上市人民政府应急指挥部

较大群体性事件发生后，事发地地级以上市人民政府设立事件处置应急指挥部，明确负责人、办事机构和成员单位，及时向省委、省政府、省应急指挥部报告处置的有关情况。

3.3 现场应急指挥部

事件发生后，由事发地人民政府组成现场应急指挥部，当地人民政府主要负责人担任总指挥，成员由当地有关单位负责人组成。发生跨行政区域的大规模群体性事件，由上级应急指挥部确定现场应急指挥部的设置地点及负责人。

4 预防预警机制

4.1 预防预警信息收集

(1) 各地、各有关单位要制定针对大规模群体性事件的有效的预防、预警和处置措施，建立高效、灵敏的情报信息网络，加强对社会不稳定因素的掌握和研判，逐步形成完善的预警工作机制。对可能发生大规模群体性事件的信息，特别是苗头性信息进行全面评估和预测，做到早发现、早报告、早预防、早控制、早解决。

(2) 对可能属于特别重大（Ⅰ级）、重大（Ⅱ级）、较大（Ⅲ级）群体性事件的预警信息，各地、各有关单位在获取信息后应立即报告省人民政府，最迟不得超过两小时。

(3) 各级人民政府应当避免因决策不当或者失误而侵害群众利益，导致群体性事件的发生。要及时总结群体性事件预防和处置的经验教训，加强对有关工作人员的培训，加强对新形势下人民内部矛盾的分析、研究。各级信访部门和基层组织及相关社会团体，要认真开展矛盾纠纷排查调处工作，开展相关咨询，提供必要的法律援助，及时化解矛盾和不安定因素，从源头上防止群体性事件的发生。

4.2 预警行动

各地、各有关单位接到预警信息后应迅速核实情况。

(1) 情况属实的，事发地地级以上市人民政府及省有关单位在迅速上报信息的同时，要根据职责和规定的权限启动各自的应急预案，立即拟订相应工作措施，及时、有效地开展先期处置工作，控制事态发展，尽量将事件消除在萌芽状态。要根据防控情况及时调整措施，并视情况安排人员、物资、资金和技术装备，防止事态扩大。

(2) 情况无法迅速核实的，事发地地级以上市人民政府及省有关单位应积极通过各种渠道进行核查，必要时上报省人民政府。

5 分级响应

5.1 特别重大群体性事件（Ⅰ级）响应

(1) 启动响应程序

①特别重大群体性事件发生后，各级政府、各有关单位迅速启动各自应急预案，开展先期处置工作。

②成立省应急指挥部。省有关单位按照职责分工，承担省应急指挥部的情报信息、行动处置、新闻宣传等职责，并加强协作沟通。

(2) 现场处置

现场应急指挥部人员进入事发现场后，按照职责分工迅速开展处置工作。

①事发地人民政府主要任务是：统一组织领导事件现场的处置工作，统一调用有关资源，决定重大处置措施；指令有关单位到现场开展相关工作；主要负责人迅速赶赴现场，直接指挥现场处置工作，并与有关单位的负责人面对面地做群众工作，及时疏导化解矛盾和冲突，尽快平息事态。

②事件涉及单位主要任务是：主要负责人迅速赶赴现场直接与群众代表对话；开展疏导、劝解工作，解疑释惑，表明态度，并告知当事人相应的救济渠道及正当的申诉方式，通过合法手段和途径维护自身合法权益；迅速研究当事人的合理要求，提出解决方案，努力化解矛盾；对当地政府要求限期解决的涉及群众利益的问题，要采取有效措施，指定专人按时解决。

③公安机关可依法行使下列职权：维护现场治安秩序、交通秩序；控制现场事态的发展；保护党政机关等重点部位及现场工作人员的人身安全；搜集并固定事件发生现场违法犯罪行为的证据；适时采取强制性措施，控制局势，平息事态，恢复正常秩序。

调动使用警力、武警部队参与处置群体性事件，应当严格按有关程序办理。

(3) 后期处置

①事发地人民政府应指挥、协调各有关单位，及时开展对大规模群体性事件中

伤亡人民群众的救治及其他善后处理工作，积极恢复社会秩序。

②事件平息后，事发地人民政府要继续做好人民群众工作，并加强跟踪和督查，防止事件反复。

③事发地应急指挥机构应组织开展事件的损失评估工作，认真剖析引发事件的原因和责任，总结经验教训，并形成专门报告上报。

④根据事件处置过程中暴露出的有关问题，事发地人民政府、参与事件处置的省主管单位应提出整改措施，修改完善各自预案。

5.2 重大群体性事件（Ⅱ级）响应

Ⅱ级响应处置参照Ⅰ级响应处置程序。发生重大群体性事件（Ⅱ级）时，省应急指挥部视情况启动本预案，组织、指挥、协调各有关地方政府和成员单位开展处置工作。

5.3 较大群体性事件（Ⅲ级）响应

Ⅲ级响应处置参照Ⅰ级响应处置程序。发生较大群体性事件（Ⅲ级）时，省有关主管单位派出工作组前往事发地，指导、协调有关地方党委、政府做好处置工作。

6 信息报送和处理

6.1 信息报送

（1）信息采取分级报送的原则。特别重大（Ⅰ级）、重大（Ⅱ级）、较大（Ⅲ级）群体性事件信息应立即上报省人民政府，省人民政府接报后，在两小时内上报国务院。对于个别情况特殊难以在发生后两小时内向省人民政府报告的特别重大（Ⅰ级）、重大（Ⅱ级）、较大（Ⅲ级）群体性事件，应在地级以上市人民政府主管部门、县（市、区）人民政府及有关部门接到事件报告后1小时内将原因上报省人民政府。

（2）事发地地级以上市人民政府和省有关单位应及时派人员赶赴现场，核查、了解、研究并续报有关信息。

（3）信息收集和报送应做到及时、客观、全面、准确。

（4）信息报送形式：可先通过电话口头初报，随后采用专用信息报送系统、传真、计算机网络、视频系统等方式及时报送书面报告和现场音像资料。

6.2 信息发布及新闻报道

信息发布及新闻报道工作，严格按照国家和省有关规定执行。

信息发布及新闻报道应坚持实事求是、及时准确、把握适度、遵守纪律的原则，正确引导境内外舆论。

7 应急保障

7.1 信息通信保障

（1）建立、健全并落实群体性事件信息收集、传递、处理、报送各环节的工作制度，完善各有关单位已有的信息传输渠道，保持信息报送设施特别是现场应急通信系统性能完好，并配备必要的应急备用设施和技术力量，确保信息报送渠道的安全畅通。

（2）有关电信运营企业做好应急过程中的通信保障工作。

7.2 物资保障

各地应建立处置大规模群体性事件物资储备制度。有关设备、器材实行专人保管和维护，满足处置需要。储备物资应存放于安全、交通便利的区域。

7.3 资金保障

预防和处置大规模群体性事件及疏散、安置参与人员所需经费纳入各级财政预算。各级财政部门按照财政分级负担原则，为应急处置工作提供必要的资金保障。

7.4 人员保障

各地应组建处置大规模群体性事件应急预备队伍。应急预备队伍具体实施应急处置工作。应急预备队伍由当地公安民警、武警、医疗卫生人员及有关专家等组成。

7.5 培训保障

积极组织开展应对大规模群体性事件现场指挥人员及队伍的指挥和技能培训，定期进行应急模拟综合演练，提高各单位协同处置、合成作战和快速有效反应能力，进一步增强对大规模群体性事件的预防和应急处置能力。形成比较完善和规范的处置大规模群体性事件工作机制。要充分做好公安机关、武警部队处置力量的培训保障工作。

7.6 法律保障

及时提出修订处置大规模群体性事件涉及的地方性法规，为处置工作提供法律支持。

8 附则

8.1 奖励与责任追究

对在预防和处置大规模群体性事件工作中作出突出贡献的集体和个人，根据有关规定给予奖励。对违反有关规定或失职、渎职的有关责任人，要按有关规定严肃追究责任；构成犯罪的，依法追究刑事责任。

8.2 预案解释部门

本预案由省政府办公厅负责解释。

8.3 预案实施时间

本预案自印发之日起施行①。

① 广东省大规模群体性事件应急预案[EB/OL].（2019－05－05）. https://yjgl.sz.gov.cn/zwgk/xxgkml/qt/yjya/content/post_3653930.html.

任务三 综合活动应急预案

综合活动应急预案是针对大型活动安全管理的系统性解决方案，其核心在于构建“预防—处置—恢复”的全链条防控体系。这种预案不是简单的文本文件，更重实践，需要根据活动特点和环境变化持续优化升级，统筹人员组织、物资调配、场地管理和流程设计四大要素，建立科学的分级响应机制，同时结合法律法规要求和现代技术手段，实现从风险预警到应急处置的无缝衔接。

本书以大学生元旦晚会校级活动以及哈尔滨冰雪大世界市级活动为例，结合两个不同层级活动的特点撰写对应的应急预案。大学生元旦晚会应急预案应重点围绕场地安全、人员疏导和突发事件处置展开，明确应急小组分工，制定火灾、踩踏、设备故障等情况的处置流程，提前做好电路检查、安全通道标识和医疗准备。哈尔滨冰雪大世界活动应急预案则需突出极寒环境下的风险防控，建立多部门联动机制，重点防范冰面事故和大客流拥堵，通过加强冰面巡查、实行分时段预约等措施保障安全。两个预案都需包含风险分析、预防措施、应急响应等核心内容，并确保信息畅通和人员培训到位，同时要符合相关法规要求。预案的制定要结合活动规模特点，做到切实可行，确保活动安全有序开展。

一、案例1：大学生元旦晚会应急预案

（一）编写目的

本应急预案的编制目的主要涵盖四个方面：一是保障人员生命安全与健康，面对火灾、踩踏等紧急情况，能迅速采取措施减少人员伤亡；二是确保晚会顺利开展，通过提前准备应对设备故障、恶劣天气等风险，防止晚会中断或取消；三是提升应急管理水平与能力，既完善学校应急管理体系，又让应急管理专业学生得到实践锻炼，为未来综合活动积累经验。

（二）方针与原则

（1）生命至上。将全体参演人员、观众及现场工作人员的生命安全视为首要任务，竭尽全力降低突发事件对人员造成的伤害。

（2）预防优先。秉持预防为主的理念，提前对晚会各个环节进行风险排查，做好物资筹备、人员培训等工作，提升应对突发事件的能力。

（3）协同联动。建立统一的指挥体系，各部门、各小组之间密切协作，形成合

力，确保应急处置工作能够高效、有序地开展。

（4）科学应对。运用科学的方法和手段，对突发事件进行准确判断、合理评估，并制定相应的处置措施，实现快速、有效的应对。

（三）适用范围

本预案适用于学校举办的大学生元旦晚会活动，无论是在学校礼堂、体育馆等室内场所，还是在校园广场等室外场地举办，均须严格按照本预案执行应急准备和处置工作。

（四）应急策划

1. 风险分析

（1）在活动前，检查场地布置过程中可能因施工不当导致的结构不稳定，如舞台搭建不牢固；电气设备安装不规范，存在漏电、短路引发火灾的风险；对参演人员健康状况排查不全面，可能出现传染病传播风险；天气预报不准确，未提前做好恶劣天气应对准备。

（2）在活动中，人员密集场所可能发生拥挤踩踏事故，尤其是在入场、退场和节目高潮时段；舞台表演时演员可能出现意外受伤，如摔倒、碰撞等；灯光、音响、特效等设备突发故障，影响演出效果；现场发生火灾，可能由于电气故障、明火使用不当等原因引发；出现突发公共卫生事件，如食物中毒、群体性疾病传播。

（3）在活动后，可能由于对伤亡人员的后续处理不当，引发家属不满和社会舆论压力；活动场地设施损坏未及时修复，影响后续使用；因活动期间的突发事件导致负面舆情发酵，损害学校形象。

2. 资源评估

（1）人力资源。学校应急管理专业教师具备专业知识，可在应急处置中提供指导；学生志愿者经过培训后能够协助维持现场秩序、参与救援工作；安保人员负责现场的安全保卫工作，具备应对突发事件的基本技能；校医和专业医护人员可提供医疗急救服务。

（2）物力资源。消防器材，如灭火器、消防栓、灭火沙等，可用于应对火灾事故；医疗急救设备，包括急救箱、担架、除颤仪等，保障人员受伤时的救治；通信设备，如对讲机、手机等，确保各应急小组之间的信息畅通；照明设备，如应急灯、手电筒等，在停电或光线不足时提供照明；备用电源，以应对电力故障，保障关键设备的运行。

（3）财力资源。学校设立专项应急资金，用于应急物资采购、设备维护、人员培训等方面；可能获得的保险赔偿，用于弥补因突发事件造成的经济损失。

3. 应急准备

（1）机构与职责。

①应急指挥中心。由学校领导、相关部门负责人组成，负责全面指挥和协调晚会的应急处置工作；制定应急决策，下达指挥命令，确保各应急小组协同工作；与外部救援力量进行沟通和协调。

②安全保卫组。由安保人员和部分学生志愿者组成，负责活动现场的安全保卫工作。在活动前对场地进行安全检查，排除安全隐患；在活动期间维持现场秩序，设置警戒区域，防止无关人员进入；及时处理现场的治安事件，如打架斗殴、盗窃等。

③设备保障组。由专业技术人员和设备维护人员组成，负责晚会设备的正常运行；在活动前对灯光、音响、舞台机械等设备进行全面检查和调试；在活动中随时待命，及时处理设备故障，确保演出顺利进行。

④医疗救护组。由校医和具备急救知识的学生志愿者组成，负责现场人员的医疗救护工作；在活动前准备好充足的医疗急救物资和设备；在活动中对受伤人员进行及时救治，必要时联系外部医疗机构进行转运。

⑤后勤保障组。由学校后勤部门工作人员组成，负责应急物资的调配和供应；保障活动现场的水、电、食品等基本物资的供应；活动后负责场地的清理和设备的回收。

⑥舆情监测组。由学校宣传部工作人员和部分学生志愿者组成，负责监测活动期间的网络舆情；及时收集、分析和报告与晚会相关的舆情信息。

（2）物资与装备。在活动前足量配备灭火器、消防栓、灭火沙等消防物资，并确保其处于良好状态；准备充足的医疗急救箱，配备常用药品、绷带、担架等；配备足够数量的对讲机、手机等通信设备，并确保通信畅通；准备应急灯、手电筒等照明设备，以及备用电源；准备用于设置警戒区域的警戒带、警示标识等。

将上述物资放置在便于取用的位置，确保在突发事件发生时能够迅速投入使用；为安保人员配备警棍、盾牌等防护装备，以应对可能出现的治安事件。

在活动后对使用过的医疗物资进行补充和更新；检查和维护消防器材、通信设备、照明设备等，确保其能正常使用，为下次活动做好准备。

（3）培训与演练。在活动前，对所有参与应急工作的人员进行应急知识和技能培训，包括急救知识、消防知识、设备操作技能等；针对应急管理专业的学生，开展专门的案例分析和模拟演练课程，提高其应急处置能力；对学生志愿者进行现场秩序维护和基本救援技能培训。

在活动中，根据实际情况，对新加入的应急人员进行简要的现场培训，确保其能够快速融入应急工作中；活动后总结培训效果，针对存在的问题，制订下一次培训计划，不断完善培训内容和方式。

在活动前至少组织一次全面的应急演练，模拟火灾、人员踩踏、设备故障等多种突发事件场景。演练结束后，对演练过程进行总结和评估，分析存在的问题和不足。根据演练评估结果，对应急预案进行修订和完善。

在活动中如遇突发事件，将实际处置过程作为一次实战演练，检验和提升应急队伍的应对能力。活动后结合实际应急处置情况和演练经验，进一步优化应急预案和应急流程。

（4）经费与互助。学校提前划拨专项应急经费，用于应急物资采购、设备维护、人员培训等方面。在活动过程中，若因突发事件需要额外的经费支出，应急指挥中心应及时向学校申请，确保应急工作顺利进行。活动后对应急经费的使用情况进行核算和审计，总结经费使用经验，为今后的应急工作提供参考。

另外，在活动前与周边医院、消防部门、公安机关等建立互助合作关系，签订互助协议，明确在紧急情况下的支援方式和责任分工。

当活动中的突发事件超出学校自身应对能力时，迅速启动互助机制，请求外部支援。活动结束后，对互助机制的运行情况进行总结和评估，进一步加强与外部机构的合作与沟通。

4. 应急响应

（1）报警与接警。设立专门的报警电话，并在活动现场显著位置公布。对报警电话进行 24 小时值守，确保能够及时接听报警信息。

现场人员发现突发事件后，应立即拨打报警电话，清晰报告事件类型、发生地点、危害程度等信息。接警人员接到报警后，详细记录相关信息，并立即通知应急指挥中心和相关应急小组赶赴现场。

对报警记录进行整理和分析，总结在应急响应过程中报警与接警环节存在的问题，以便改进。

（2）指挥与控制。应急指挥中心制定详细的指挥与控制流程和规范，明确各应急小组的职责和任务。

应急指挥中心根据事件情况迅速启动应急预案，下达指挥命令，协调各应急小组开展应急处置工作。现场设立临时指挥点，由现场指挥负责具体的指挥和协调工作，确保各应急小组之间的协同配合。

事后对指挥与控制过程进行复盘，分析指挥决策是否科学合理，各应急小组之间的协调配合是否顺畅，总结经验教训，完善指挥与控制机制。

（3）监测与评估。建立突发事件监测机制，收集和分析与晚会相关的各类信息，如人员健康状况、设备运行情况、天气变化等，对可能发生的突发事件进行风险评估。

在活动过程中如遇突发事件，对现场进行实时监测，掌握事件发展态势，包括人员伤亡情况、火势蔓延情况、设备故障影响范围等。根据监测信息，及时对事件的危害程度、发展趋势等进行评估，为应急决策提供科学依据。

在活动后，对事件的整个过程进行全面评估，包括应急响应速度、处置措施效果、人员伤亡和财产损失情况等。根据评估结果，提出改进措施和建议，完善应急预案和应急管理体系。

（4）医疗与卫生。医疗救护组在活动现场设置医疗急救点，配备充足的医疗急救物资和设备。对现场工作人员和参演人员进行健康排查，提前做好疾病预防工作。

一旦有人受伤，医疗救护组应迅速赶到现场进行救治。对伤势较轻的人员进行现场处理，如包扎、止血等；对伤势较重的人员，及时联系外部医疗机构进行转运，并做好转运过程中的急救措施。同时，关注现场人员的健康状况，及时发现和处理可能出现的公共卫生事件。

对受伤人员的救治情况进行跟踪和记录，配合医疗机构做好后续治疗工作；对活动现场进行卫生消毒，防止传染病传播。

（5）警戒与治安。

①活动前。安全保卫组在活动现场设置警戒区域，划分人员进出通道，设置警示标识。对现场工作人员和观众进行安全教育，强调遵守现场秩序的重要性。

②活动中。在突发事件发生时，安全保卫组迅速在现场周围设置警戒带，阻止无关人员进入，确保救援工作的顺利进行。加强现场治安巡逻，防止出现哄抢、破坏现场等违法犯罪行为，维护现场秩序稳定。

③活动后。对现场治安情况进行总结，分析在应急处置过程中治安维护方面存在的问题，加强与公安机关的合作，进一步完善治安防控机制。

5. 应急恢复

（1）人员安置与补偿。对在突发事件中受伤的人员，学校协同家属做好后续治疗和康复工作，按照相关规定给予合理补偿；对受到惊吓或影响的其他人员，提供必要的心理疏导和关怀。

（2）设施修复与场地清理。后勤保障组和设备保障组对活动场地设施进行全面检查，及时修复损坏的舞台、灯光、音响等设备；清理活动现场的杂物和垃圾，恢复场地的正常使用状态。

（3）舆情修复与形象挽回。舆情监测组密切关注网络舆情，及时发布准确、客观的信息，回应社会关切，消除负面舆情的影响；通过学校官方渠道，宣传学校在应对突发事件中的积极举措和有效成果，挽回学校形象。

6. 预案改进

（1）活动后总结评估。应急指挥中心组织各应急小组对整个应急处置过程进行全面总结，分析应急预案在各个环节的执行情况。收集参与应急工作的人员、现场观众、参演人员等各方的反馈意见。

（2）修订完善预案。根据总结评估结果和反馈意见，对应急预案进行修订和完善，优化应急流程、调整人员职责、补充物资储备等。将改进后的应急预案向全体师生公布，并组织相关人员进行培训和学习。

二、案例2：哈尔滨冰雪大世界活动应急预案

（一）方针与原则

（1）生命至上。始终把游客和工作人员的生命安全与身体健康放在首位，全力保障人员在活动期间的安全。

（2）预防为主。通过全面的风险评估和细致的筹备工作，提前识别和消除各类安全隐患，降低突发事件发生的可能性。

（3）快速响应。一旦发生突发事件，应能够迅速启动应急机制，各应急小组在最短时间内做出反应，采取有效措施进行处置。

（4）统一指挥。设立专门的应急指挥中心，对各部门、各小组进行统一调度与协调，促进各环节紧密配合，形成高效的应急处置合力。

（二）编制目的

哈尔滨冰雪大世界活动参与人数众多，人员构成复杂。编制此应急预案，旨在最大限度预防和应对活动期间可能发生的各类突发事件，如火灾、设施故障、恶劣天气导致的意外等，确保游客、工作人员及所有参与活动人员的生命安全，降低财产损失风险，为活动营造安全稳定的环境。

（三）适用范围

本预案适用于哈尔滨冰雪大世界活动举办场地内的所有区域，包括但不限于冰雕雪雕展示区、游乐设施区、餐饮服务区、休息区、出入口等。

从活动筹备阶段开始至活动结束后场地清理完毕期间，均适用本应急预案。筹备阶段重点关注设施搭建、物资准备等环节的安全风险；活动期间全力应对各类突发事件；活动结束后妥善处理设施拆除、人员疏散等后续事宜。

适用于参与哈尔滨冰雪大世界活动的所有人员，包括游客、景区工作人员、志愿者、安保人员、施工人员、外部救援人员等。无论其身份和职责如何，在活动相关区域内均须遵守本预案的规定，协同应对突发事件。

（四）应急策划

1. 风险分析

（1）活动前。

①设施搭建风险。冰雕雪雕的搭建过程中，可能因结构设计不合理、材料质量问题或施工工艺不达标，导致在活动期间出现坍塌风险。

②电气设备风险。活动现场的照明、游乐设施等电气设备较多，若安装不规范，如电线老化、过载运行、接地不良等，则容易引发短路、漏电等事故，甚至导致火灾。

③恶劣天气风险。哈尔滨冬季气候寒冷，可能出现暴雪、大风、极寒等恶劣天气。暴雪可能影响游客通行和活动设施的安全，大风可能吹倒临时搭建物，极寒天气则可能导致游客和工作人员冻伤、失温。

④游客流量预估风险。如果对游客流量预估不准确，可能导致现场过于拥挤，增加安全事故发生的概率。

（2）活动中。

①人员安全风险。游客在参与冰雪娱乐项目时，如滑冰、滑雪、乘坐冰滑梯等，可能因操作不当、设备故障或其他意外情况遭遇摔倒、碰撞、坠落等伤害。此外，在人员密集区域，如入口、出口、热门景点等，容易发生拥挤踩踏事故。

②设备故障风险。游乐设施在长时间运行过程中，可能因零部件磨损、老化、维护不当等原因出现故障，影响游客安全。

③消防安全风险。虽然活动现场多为冰雪环境，但仍存在一些火灾隐患，如电气设备故障、违规用火等。

④公共卫生风险。大量游客聚集，可能引发传染病传播等公共卫生事件。

（3）活动后。

活动结束后，若人员疏散组织不当，可能导致拥堵，影响游客正常离场；可能存在设施维护风险，如对冰雕雪雕等设施的拆除和清理工作若不规范，可能引发安全事故；同时，对活动现场的设备设施进行维护和保养时，也可能存在安全风险。

舆情风险方面，如果在活动期间发生突发事件，处理不当可能引发负面舆情，对哈尔滨冰雪大世界的品牌形象造成损害。

2. 资源评估

（1）人力资源。包括景区自有安保人员、公安部门派驻的警力等，负责维护现场秩序、保障人员安全。应配有消防队员、医护人员、专业救援队伍等，具备应对各类突发事件的专业技能。另外，由当地居民、大学生等组成志愿者队伍，协助进行游客引导、信息咨询等工作。

（2）物力资源。配备灭火器、消防栓、消防车等消防设备，分布在活动现场各个区域，确保在火灾发生时能够及时扑救。配备急救箱、担架、除颤仪等，以及常用药品和急救器材，用于现场急救。同时，设置医疗急救点，配备专业医护人员。通信设备有对讲机、手机、广播系统等，确保各应急小组之间、应急指挥中心与现场人员之间的通信畅通。保暖设备如防寒服、毛毯、暖手宝等，为在极寒天气下的游客和工作人员提供保暖保障。配备应急灯、手电筒、备用电源等照明设备，以便突发停电时保障现场照明。

（3）财力资源。政府专项拨款可用于应急物资采购、设备维护、人员培训等方面。景区自有资金作为应急资金的补充，确保应急工作的顺利开展。另外，购买相关保险，在发生突发事件造成损失时，能够获得一定的保险赔偿。

（五）应急准备

1. 机构与职责

（1）应急指挥中心。由政府相关部门领导、景区管理方负责人、公安、消防、医疗等部门代表组成。

全面负责活动期间的应急指挥与协调工作。制定应急决策，下达指挥命令，协调各应急小组之间的行动。在应急处置结束后，组织对事件的调查和评估，吸取经验与教训，对应急预案进行修订和完善。

（2）安全保卫组。由景区安保人员、公安干警组成。

活动前对场地进行全面安全检查，排查安全隐患；活动期间负责现场秩序维护，设置警戒区域，控制人员进出，防止拥挤踩踏等事故发生；及时处理各类治安事件，保障游客和工作人员的人身财产安全。

（3）设备保障组。由景区技术人员、设备供应商技术人员组成。

在活动前对游乐设施、电气设备、照明系统等进行全面检查和调试，确保设备正常运行。准备好备用设备和零部件，以便在设备出现故障时能够及时更换。活动期间随时待命，及时处理设备故障，保障活动的顺利进行。

（4）医疗救护组。由医护人员、急救志愿者组成。

在活动现场设置医疗急救点，配备充足的医疗急救物资和设备。对游客和工作人员进行健康宣传教育，提醒注意保暖和预防疾病。活动期间对受伤人员进行及时救治，对于伤势较重的人员，及时联系外部医疗机构进行转运和进一步治疗。

（5）后勤保障组。由景区后勤部门工作人员组成。

负责应急物资的调配和供应，保障现场的水、电、食品等基本物资的供应。在活动前搭建好临时休息区、餐饮区等设施；活动期间及时清理现场垃圾，保持场地整洁。在突发事件发生时，为应急救援人员提供必要的后勤支持，如饮食、住宿等。

（6）舆情监测组。由政府宣传部门人员、景区宣传人员组成。

实时监测网络舆情和社会舆论，及时收集、分析与活动相关的信息。在突发事件发生后，及时发布准确、客观的信息，引导舆论走向，避免不实信息的传播，维护哈尔滨冰雪大世界的良好形象。

2. 物资与装备

在活动开始时，在活动现场按照规定间距设置灭火器箱，每个灭火器箱配备2～3 具灭火器，确保灭火器的种类和数量满足消防需求。同时，保证消防栓的完好性，定期进行检查和维护。配备消防车，停放在指定位置，随时待命。在每个医疗急救点配备 2 个急救箱，每个急救箱内配备常用药品（如感冒药、退烧药、消炎药、止痛药、冻伤膏、绷带、消毒药水、创可贴等），急求点还配有担架和除颤仪等。

为各应急小组配备足够数量的对讲机，确保通信畅通。同时，在景区内设置多个广播点，安装广播系统，以便及时发布信息。

准备一定数量的防寒服、毛毯、暖手宝等保暖物资，放置在游客服务中心和各个医疗急救点，供有需要的游客和工作人员使用。在活动现场安装足够数量的应急灯和备用照明灯具，确保在突发停电时能够提供应急照明。同时，为各应急小组配备手电筒，保证夜间应急工作的顺利进行。

在活动过程中，将医疗急救箱、担架等医疗急救设备放置在各个游乐项目附近和人员密集区域，确保在人员受伤时能够迅速取用。安保人员携带对讲机、警棍等装备，在现场进行巡逻和警戒。通信设备保持电量充足，各应急小组随时保持通信畅通，及时接收和传达应急指挥中心的指令。

在活动后，对使用过的医疗急救物资及时进行补充和更新，确保急救箱随时处于可用状态。检查消防设备、通信设备、照明设备等的状态，对损坏的设备进行维修或更换。对保暖设备进行清洗和整理，妥善保管，以备下次活动使用。

3. 培训与演练

（1）培训。

①活动之前组织安保人员参加应急处置培训，包括防暴恐技能、人员疏散引导、治安事件处理等方面的培训。对消防队员、医护人员、专业救援队伍进行专业技能培训，提高其应对火灾、意外伤害、恶劣天气等突发事件的能力。对志愿者进行服务技能和应急知识培训，使其熟悉活动流程、掌握基本的游客引导和应急处置方法。对景区全体工作人员进行安全知识和应急处置培训，包括消防安全、设备操作安全、游客服务等方面的培训。

②活动中根据实际情况，对新加入的应急人员进行简要的现场培训，确保其能够快速融入应急工作。

③活动后总结培训效果，针对培训中存在的问题，制订下一次培训计划，不断完善培训内容和方式。

（2）演练。

①活动开始前组织至少一次综合应急演练，模拟火灾、人员受伤、设备故障、恶劣天气等多种突发事件场景。演练内容包括报警与接警、指挥与控制、应急救援、人员疏散等环节。演练结束后，对演练过程进行总结和评估，分析存在的问题和不足之处。根据演练评估结果，对应急预案进行修订和完善。

②在活动中如遇突发事件，将实际处置过程作为一次实战演练，检验和提升应急队伍的应对能力。

③活动后结合实际应急处置情况和演练经验，进一步优化应急预案和应急流程。

4. 经费与互助

（1）经费保障。

①活动前政府和景区提前安排专项应急经费，确保应急物资的采购、设备的维护、人员的培训等工作能够顺利开展。应急经费的预算根据活动规模、风险评估结果等因素合理确定。

②若因突发事件需要额外的经费支出，应急指挥中心应及时向政府和景区申请，确保应急工作不受经费影响。

③活动后对应急经费的使用情况进行详细核算和审计，总结经费使用经验，为今后的应急工作提供参考。

（2）互助机制。

①在举行活动之前与周边医院、消防部门、公安部门等建立紧密的合作关系，签订应急救援协议，明确在紧急情况下的救援流程和联系方式。同时，与其他景区、社会组织等建立互助合作关系，在必要时能够相互支援。

②活动中如遇突发事件超出景区自身应对能力时，迅速启动互助机制，请求外部救援力量的支援。

③活动后对互助机制的运行情况进行总结和评估，进一步加强与外部机构的合作与交流。

（六）应急响应

1. 报警与接警

活动前设立专门的应急报警电话，并在活动现场的各个入口、游客服务中心、公共区域等显著位置公布。安排专人负责接听报警电话，确保24小时有人值守。对接警人员进行培训，使其熟悉报警流程和应急处置程序。

现场人员发现突发事件后，应立即拨打应急报警电话，清晰报告事件类型（如火灾、人员受伤、设备故障、恶劣天气等）、发生地点、危害程度等信息。接警人员接到报警后，详细记录相关信息，并立即通知应急指挥中心和相关应急小组赶赴现场。同时，对接警情况进行录音和记录，以便后续查阅和分析。

活动后对报警记录进行整理和分析，总结在应急响应过程中报警与接警环节存在的问题，如报警信息是否准确、接警人员的应对是否及时等，以便改进。

2. 指挥与控制

应急指挥中心制定详细的指挥与控制流程和规范，明确各应急小组的职责、任务和协调机制。绘制应急指挥流程图，确保在紧急情况下能够迅速、有序地开展指挥工作。同时，对应急指挥中心的人员进行培训，使其熟悉指挥流程和决策方法。

应急指挥中心根据事件情况，迅速启动应急预案，下达指挥命令，协调各应急小组开展应急处置工作。在现场设立临时指挥点，由现场指挥负责具体的指挥和协调工作，确保各应急小组之间的协同配合。应急指挥中心实时掌握事件的发展态势，根据需要及时调整应急处置策略。

活动后对指挥与控制过程进行复盘，分析指挥决策是否科学合理、各应急小组之间的协调配合是否顺畅、指挥命令的传达是否及时准确等问题，总结经验教训，完善指挥与控制机制。

3. 监测与评估

在活动开始前，建立突发事件监测机制，收集和分析与活动相关的各类信息，如天气变化、设备运行状况、游客流量等，对可能发生的突发事件进行风险评估。根据风险评估结果，制定相应的预防措施和应急准备工作计划。同时，设置监测指标和预警阈值，以便及时发现潜在的风险。

在活动中对突发事件现场进行实时监测，掌握事件的发展态势，包括人员伤亡情况、事故影响范围、救援进展等。利用视频监控、传感器等技术手段，收集现场信息，为应急指挥中心的决策提供科学依据。根据监测信息，及时对事件的危害程度、发展趋势等进行评估，调整应急处置策略。

在活动后对事件的整个过程进行全面评估，包括应急响应速度、处置措施效果、人员伤亡和财产损失情况、社会影响等。通过问卷调查、现场访谈等方式，收集游客、工作人员、应急救援人员等各方的反馈意见。根据评估结果，提出改进措施和建议，完善应急预案和应急管理体系。

4. 医疗与卫生

在举行活动前，医疗救护组在活动现场设置多个医疗急救点，配备充足的医疗急救物资和设备。对游客和工作人员进行健康宣传教育，发放健康提示卡，提醒注意保暖、预防感冒和冻伤等。同时，对现场食品卫生进行检查，确保食品供应安全。

活动中一旦有人员受伤或出现身体不适，医疗救护组应迅速赶到现场进行救治。对伤势较轻的人员进行现场处理，如伤口包扎、冻伤处理等；对伤势较重的人员，及时联系周边医院，安排救护车进行转运，并在转运过程中做好急救措施。

对受伤人员的救治情况进行跟踪和记录，配合医疗机构做好后续治疗工作。对活动现场进行卫生清理和消毒，防止传染病传播；对游客和工作人员进行健康回访，了解其身体恢复情况。同时，对医疗救护组的工作进行总结和评估，分析存在的问题和不足之处，为今后的医疗救护工作提供经验参考。

5. 警戒与治安

在活动前，安全保卫组在活动现场设置警戒区域，划分人员进出通道，设置明显的警示标识。对现场工作人员、游客进行安全教育，强调遵守现场秩序的重要性，告知他们在紧急情况下的疏散路线和注意事项。同时，对安保人员进行任务分工，明确各自的职责和巡逻区域。

在活动过程中如有突发事件发生，安全保卫组应迅速在现场周围设置警戒带，加强现场治安巡逻，防止出现哄抢、破坏现场设施等违法犯罪行为，维护现场秩序。对现场的人员进行疏导和分流，避免出现拥挤踩踏事故。

活动后对现场治安情况进行总结，分析在应急处置过程中治安维护方面是否存在问题，如人员管控是否到位、治安事件的处理是否及时有效等。加强与公安部门的合作，进一步完善治安防控机制，提高景区的安全管理水平。

（七）应急恢复

活动后对受伤人员进行妥善安置，提供必要的心理疏导和关怀。针对因突发事件而受到惊吓、心理产生波动的游客及工作人员，特别安排专业心理干预团队，运用科学的心理疏导方法，帮助他们舒缓情绪，助力其尽快恢复平和心态。

设备保障组和后勤保障组对损坏的游乐设施、冰雕雪雕、电气设备等进行全面检查和修复。清理活动现场的垃圾和杂物，恢复场地的整洁和安全。对拆除的冰雕雪雕等设施进行妥善处理，避免对环境造成污染。

（八）预案改进

1. 活动后总结评估

活动结束后的一个月内，应急指挥中心组织召开专门会议，全面回顾本次活动期间应急预案的执行情况。针对应急响应速度、各小组协作效率、物资调配合理性等关键指标进行深入分析，总结经验与不足。

通过线上调查问卷、现场访谈等方式，广泛收集游客、工作人员、志愿者及外部救援机构等各方的意见和建议。重点关注他们在应急处置过程中的体验和发现的问题，为预案改进提供实际参考。

2. 修订完善预案

根据回顾分析和反馈收集的结果，对应急预案进行针对性优化。例如，调整应急指挥流程，使其更加简洁高效；补充新的风险应对措施，以适应不断变化的情况；完善应急物资储备清单，确保物资种类和数量满足实际需求。

将应急预案改进内容纳入下一次活动前的培训计划，确保所有参与应急工作的人员熟悉新的预案要求。同时，定期组织应急知识更新培训，提升人员的应急意识和专业技能。

课后练习题

案例：某化工厂化学品泄漏事故

背景描述：某化工厂在生产过程中，由于设备老化导致化学品泄漏，泄漏的化学品具有易燃、有毒的特性，对周边环境和人员安全构成严重威胁。

请你结合本次事故情况，为该企业编写一篇专项应急预案。

参考文献

[1]中华人民共和国突发事件应对法[J]. 中华人民共和国最高人民检察院公报, 2024(5): 1－13.

[2]国家突发公共事件总体应急预案[J]. 安全与健康, 2006(7): 57－60.

[3]黄相岩. 基于PETRI网的中小城市应急管理系统的研究[D]. 西安:西安科技大学, 2009.

[4]杨青, 刘星星, 陈瑞青, 等. 基于免疫系统的非常规突发事件风险识别模型[J]. 管理科学学报, 2015, 18(4): 49－61.

[5]刘星星. 基于免疫复杂系统的非常规突发事件风险识别研究[D]. 武汉:武汉理工大学, 2015.

[6]全国减灾救灾标准化技术委员会. 自然灾害分类与代码: GB/T 28921—2012[S]. 北京:中国标准出版社,2012.

[7]中华人民共和国突发事件应对法:2007年8月30日第十届全国人民代表大会常务委员会第二十九次会议通过, 2024年6月28日第十四届全国人民代表大会常务委员会第十次会议修订[N]. 人民日报, 2024－07－02(14).

[8]国务院. 国家突发公共事件总体应急预案[J]. 城镇供水, 2006(2): 2－4, 8.

[9]刘玉娥, 戴辉, 罗敏, 等. 医院应急预案的编辑与持续改进[J]. 医院院长论坛——首都医科大学学报(人文社会科学版), 2015, 12(1): 49－52.

[10]李叔保, 纵瑞盘, 石超. 基于层次分析法的煤矿事故应急能力评估研究[J]. 科技风, 2009(14):238.

[11]张智勇. 田陈煤矿应急管理标准化研究[D]. 三河:华北科技学院, 2017.

[12]林翰君. 职业学校校园突发事件应急管理研究——以深圳市福田区为例[J]. 科学中国人, 2017(6): 77－78.

[13]本刊编辑部. 劳动保护　安全生产60年大事记(七)(2007—2009)[J]. 劳动保护, 2010(3): 32－37.

[14]岳茂兴, 王立祥, 张秀梅. 积极推进我国应急管理体系和应急救援与处置

能力现代化[J]. 中华卫生应急电子杂志, 2020, 6(1): 1 - 9.

[15]张铮, 李政华. 中国特色应急管理制度体系构建:现实基础、存在问题与发展策略[J]. 管理世界, 2022, 38(1): 138 - 144.

[16]突发事件应急预案管理办法[J]. 林业劳动安全, 2013, 26(4): 20 - 23.

[17]国务院办公厅关于印发《突发事件应急预案管理办法》的通知[J]. 中华人民共和国国务院公报, 2024(6): 30 - 36.

[18]刘铁民. 突发公共事件应急预案编制与管理[J]. 中国应急管理, 2007(1): 23 - 26.

[19]易靖华. 证券业基层经营单元重大不可预知性危机应对策略[D]. 成都:电子科技大学, 2013.

[20]深入贯彻实施修订后的《突发事件应对法》——全面提高应急管理的法治化、规范化水平[J]. 中国应急管理, 2024(7): 12 - 16.

[21]张世全. 辽宁省防汛抗旱应急预案体系建设研究[D]. 沈阳:东北大学, 2018.

[22]健全预案体系　加强预案管理　提高应急管理水平:国家安全生产应急救援指挥中心副主任贺黎光就六项部门应急预案答本报记者问[N]. 中国安全生产报, 2007 - 01 - 20(3).

[23]董泽宇, 宋劲松. 我国应急预案体系建设与完善的思考[J]. 中国应急管理, 2014(11): 17 - 21.

[24]杨青. 美国当代国家应急预案体系:理念、结构及过程[J]. 行政科学论坛, 2021(2): 57 - 61.

[25]游志斌. 日本政府巨灾应急准备的经验及借鉴[J]. 行政管理改革, 2011(5): 44 - 47.

[26]张廷竹. 国内外事故应急救援预案管理概况[J]. 浙江化工, 2006(7): 9 - 10, 32.

[27]全国应急预案体系建设情况调研报告[J]. 中国应急管理, 2013(1): 8 - 11.

[28]天津市交通运输委员会. 关于印发天津市交通运输委员会突发事件综合应急预案的通知[EB/OL]. [2025 - 02 - 21]. https://jtys.tj.gov.cn/ZWGK6002/ZCWJ_1/WZFWJ/202111/t20211119_5714046.html.

[29]生产经营单位安全生产事故应急预案编制导则[J]. 劳动保护, 2006(12): 99 - 102.

[30]陈莉, 贾群林. 英美应急预案编制的启示与借鉴[J]. 中国应急救援, 2019

(6)：22－25.

[31]上海外滩踩踏事件追责 11 人——黄浦区书记、区长被撤职(调查报告全文)[EB/OL]．[2025－02－21]．https://www.guancha.cn/society/2015_01_21_307011_s.shtml.

[32]北京市实施《中华人民共和国突发事件应对法》办法[EB/OL]．[2008－05－23]. https://ehs.cn/law/90811.html？app_lang＝zh－CN&app_status_bar_height＝186.0.

[33]张红．我国突发事件应急预案的缺陷及其完善[J]．行政法学研究，2008(3)：9－15.

[34]罗楠，陈刚，李玲玲，等．日本环境应急管理经验及启示[J]．环境保护，2020，48(22)：71－74.

[35]国务院办公厅关于印发《省(区、市)人民政府突发公共事件总体应急预案框架指南》的函[J]．中华人民共和国国务院公报，2004(21)：40－46.

[36]广东省安全生产科学技术研究院．应急预案编制与实战演练[M]．广州：暨南大学出版社，2021.

[37]张秋，陈慧．构建食品药品安全事件应急演练路径研究[J]．中国药师，2016，19(11)：2117－2119.

[38]李春民，王立根，王云海，等．矿山企业构建应急管理体系有关问题研究[J]．中国矿业，2007(11)：7－9，19.

[39]董云周，鲁工圆，董健．城市轨道交通应急预案编制与优化[J]．都市快轨交通，2019，32(3)：138－144.

[40]刘功智，刘铁民．重大事故应急预案编制指南[J]．劳动保护，2004(4)：11－18.

[41]刘铁民．突发公共事件应急预案编制与管理[J]．中国应急管理，2007(1)：23－26.

[42]刘铁民．应急预案重大突发事件情景构建——基于“情景—任务—能力”应急预案编制技术研究之一[J]．中国安全生产科学技术，2012，8(4)：5－12.

[43]杨芳，储胜利．企业应急预案编制的难点及对策研究[J]．中国安全生产科学技术，2011，7(1)：127－130.

[44]陈莉，贾群林．英美应急预案编制的启示与借鉴[J]．中国应急救援，2019(6)：22－25.

[45]姜传胜，邓云峰，贾海江，等．突发事件应急演练的理论思辨与实践探索[J]．中国安全科学学报，2011，21(6)：153－159.

[46]钟开斌，张佳．论应急预案的编制与管理[J]．甘肃社会科学，2006(3)：

240 – 243.

[47]曹士云，白莉，姜丽．大学生野外生存生活训练应急预案和安全救护体系的研究[J]．杭州师范学院学报(自然科学版)，2007,6(4)：296 – 299.

[48]付瑞平，黄雄，王成，等．强化应急演练　提升应急处置能力[J]．中国应急管理，2023(2)：70 – 75.

[49]蔡劲松，刘建新．绿色发展视域下城市文化治理的策略与路径[J]．城市发展研究，2021，28(4)：6 – 9.

[50]中华人民共和国安全生产法律法规全书　含全部规章及立法解释[M]．北京:中国法制出版社，2021.

[51]中华人民共和国消防法[J]．水上消防，2019(4)：28 – 36.

[52]生产安全事故应急条例[N]．人民日报，2019 – 04 – 16(10).

[53]机关团体企业事业单位消防安全管理规定[J]．安全与健康，2002(11)：16 – 17.

[54]全国消防标准化技术委员会．社会单位灭火和应急疏散预案编制及实施导则：GB/T 38315—2019[S/OL]．(2019 – 12 – 10)[2025 – 02 – 21]．https://openstd. samr. gov. cn/bzgk/gb/newGbinfo? hcno = 4825B73CC6C1E76A97A43CD1BC1C753F&refer = outter.

[55]马建新，王伟，赵松鹏．生产安全事故应急预案编制和演练中常见问题辨析[J]．中国水能及电气化，2022(12)：64 – 67.

[56]顾华，翁景清．实验室意外事件应急处置手册[M]．北京:人民卫生出版社，2016.

[57]陈全福．应急演练需把握“四个要点”[J]．就业与保障，2017(6)：38.

[58]范君军，陈智超，陈涛，等．电网应急演练评估及其指标体系[J]．中国电力，2017，50(11)：116 – 120.

[59]河南省人民政府门户网站．河南省人民政府关于印发《河南省突发事件总体应急预案(试行)》的通知[EB/OL]．[2025 – 02 – 21]. https://www. henan. gov. cn/2021/08 – 26/2300851. html.

[60]徐慧，邹浩然，温家洪．推进巨灾保险,提升社会综合防灾减灾能力[J]．中国减灾，2023(1)：44 – 47.

[61]国务院办公厅．国务院办公厅关于印发国家自然灾害救助应急预案的通知：国办函〔2016〕25 号[EB/OL]．(2016 – 03 – 10)[2025 – 02 – 21]. https://www. gov. cn/zhengce content/202402/content6930038. htm.

[62]广东深圳宝安区一工地发生路面坍塌 应急管理部调度救援处置工作 派出

工作组赶赴现场——中华人民共和国应急管理部[EB/OL].[2025-02-21]. https://news.cctv.com/2024/12/05/ARTI7ARsJtBMCRTesJGC2614241205.shtml.

[63]国家安全生产事故灾难应急预案[EB/OL].[2025-02-21]. https://www.gov.cn/zhuanti/2006-01/23/content 2615965.htm.